低水平放射性检测用器具及设备探索

曹艺耀　邹　华　主编

中国原子能出版社

图书在版编目（CIP）数据

低水平放射性检测用器具及设备探索 / 曹艺耀，邹华主编. -- 北京 : 中国原子能出版社，2024. 9.

ISBN 978-7-5221-3597-7

Ⅰ. TL8

中国国家版本馆 CIP 数据核字第 202400HF27 号

低水平放射性检测用器具及设备探索

出版发行	中国原子能出版社（北京市海淀区阜成路 43 号　100048）	
责任编辑	杨　青	
责任印制	赵　明	
印　　刷	北京厚诚则铭印刷科技有限公司	
经　　销	全国新华书店	
开　　本	787 mm×1092 mm　1/16	
印　　张	26.5	
字　　数	393 千字	
版　　次	2025 年 1 月第 1 版　2025 年 1 月第 1 次印刷	
书　　号	ISBN 978-7-5221-3597-7	定　价　**68.00** 元

发行电话：**010-68452845**

本书编委会

前　言

近年来，核技术发展迅猛，其应用领域也越发广泛，在给人类社会带来巨大的社会效益和经济效益的同时，核与辐射安全问题也越来越受到人们的关注。放射性检测工作是评估辐射风险的重要依据和手段，随着核与辐射技术的快速推广应用，越来越多的机构开展了放射性检测工作。

本书从具体实践出发，集合了编者获得授权的 60 项发明和实用新型专利，精析了器具设备的设计思路、构造用途，旨在为相关工作人员提供解决工作中实际问题的思路，为低水平放射性检测方法技术的改进优化提供新的技术方案和参考，具有较强的技术性、可行性和可推广性。

本书共分为现场检测器具设备篇和实验检测器具设备篇，其中，现场检测器具设备篇汇集了现场监测用器具设备 31 种，实验检测器具设备篇汇集了实验室检测用器具设备 29 种。编者期待通过本书的出版，能够把技术成果运用到低水平放射性检测技术中去，打通科技成果向新质生产力转化的"最后一公里"，为经济社会发展提供技术支撑。在全书编写过程中，我们力求做到科学性与实践性相结合，在保证内容准确性和权威性的前提下，力求表达的通俗易懂，希望每一位读者都能够从中受益。

最后，我们要感谢所有为本书作出贡献的工作人员，正是因为他们的努力才能使这本书顺利出版。由于编者水平有限，在编写过程中难免存在不足之处，我们也希望广大读者能够给予本书宝贵的意见和建议，让我们共同为推动该领域的应用和发展贡献力量。

2024 年 4 月 22 日

目 录

第一篇　现场检测器具设备篇

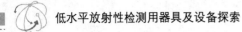

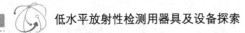

第二篇　实验检测器具设备篇

第一篇　现场检测器具设备篇

第一章　背带便携式辐射检测设备终端承载装置

本章详细介绍一种背带便携式辐射检测设备终端承载装置，该装置能够由辐射检测人员随身背带，既可承载辐射检测设备终端或便携电脑，也便于同时对纸质原始记录等材料进行书写记录，稳定性好，可明显提高工作效率，弥补了现有装置的不足。本章从基本概况、设计思路、构造精讲和应用效果四方面对该装置进行详细全面介绍，以方便读者更加深入地了解本装置。

第一节　基本概况

辐射检测是根据放射性射线的物理性质，利用专业设备进行检测的工作。检测途径可包括地面测量、航空测量、辐射取样、测井、射气测量、径迹测量和物理分析等。

如在医院内开展的医用辐射设备性能检测，就是常见的辐射检测类型。一般情况下，医院机房空间较为狭窄，一般没有额外充足的空间提供放置检测用电脑和纸质版原始记录等，需要检测人员手托着电脑，纸质版会放在医用辐射设备操作台的空余处，在需要检测人员边看电脑数据边誊写原始记录的时候，毫无疑问地会降低工作效率。因此，可以设计一种装置，用于在进行辐射检测时放置设备终端或电脑，储存纸质材料，以提高工作效率。

第二节　设计思路

背带便携式辐射检测设备终端承载装置，可用于承载辐射检测设备终端并能够由检测人员随身背带，可以进行如下设计：设计承载托板，其近身端的侧面设置有腰带，用于固定在检测人员的腰部，腰带上还连接两个背带件的一端；远身端的上表面设置有两个定位环，对称位于承载托板的左右两侧。两个背带件的另一端能够连接两个定位环以由检测人员背负，边缘铰接连接一书写板，书写板靠近铰接位置处开始有两个条形通孔，条形通孔的大小和位置与定位环一致。本装置随身携带，相较于传统的工作方式更方便对检测设备终端或电脑进行操作，也便于同时对纸质书本进行书写记录，从而提高工作效率。

腰带的中部连接有加固带，加固带上带有一号扣环，承载托板的近身端的侧面设置有二号扣环，一号扣环与二号扣环扣合连接。背带件上带有三号扣环，三号扣环与定位环扣合连接。扣环结构方便连接和拆卸，操作简易、方便。

承载托板的近身端上表面边缘设置一挡条，用于阻挡设备终端滑落。承载托板的右侧边缘开设有一条形放置槽，用于临时放置书写笔。承载托板的右侧内部滑动设置一抽拉托盘，抽拉托盘抽出后能够临时放置鼠标。书写板的顶端边缘弹性铰接一夹书板，避免工作时纸质书写本滑动掉落。承载托板上均匀开设有多个散热孔，散热孔便于及时散出终端设备或电脑底部产生的热量。

承载托板设计为带有内腔的中空结构，内部设置有一马达，马达输出端连接一散热风扇，散热风扇正对承载托板上的散热孔。马达的输出会使散热风扇转动，散热风扇的转动会产生气流，从而对设备终端或电脑进行散热。载托板的底部设置有一收纳袋，用于盛放书写纸或文件材料。承载托板的左侧挂接一便携袋，用于在该承载装置不使用时收纳和携带该承载装置。工作结束后可以把承载托板放置便携袋内进行存储和携带。

第三节　构造精讲

为了更清楚地说明如何实施，本节结合较佳的实施方案对本装置进行详细描述。所绘制结构、比例、大小等，均仅用以配合本节所揭示的内容，供专业技术人员阅读和参考。

如图 1-1、图 1-2、图 1-3 所示，背带便携式辐射检测设备终端承载装置包括承载托板 1，其近身端的侧面设置有腰带 21 用于固定在检测人员的腰部，腰带 21 上还连接两个背带件 25 的一端。承载托板 1 的远身端的上表面设置有两个定位环 27，对称位于承载托板 1 的左右两侧，两个背带件 25 的另一端能够连接两个定位环 27 从而由检测人员背负。承载托板 1 的远身端边缘铰接连接一书写板 282，书写板 282 靠近铰接位置处有两个条形通孔 281，条形通孔 281 的大小和位置与定位环 27 一致。

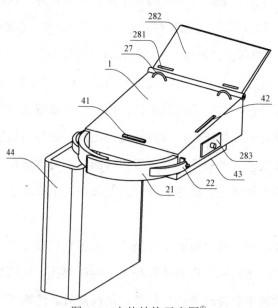

图 1-1　立体结构示意图①

1—承载托板；21—腰带；22—加固带；27—定位环；281—条形通孔；282—书写板；
283—抽拉托盘；41—挡条；42—条形放置槽；43—收纳袋；44—便携袋

---

① 本书中所有图片均引自低水平放射性检测用具及设备相关专利授权文本，为方便查阅，图注序号不作改动。

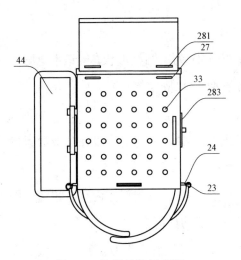

图 1-2　俯视结构示意图

23—一号扣环；24—二号扣环；27—定位环；
281—条形通孔；283—抽拉托盘；33—散热孔；
44—便携袋

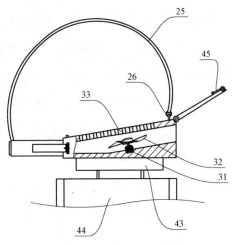

图 1-3　剖面结构示意图

25—背带件；26—三号扣环；31—马达；32—散热风
扇；33—散热孔；43—收纳袋；44—便携袋；
45—夹书板

　　腰带 21 上设有皮带扣和多组孔洞，中部固接有加固带 22，加固带 22 上固接有一号扣环 23；上固接有背带件 25，背带件 25 上固接有三号扣环 26，一号扣环 23 和三号扣环 26 的内部设有弹簧。承载托板 1 的近身端的侧面固接有二号扣环 24。

　　工作时，工作人员先把腰带 21 固定在腰部，腰带 21 上的多组孔洞和皮带扣相配合，从而把承载托板 1 的近身端抵接在工作人员的腰部，再把加固带 22 上的一号扣环 23 扣在二号扣环 24 上，从而使承载托板 1 的位置更稳定。此时再把背带件 25 套在工作人员的背上，背带件 25 通过三号扣环 26 扣在定位环 27 上，通过三号扣环 26 和一号扣环 23 的配合可以使承载托板 1 的位置更加稳定，避免在工作中出现随意晃动的情况。调整好承载托板 1 的位置后，把设备终端或笔记本电脑放置在承载托板 1 上，承载托板 1 远身端偏高，近身端偏低，整体呈倾斜状态，可以使工作人员更容易地观察、使用设备终端或笔记本电脑。书写板 282 打开后把纸质书本放置在书写板 282 上，滑动出抽拉托盘 283，鼠标可以放置在抽拉托盘 283 上。此时工作人员可以方便对电脑进行操作，也便于在纸质书本上书写记录。操作完成后合上书写板 282，定位环 27 嵌入书写板 282 上的条形通孔 281。

承载托板 1 的下端固接有挡条 41，挡条 41 为半圆柱形状，笔记本电脑放置在承载托板 1 上会在斜坡上滑动，挡条 41 可以固定笔记本电脑的位置，避免笔记本电脑在工作时发生滑动影响工作。

承载托板 1 的右侧边缘开设有条形放置槽 42，书写笔可以在条形放置槽 42 内存储，使用时方便取出。

书写板 282 的顶端边缘弹性铰接一夹书板 45，铰接部位内置有扭簧，能够夹紧纸质书写本，避免工作时纸质书写本滑动掉落。

见图 1-2、图 1-3 所示，承载托板 1 上均匀开设有多个散热孔 33，散热孔便于及时散出终端设备或电脑底部产生的热量。

承载托板 1 为中空结构，内部设置有马达 31，马达 31 输出端固接有散热风扇 32，笔记本电脑在长期的工作后会产生大量的热量，若热量无法及时散出会影响电脑的性能。马达 31 的输出可使散热风扇 32 转动，转动后会产生气流对笔记本电脑进行散热，提高笔记本电脑的散热效果。

见图 1-1、图 1-2、图 1-4、图 1-5 所示，承载托板 1 的底端固接有收纳袋 43，收纳袋 43 为布料材质制成的；承载托板 1 的近身端的侧面设有便携袋 44。

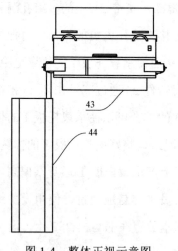

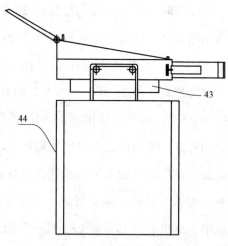

图 1-4 整体正视示意图

43—收纳袋；44—便携袋

图 1-5 整体侧视示意图

43—收纳袋；44—便携袋

便携袋 44 放置在承载托板 1 近身端的侧面的挂杆上，便携袋 44 上的背带可以伸缩调节。纸质书写本使用后可以放置在收纳袋 43 内部，方便存储也方便后续工作的使用。工作结束后可以把承载托板 1 置于便携袋 44 内存储，通过便携袋 44 可以携带承载托板 1。

第四节　应用效果

通过巧妙的优化设计，可取得如下应用效果：

1. 通过腰带和背带件的配合可以把承载托板固定在工作人员的腰部位置，通过三号扣环与一号扣环的扣合可提高承载托板的位置稳定性。相较于传统的工作更方便操作电脑，也便于在纸质书本上书写记录，从而提高工作效率。

2. 背带便携式辐射检测设备终端承载装置可通过马达的输出从而使散热风扇转动，散热风扇的转动会产生气流对笔记本电脑散热，吸热板可以把笔记本电脑的热量吸收，配合散热风扇的输出散热，从而提高笔记本电脑的散热效果。

第二章 放置热释光剂量探测器的铅橡胶颈套

本章详细介绍一种便于放置热释光探测器的铅橡胶颈套，该装置设置有口袋和放置口，既可以放置热释光探测器，也可以监测到达甲状腺部位处的辐射剂量，便于携带，克服了现有技术的不足。本章从基本概况、设计思路、构造精讲和应用效果四方面对该装置进行详细全面介绍，以方便读者更加深入地了解本装置。

第一节 基本概况

甲状腺对电离辐射高度敏感，当处于放射线环境中，通常选择铅橡胶颈套保护放射工作人员的甲状腺。因此，对于经常处于辐射环境的放射工作人员，铅橡胶颈套是必不可少的防辐射工具。

但是，现有的铅橡胶颈套仅仅考虑了防护功能，却不能放置热释光探测器，进而无法监测甲状腺等关键部位处的辐射剂量。因此，佩戴现有的铅橡胶颈套无法评估放射工作人员辐射剂量。所以，需要设计一款新式铅橡胶颈套，实现放射工作人员甲状腺部位辐射剂量监测和屏蔽防护功能。

第二节 设计思路

放置热释光探测器的铅橡胶颈套，可监测到达甲状腺部位处的辐射剂量并且便于放射工作人员携带，可以进行如下设计：设计防护套的前侧中部设置有口袋，口袋对应甲状腺部位设置，用于放置热释光探测器并监测显示到达甲状腺部位的辐射剂量。口袋的前侧上端开设有放置口，口袋呈矩形状，且口袋的后侧与防护套相缝合。

放置口的上下两端均设置有链牙，链牙的左侧设置有第一拉头，链牙和第一拉头为一体设置。防护延伸垫内圈设置有第二加装布，第二加装布采用柔性或者弹性结构，通过第二加装布与防护套下端连接，实现了防护延伸垫与防护套一体设置。

防护套的下端中部设置有第一对接链牙，防护延伸垫的后侧中部设置有第二对接链牙，第二对接链牙的一侧设置有第二拉头，并且第一对接链牙和第二对接链牙为啮合连接。第一对接链牙的后侧设置有第一加装布，第二对接链牙的下端设置有第二加装布，且第一加装布和第二加装布的设置长度相同。

防护套的上端设置有防护套边布，防护延伸垫的外圈设置有防护延伸垫边布。防护套的左侧前端设置有魔术贴公面，防护套的右侧后端设置有魔术贴母面，魔术贴公面和魔术贴母面为贴合连接，防护延伸垫呈扇形贴附于胸前。

第三节　构造精讲

为了更清楚地说明如何实施，本节结合较佳的实施方案对本装置进行详细描述。所绘制结构、比例、大小等，均仅用以配合本章所揭示的内容，供专业技术人员阅读和参考。

如图 2-1、图 2-2、图 2-3、图 2-4 所示，一种便于放置热释光探测器的铅橡胶颈套，包括防护套 1 和防护延伸垫 2。防护套 1 的前侧中部设置有口袋 4，口袋 4 对应甲状腺部位设置，用于放置热释光探测器并监测到达甲状腺部位的辐射剂量。

口袋 4 的前侧上端开设有放置口 8，口袋 4 呈矩形状，且口袋 4 的后侧与防护套 1 相缝合。如图 2-2 所示，放置口 8 的上下两端均设置有链牙 6，链牙

6 的左侧设置有第一拉头 7，利用第一拉头 7 可拉合和分开放置口 8 处的链牙 6，拉合后可以防止热释光探测器从放置口 8 处掉出。

如图 2-1 所示，防护延伸垫 2 内圈设置有第二加装布 13，第二加装布 13 采用柔性或者弹性结构，第二加装布 13 与防护套 1 下端连接，实现了防护延伸垫 13 与防护套 1 一体设置。

如图 2-1、图 2-3、图 2-4 所示，防护套 1 的下端中部设置有第一对接链牙 12，防护延伸垫 2 的后侧中部设置有第二对接链牙 14，第二对接链牙 14 的一侧设置有第二拉头 15，并且第一对接链牙 12 和第二对接链牙 14 为啮合连接。在佩戴本防护套前，可以将热释光探测器从放置口 8 处放置到口袋 4 内，口袋 4 对应甲状腺部位设置，用于监测到达甲状腺部位的辐射剂量。放射工作人员也不需要单独携带热释光探测器，且利用第一对接链牙 12、第二对接链牙 14 和第二拉头 15 可以实现防护套 1 和防护延伸垫 2 之间的拆装工作，便于对本防护套的使用工作。

如图 2-3、图 2-4 所示，通过在第一对接链牙 12 的后侧设置第一加装布 11，第二对接链牙 14 的下端设置第二加装布 13，第一加装布 11 和第二加装布 13 与放射工作人员的皮肤接触，可以防止第一对接链牙 12 和第二对接链牙 14 对放射工作人员的皮肤造成伤害。

如图 2-1 所示，通过在防护套 1 的上端设置防护套边布 3，防护延伸垫 2 的外圈设置防护延伸垫边布 5，防护套边布 3 和防护延伸垫边布 5 对防护套 1 和防护延伸垫 2 的边部收边后，防护套 1 和防护延伸垫 2 的边部更加圆润，不容易对放射工作人员的皮肤造成磨损。

如图 2-3 所示，防护套 1 的左侧前端设置有魔术贴公面 9，防护套 1 的右侧后端设置有魔术贴母面 10，将防护套 1 环绕放射工作人员的脖子，再根据放射工作人员的脖子大小利用魔术贴公面 9 和魔术贴母面 10 进行粘贴。

如图 2-1 所示，通过将防护延伸垫 2 呈扇形贴附于胸前，将防护套 1 套好在放射工作人员的脖子后，防护延伸垫 2 会贴附在放射工作人员的胸前，可对放射工作人员的胸前进行一定的防护工作。

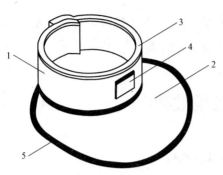

图 2-1　整体结构示意图

1—防护套；2—防护延伸垫；3—防护套边布；

4—口袋；5—防护延伸垫边布

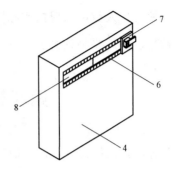

图 2-2　口袋结构示意图

4—口袋；6—链牙；7—第一拉头；8—放置口

佩戴本防护套前，可先扯开放置口 8 处链牙 6 和第一拉头 7，接着将热释光探测器从放置口 8 处放置到口袋 4 内，随后再利用链牙 6 和第一拉头 7 封闭放置口 8，实现防护套 1 对热释光探测器的放置。口袋 4 对应甲状腺部位设置，监测到达甲状腺部位的辐射剂量，使放射工作人员不需要单独携带热释光探测器，提高放射工作人员对热释光探测器携带的便携性。另外，利用第二拉头 15 第一对接链牙 12 和第二对接链牙 14 处拉动，可以将第一对接链牙 12 和第二对接链牙 14 分开，实现对防护套 1 和防护延伸垫 2 之间的拆开工作。将第一对接链牙 12 和第二对接链牙 14 对接后，再次利用第二拉头 15 合并

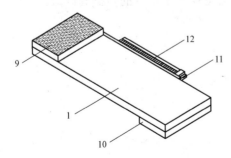

图 2-3　防护套结构示意图

1—防护套；9—魔术贴公面；10—魔术贴母面；

11—第一加装布；12—第一对接链牙

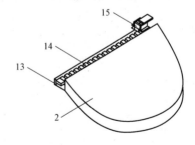

图 2-4　防护延伸垫结构示意图

2—防护延伸垫；13—第二加装布；

14—第二对接链牙；15—第二拉头

第一对接链牙 12 和第二对接链牙 14，可实现防护套 1 和防护延伸垫 2 的拼装工作，使工作人员可以根据实际情况来对防护延伸垫 2 拆卸，当防护套 1 单独佩戴时，不需要刻意去更换一个单独的防护套 1 佩戴。

第四节 应用效果

通过巧妙的优化设计，可取得如下应用效果：

1. 通过设置口袋和放置口，在对本防护套佩戴前，可以将放置口处链牙和第一拉头扯开，将热释光探测器从放置口处放置到口袋内，随后再利用链牙和第一拉头对放置口进行封闭，实现防护套对热释光探测器的放置，达到既能保护放射工作人员甲状腺，也能监测该部位辐射剂量的用途。

2. 防护套和防护延伸垫通过第二加装布采用柔性或者弹性结构，第二加装布与防护套下端连接，实现防护延伸垫与防护套一体设置。通过设置第二拉头、第一对接链牙和第二对接链牙，利用第二拉头拉动第一对接链牙和第二对接链牙处，可以将第一对接链牙和第二对接链牙分开，实现对防护套和防护延伸垫之间的拆开。将第一对接链牙和第二对接链牙进行对接后，再次利用第二拉头合并第一对接链牙和第二对接链牙，可实现防护套和防护延伸垫的拼装工作，从而使得放射工作人员可以根据实际情况来对防护延伸垫拆卸。当防护套单独佩戴时，不需要刻意去更换一个单独的防护套佩戴。

第三章　辐射剂量监测用铅防护围裙

本章详细介绍一种辐射剂量监测用铅防护围裙，该装置设置有链牙、拉头与弹力带，既有效避免了人员在活动时，剂量计的丢失现象，又避免对铅防护衣表面造成损坏，提高了腰袢的使用寿命，克服现有技术的不足，提高本铅防护围裙的实用性。本章从基本概况、设计思路、构造精讲和应用效果四方面对该装置进行详细全面介绍，以方便读者更加深入地了解本装置。

第一节　基本概况

目前，介入放射学与核医学技术迅速发展，相关设备的升级换代提高了疾病的诊疗效果并使其应用不断被普及，介入诊疗中，放射工作人员在 X 射线机的辅助下，通过导管等设备对患者近距离治疗，并且手部可能会偶尔进入到照射野中而受到直接照射，而在核医学诊疗中，放射工作人员需近距离分装放射性药物。

但是现有的辐射剂量监测用铅防护围裙由于将剂量计放置在口袋内时，口袋的开口处没有密封，使得剂量计容易从口袋内滑落，容易造成剂量计的丢失。且现有的辐射剂量监测用铅防护围裙由于腰袢没有弹性，使得腰带的拉扯容易造成腰袢与围裙主体之间的连接出现松动，造成围裙主体表面的损坏，降低了腰袢的使用寿命。

第二节 设计思路

一种辐射剂量监测用铅防护围裙，避免人员在活动时，剂量计的丢失现象，可以进行如下设计：设计围裙主体、口袋和连接布，至少一个口袋通过连接布连接在围裙主体，口袋用于放置剂量计，口袋和连接布之间设置有拉链结构。拉链结构包括口袋上端和连接布的一侧均设置的链牙，链牙的一侧安装有拉头。链牙设置有两组，且两组链牙呈相对设置，拉头与链牙为契合设置。围裙主体在前侧设置有至少一口袋，口袋内放置有剂量计，用于检测躯干前方的辐射。口袋设置在前侧躯干中部、左前胸或者锁骨对应的领口部。

围裙主体在后侧设置有至少一口袋，口袋内放置有剂量计，用于检测躯干侧后方的辐射，口袋设置在后侧躯干中部。连接布的中部设置有开口，拉头的左侧活动安装有拉片，且开口与口袋为互通设置。围裙主体的一侧上端均开设有袖口，围裙主体的上端中部开设有领口，围裙主体的前侧中部设置有衣边，口袋的内侧上端设置有横向布条，横向布条的一侧设置有剂量计。

围裙主体的中部设置环绕设置有腰带，腰带的一侧设置有锁扣，腰带的外侧均设置有腰袢，且两个腰袢呈对称分布。锁扣的中部均开设有通孔，且两个通孔为对称设置，锁扣的一侧设置有插扣，锁扣与插扣为一体设置。腰袢的内壁均设置有弹力带，弹力带的另一侧均设置有固定布，固定布的内壁与围裙主体表面为固定连接。

第三节 构造精讲

为了更清楚地说明如何实施，本节结合较佳的实施方案对本装置进行详细描述。所绘制结构、比例、大小等，均仅用以配合本章所揭示的内容，供专业技术人员阅读和参考。

如图 3-1、图 3-2、图 3-3、图 3-4、图 3-5、图 3-6 所示，辐射剂量监测用铅防护围裙，包括围裙主体 1、口袋 4 和连接布 10，至少一个口袋 4 通过连接布 10 连接在围裙主体 1。口袋 4 用于放置剂量计 19，口袋 4 和连接布 10 之间设置有拉链结构，拉链结构包括口袋 4 上端和连接布 10 的一侧均设置的链牙 11。链牙 11 的一侧安装有拉头 12 链牙 11 设置有两组，且两组链牙 11 呈相对设置，拉头 12 与链牙 11 为契合设置。将拉头 12 拉动，此时拉动的拉头 12 会将连接布 10 处的链牙 11 合拢，可以有效避免口袋 4 内的剂量计 19 出现丢失。

如图 3-1 所示，围裙主体 1 在前侧至少设置有一口袋 4，口袋 4 内放置有剂量计 19，用于检测躯干前方的辐射，口袋 4 设置在前侧躯干中部、左前胸或者锁骨对应的领口部。

如图 3-2 所示，围裙主体 1 在后侧设置偶至少一口袋 4，口袋 4 内放置有剂量计 19，用于检测躯干侧后方的辐射。口袋 4 设置在后侧躯干中部。

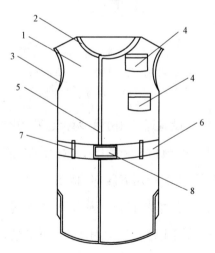

图 3-1　前视结构示意图

1—围裙主体；2—领口；3—袖口；4—口袋；
5—衣边；6—腰带；7—腰袢；8—锁扣

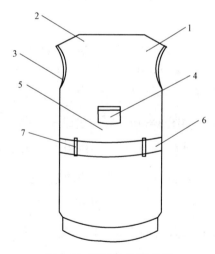

图 3-2　后视结构示意图

1—围裙主体；2—领口；3—袖口；4—口袋；
5—衣边；6—腰带；7—腰袢

如图 3-4 所示，通过连接布 10 的中部设置的开口 9，使得剂量计 19 可以从连接布 10 中部的开口 9 处放入到口袋 4 内，拉头 12 的左侧活动安装设置有拉片 13，可利用拉片 13 可以方便拉动拉头 12。

如图 3-1 所示，通过口袋 4 的内侧上端设置横向布条 18，横向布条 18 的一侧设置有剂量计 19，将剂量计 19 放置在口袋 4 内时，可以将剂量计 19 处的活动夹夹住横向布条 18，增加剂量计 19 放置的稳定性。

如图 3-3 所示，通过在围裙主体 1 的中部设置腰带 6，腰带 6 的外侧均设置有腰袢 7，且两个腰袢 7 呈对称分布，使得利用腰带 6 可以对使用者的腰部进行一定的束缚，且腰带 6 在空闲时，则腰袢 7 方便腰带 6 的放置工作。

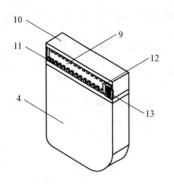

图 3-3　拉头和链牙结构示意图
4—口袋；9—开口；10—连接布；11—链牙；
12—拉头；13—拉片

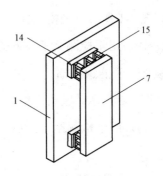

图 3-4　腰袢和弹力带结构示意图
1—围裙主体；7—腰袢；14—固定布；
15—弹力带

如图 3-6 所示，通过锁扣 8 的中部均均开设有通孔 16，且两个通孔 16 为对称设置，锁扣 8 的一侧设置有插扣 17，使得将锁扣 8 和插扣 17 插入连接后，锁扣 8 和插扣 17 之间会固定连接，实现腰带 6 对使用者腰部的环绕工作。

如图 3-5 所示，通过腰袢 7 的内壁均设置有弹力带 15，弹力带 15 的另一侧均设置有固定布 14，固定布 14 的内壁与围裙主体 1 表面为固定连接，使得腰带 6 对腰袢 7 造成一定的拉扯力时。腰袢 7 会利用弹力带 15 对拉扯力进行缓解，避免直接对固定布 14 与围裙主体 1 之间造成拉扯，可以有效的缓解固定布 14 与围裙主体 1 之间的压力，使得固定布 14 与围裙主体 1 处不容易出现开裂现象。

工作时，先穿戴围裙主体 1，再将一个剂量计 19 放置到领口锁骨处或者前胸位置的口袋 4 内，或者两个剂量计 19 分别放置到围裙主体 1 内躯干处和领口锁骨处的口袋 4 内。口袋 4 内设置有横向布条 18，方便夹住剂量计 19。放置好剂量计 19 后，接着利用拉片 13 拉动拉头 12，拉动的拉头 12 会将连接布 10 处的链牙 11 合拢，关闭连接布 10 中部的开口 9，使人员在活动时，不易将放置在两个口袋 4 内的剂量计 19 丢失。随后再将腰带 6 在腰部系好，在对腰带 6 拉扯的过程中，腰带 6 会对腰祥 7 造成一定的拉扯力。此时腰祥 7 会利用弹力带 15 对拉扯力进行缓解，避免直接对固定布 14 与围裙主体 1 之间造成拉扯，可有效缓解固定布 14 与围裙主体 1 之间的压力，使固定布 14 与围裙主体 1 处不容易出现开裂现象，增加两者之间的连接稳定性。调节好腰带 6 的位置后，再利用腰带 6 两端的锁扣 8 和插扣 17 插入连接，实现锁扣 8 和插扣 17 之间的固定连接。

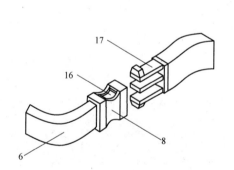

图 3-5　锁扣和插扣连接结构示意图
6—腰带；8—锁扣；16—通孔；17—插扣

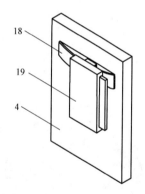

图 3-6　口袋内部结构示意图
4—口袋；18—横向布条；19—剂量计

第四节　应用效果

通过巧妙的优化设计，可取得如下应用效果：

1. 通过设置有链牙和拉头，将一个剂量计放置到领口锁骨处或者前胸位置的口袋内，或者两个剂量计分别放置到围裙主体内躯干处和领口锁骨处的口袋内，接着利用拉片对拉头进行拉扯。此时拉动的拉头会将连接布处的链牙合拢，关闭连接布中部的开口，使人员在活动时，不容易将放置在两个口袋内的剂量计丢失，提高本铅防护围裙的实用性。

2. 通过设置腰祥、弹力带和固定布，将腰带在腰部进行拉扯时，腰带会对腰祥造成一定的拉扯。此时腰祥会利用弹力带对拉扯力进行缓解，避免直接对固定布与围裙主体之间造成拉扯，可以有效地缓解固定布与围裙主体之间的压力，使固定布与围裙主体处不容易出现开裂现象，增加两者之间的连接稳定性，从而提高了腰祥的使用寿命。

第四章　可调高度的多功能铅防护帘

本章详细介绍一种便于调高度的多功能铅防护帘，该装置可适用于不同身高体型的人群，既可以坐立拍摄，也可以实现对辐射敏感器官甲状腺的双重保护，同时便于防护帘的快速调节定位。本章从基本概况、设计思路、构造精讲和应用效果四方面对该装置进行详细全面介绍，以方便读者更加深入地了解本装置。

第一节　基本概况

在做 X 线摄影时，由于其具有一定的辐射性，因此需要对除需暴露的部位以外的身体进行辐射防护。而为了防辐射通常需要穿戴防辐射服，但防辐射服穿脱较为麻烦，比较重，增加患者负担。为了解决以上问题，现有技术通过可以调节防辐射帘的高度进行遮挡，无需穿脱；但是现有的防辐射帘分为上下帘，中部为无防护段且为固定间距，因此并不适用于不同身高体型的人群。而且有些特殊人群站立拍摄不便，缺少相应的措施，并且对于较为敏感的器官甲状腺的保护一般。

为解决背景技术存在的问题，本装置提供一种可调高度的多功能铅防护帘，适用于不同身高体型的人群，可以坐立拍摄，并且可对辐射敏感器官甲状腺进行双重重点保护，也便于防护帘的快速调节定位。

第二节　设计思路

可调高度的多功能铅防护帘，适用于不同身高体型的人群，并实现对辐射敏感器官甲状腺的双重保护，可以设计一个安装有下电动滑轨的底座。下电动滑轨的一侧安装有主机箱，下电动滑轨的顶部固定安装有上电动滑轨，且上电动滑轨与下电动滑轨的两侧均共同设有测高尺。上电动滑轨的一侧通过滑块固定安装有上铅防护帘，下电动滑轨的一侧通过滑块固定安装有下铅防护帘。位于下电动滑轨一侧的底座上安装有转轴，转轴一侧通过支撑杆安装有椅座。上铅防护帘的中部设有两端带有魔术贴的铅围脖，上电动滑轨和下电动滑轨同侧表面的一端均设有红外激光器，且位于上铅防护帘上的红外激光器与铅围脖处于同一中轴线上，下铅防护帘上的红外激光器处于其侧面一端的中部，主机箱还信号连接有外部遥控器。

主机箱内设有相互电连接的电源、PLC 控制器和无线信号接收器，PLC控制器与上电动滑轨、下电动滑轨和红外激光器均电连接。上铅防护帘、下铅防护帘和铅围脖均由含铅量大于 0.5 mm Pb 的铅橡胶制成，主机箱外部还设有用于与外部电连接的电源线。上铅防护帘高 30～40 cm，宽 50～60 cm。下铅防护帘高 50～60 cm，宽 50～60 cm。

第三节　构造精讲

为了更清楚地说明如何实施，本节结合较佳的实施方案对本装置进行详细描述。所绘制结构、比例、大小等，均仅用以配合本章所揭示的内容，供专业技术人员阅读和参考。

如图 4-1、图 4-2 所示，一种可调高度的多功能铅防护帘，包括底座 3，底座 3 上安装有下电动滑轨 6。下电动滑轨 6 的一侧安装有主机箱 8，顶部固定安装有上电动滑轨 4，且上电动滑轨 4 与下电动滑轨 6 的两侧均设有测高尺

5，用于调节铅防护帘高度过程中的参考。上电动滑轨 4 的一侧通过滑块固定安装有上铅防护帘 1，用于头颈部的辐射防护。下电动滑轨 6 的一侧通过滑块固定安装有下铅防护帘 2，均用于对腹部、骨盆及下肢部位的辐射防护。位于下电动滑轨 6 一侧的底座 3 上安装有转轴 12，转轴 12 一侧通过支撑杆 7 安装有椅座 11，实现椅座 11 的转动，从而调整其位置。上铅防护帘 1 的中部设有两端带有魔术贴的铅围脖 9，用于对颈部的包裹保护甲状腺，上电动滑轨 4 和下电动滑轨 6 同侧表面的一端均设有红外激光器 10。且位于上铅防护帘 1 上的红外激光器 10 与铅围脖 9 处于同一中轴线上，可以通过红外激光器 10 的红外激光线照射在人体部位，帮助铅围脖 9 与颈部实现快速定位匹配及穿戴。下铅防护帘 2 上的红外激光器 10 处于其侧面一端的中部，主机箱 8 还信号连接有外部遥控器，通过外部遥控器可远程控制调节铅防护帘的位置。

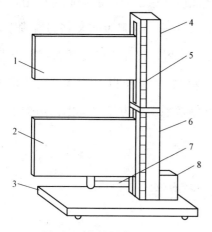

图 4-1　整体结构示意图

1—上铅防护帘；2—下铅防护帘；3—底座；
4—上电动滑轨；5—测高尺；6—下电动滑轨；
7—支撑杆；8—主机箱

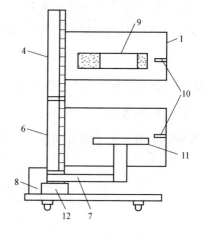

图 4-2　整体结构后视图

1—上铅防护帘；4—上电动滑轨；6—下电动滑轨；
7—支撑杆；8—主机箱；9—铅围脖；
10—红外激光器；11—椅座；12—转轴

　　主机箱 8 内设有相互电连接的电源、PLC 控制器和无线信号接收器，实现供电且由 PLC 集中控制，且其中无线信号接收器与外部遥控器信号连接，接收外部遥控器的控制指令。

　　PLC 控制器与上电动滑轨 4、下电动滑轨 6 和红外激光器 10 均电连接，实现外部遥控器通过 PLC 控制器进行远程控制。

上铅防护帘 1、下铅防护帘 2 和铅围脖 9 均由含铅量大于 0.5 mm Pb 的铅橡胶制成，用于防护摄片部位之外的身体，也更加有效。主机箱 8 外部还设有用于与外部电连接的电源线，用于连接外部电源供电。上铅防护帘 1 高 30~40 cm，宽 50~60 cm。下铅防护帘 2 高 50~60 cm，宽 50~60 cm，设置比上铅防护帘 1 高，保障能够完全防护下半身。

具体工作时，首先患者背朝铅防护帘站立在底座 3 上，然后医务人员通过测高尺 5 可大概判断其身高，并通过外部遥控器控制调节上铅防护帘 1 和下铅防护帘 2 的位置同时打开红外激光器 10。主机箱 8 的无线信号接收器接收到信号指令后，反馈给 PLC 控制器控制上电动滑轨 4 和下电动滑轨 6 对上铅防护帘 1 和下铅防护帘 2 进行高度位置的调节。调节过程中，参考上铅防护帘 1 上的红外激光器 10 的光线。当光线照射在颈部时，表明此时铅围脖 9 基本与颈部齐平。此时停止调节上铅防护帘 1，并将铅围脖 9 包裹在患者颈部，并参考红外激光器 10 调节好下铅防护帘 2 的位置，仅使胸廓暴露即可。当患者需要进行坐立位拍摄时，则可手动通过转轴 12 将椅座 11 转至下铅防护帘 2 近侧，然后患者坐立在椅座 11 上，然后开始按照上述方法调节上铅防护帘 1 和下铅防护帘 2 的位置即可。

第四节　应用效果

通过巧妙的优化设计，可取得如下应用效果：

通过设置上下两个独立的电动滑轨实现上下铅防护帘的独立调节，从而相互配合适应不同身高体型的人群。通过设置可以旋转的椅座在需要时帮助患者采取坐立的姿势进行拍摄，通过设置铅围脖并利用红外激光器的辅助可以快速调整铅围脖的位置，帮助对应患者穿戴，实现对甲状腺的双重防护。

第五章 多功能介入放射学专用移动防护用品

本章详细介绍一种多功能介入放射学专用移动防护用品，该装置既可以快速调节高度，又可以快速调节铅玻璃角度，满足了手术放射工作人员的防护所需，方便移动。本章从基本概况、设计思路、构造精讲和应用效果四方面对该装置进行详细全面介绍，以方便读者更加深入地了解本装置。

第一节 基本概况

介入放射学手术室配置的防护用品和设施一般是悬挂防护屏（2 mm Pb当量左右）、床侧铅防护帘和移动铅防护屏（2 mm Pb 当量左右）等防护用品，基本只能满足用于介入放射学手术中第一手术者（负责医生）的头、颈、胸、腹、四肢和下半身的防护，而不能为第二手术、第三手术者或者其他医护人员提供有效的防护。因此，设计可快速调节高度和铅玻璃角度可快速调节的一种多功能介入放射学专用移动防护用品是很有必要的。

第二节 设计思路

一种多功能介入放射学专用移动防护用品，可快速调节高度与铅玻璃角度，可以进行如下设计：设计固定底板，固定底板的顶部固定连接有支架套筒，支架套筒的内侧固定连接有固定球，支架套筒的内部滑动连接有支架内筒，支架内筒的外侧固定连接有橡胶球。支架内筒的右侧固定连接有万向调节支架，万向调节支架的另一端固定连接有玻璃固定架，玻璃固定架的两侧轴承连接有转轴，转轴贯穿玻璃固定架，转轴的内侧固定连接有铅玻璃，转轴的外侧固定连接有限位转盘，限位转盘的侧面设置有多组限位槽。

玻璃固定架的侧面固定连接有固定板，固定板的中部滑动连接有限位块，限位块贯穿固定板，底部与限位槽相卡合，顶部固定连接有拉板。拉板的底部固定连接有弹簧，弹簧的另一端与固定板的顶部固定连接。铅玻璃的底部固定连接有防护帘收卷筒，防护帘收卷筒的内部固定连接有铅防护帘。固定底板的底部固定连接有万向轮。铅玻璃的厚度设置为1.3 cm，铅玻璃的铅当量设置为 2.6 mm Pb 左右，铅防护帘的铅当量设置为0.5 mm Pb。

第三节　构造精讲

为了更清楚地说明如何实施，本节结合较佳的实施方案对本装置进行详细描述。所绘制结构、比例、大小等，均仅用以配合本章所揭示的内容，供专业技术人员阅读和参考。

如图 5-1、图 5-2、图 5-3、图 5-4 所示，一种多功能介入放射学专用移动防护用品，包括固定底板 1，固定底板 1 的顶部固定连接有支架套筒 2。支架套筒 2 的内侧固定连接有固定球 11，支架套筒 2 的内部滑动连接有支架内筒3。支架内筒 3 的外侧固定连接有橡胶球 12，手动拉动支架内筒 3，支架内筒3 在支架套筒 2 内向上滑动，支架内筒 3 带动橡胶球 12 上移。橡胶球 12 上移时被支架套筒 2 内的固定球 11 挤压发生弹性形变。当支架内筒 3 不移动时，橡胶球 12 形变回弹卡合固定球 11，下移同理。通过上述步骤，从而达到方便调节防护用品的高度。

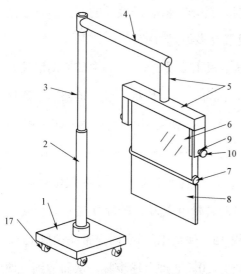

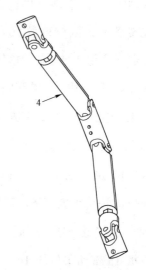

图 5-1　整体立体结构示意图

1—固定底板；2—支架套筒；3—支架内筒；

4—万向调节支架；5—玻璃固定架；6—铅玻璃；

7—防护帘收卷筒；8—铅防护帘；9—转轴；

10—限位转盘；17—万向轮

图 5-2　立体结构示意图

4—万向调节支架

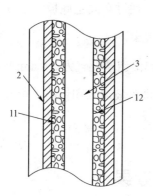

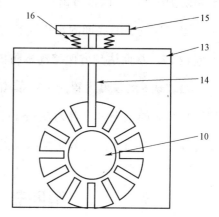

图 5-3　剖视结构示意图

2—支架套筒；3—支架内筒；12—橡胶球；

13—固定板

图 5-4　侧视结构示意图

10—限位转盘；13—固定板；14—限位块；

15—拉板；16—弹簧

　　支架内筒 3 的右侧固定连接有万向调节支架 4，万向调节支架 4 的另一端固定连接有玻璃固定架 5，玻璃固定架 5 的两侧轴承连接有转轴 9，转轴 9 贯穿玻璃固定架 5，转轴 9 的内侧固定连接有铅玻璃 6，转轴 9 的外侧固定连接有限位转盘 10，限位转盘 10 的侧面设置有多组限位槽。

玻璃固定架 5 的侧面固定连接有固定板 13，固定板 13 的中部滑动连接有限位块 14。限位块 14 贯穿固定板 13，底部与限位槽相卡合，顶部固定连接有拉板 15。拉板 15 的底部固定连接有弹簧 16，弹簧 16 的另一端与固定板 13 的顶部固定连接。当需要调节铅玻璃 6 的角度时，手动拉动拉板 15，拉板 15 带动限位块 14 上移，拉板 15 拉伸弹簧 16 发生弹性形变。此时限位转盘 10 不被限位，转动铅玻璃 6，铅玻璃 6 带动转轴 9 转动，转轴 9 带动限位转盘 10 转动。调整至合适角度时，松开拉板 15，弹簧 16 形变回弹带动拉板 15 下移，拉板 15 带动限位块 14 卡合限位转盘 10。通过上述步骤，从而达到方便调节铅玻璃 6 的角度。

铅玻璃 6 的底部固定连接有防护帘收卷筒 7，防护帘收卷筒 7 的内部固定连接有铅防护帘 8。通过设置防护帘收卷筒 7 和铅防护帘 8，从而达到通过收放铅防护帘 8，可以调节铅防护帘 8 外露的长短和高度。

固定底板 1 的底部固定连接有万向轮 17，通过在固定底板 1 的底部安装万向轮 17，从而达到方便移动本防护用品的效果。

铅玻璃 6 的厚度设置为 1.3 cm，铅玻璃 6 的铅当量设置为 2.6 mm Pb 左右，铅防护帘 8 的铅当量设置为 0.5 mm Pb。通过将铅玻璃 6 和铅防护帘 8 的铅当量具体化，从而达到高效防护的效果。

第四节　应用效果

通过巧妙的优化设计，可取得如下应用效果：

1. 通过设置万向轮可以随意移动至手术室任何位置，通过支架套筒和支架内筒来调节高度，以满足介入手术放射工作人员不同身高的防护需求。

2. 通过万向调节支架和铅玻璃侧面的限位转盘，防护用品铅玻璃可以向任何方向转动，以满足不同手术和不同体位下医护人员头、颈、胸部的放射防护需要。通过防护帘收卷筒的收放，可以调节露在外面的铅防护帘的长短和高度，以满足手术放射工作人员腹部、下半身（特别是性腺）的放射防护要求。

第六章 分段清理型铅衣消毒装置

本章详细介绍了一种分段清理型铅衣消毒装置，该装置既便于清洁，有效改善了防护衣的消毒清洁效果，又充分减小射线对人体产生的危害，保护人员安全，提高了铅防护衣的功能性和适用性。本章从基本概况、设计思路、构造精讲和应用效果四方面对该装置进行详细全面介绍，以方便读者更加深入地了解本装置。

第一节 基本概况

铅防护衣是指含铅橡胶皮制作的衣服，一般用于低能 X 射线、γ 射线及核工业射线环境的防护，适用人群为医护人员、接受射线检查、诊断和治疗的患者、实验室人员、工业放射环境的施工和监护人员等。

但是传统齿科铅防护衣功能较为单一，一般不具有甲状腺保护功能，需要使用单独的铅围脖防护用品，如普通牙科诊所、牙科门诊部和牙科医院所配置的铅围脖往往带有鸭舌。带鸭舌的铅围脖只适用于口内牙片机检查使用，对于口腔 CT 或者全景功能的摄影，带鸭舌的铅围脖会遮挡关键部位的摄影和显示，从而影响口腔疾病的诊断和治疗，并且目前市面上流行的铅防护衣不具备袖子脱卸功能。常规在用的无袖铅围裙由于无铅防护袖而无法满足部分特殊需要的摄影，无法对双侧上臂进行有效防护，同时现有的铅防护衣使用完毕后不便于消毒清洁，影响再次使用。因此，设计一款能够穿脱方便并便于清洁的新型铅防护衣是很有必要的。

第二节 设计思路

分段清理型铅衣消毒装置，穿脱方便并便于清洁，可以进行如下设计：设计主体的左右两侧连接有袖筒，主体的上部连接有环形铅围脖，环形铅围脖的两端设置有子母扣，主体的前部边缘处均匀分布有魔术贴。

主体的下摆处安装有拉链，拉链的首端设置有拉环，主体通过拉链连接有下裙，下裙的长度为 60～80 cm，下裙展开的宽度为 110～130 cm。主体的外部设置有消毒结构，消毒结构包括有底座，底座的上部安装有伸缩杆，伸缩杆的顶部固定安装有横杆，横杆的下方固定安装有电机，电机的下方固定安装有转轴，转轴的另一端固定安装有衣架。

底座的上部右侧固定安装有液泵，液泵的上方连接有输液管，输液管的顶端安装有喷头。底座的上部左侧固定安装有风机，风机的上方连接有气管，气管的顶端安装有喷口，喷口的表面设置有气孔，主体、袖筒、环形铅围脖和下裙均使用铅当量为 0.5 mm Pb 及以上的铅橡胶所制。

第三节 构造精讲

为了更清楚地说明如何实施，本节结合较佳的实施方案对本装置进行详细描述。所绘制结构、比例、大小等，均仅用以配合本章所揭示的内容，供专业技术人员阅读和参考。

如图 6-1、图 6-2、图 6-3 所示，一种分段清理型铅衣消毒装置，包括主体 1，其左右两侧连接有袖筒 5，上部连接有环形铅围脖 3。环形铅围脖 3 的两端设置有子母扣 4，主体 1 的前部边缘处均匀分布有魔术贴 6，袖筒 5 和环形铅围脖 3 为可拆卸结构。用户在使用铅防护衣时，将主体 1 穿在身体表面，通过前方的魔术贴 6 进行扣合，根据使用需要，头颈部的环形铅围脖 3 可以自由脱卸。环形铅围脖 3 使用时通过子母扣 4 黏接在一起，操作简单，使用方便,适用于目前口内牙片机、口腔全景、口腔 CT 等所有功能的摄影,对患者全身、颈部特别是甲状腺起到较好的保护作用。此外,左右两侧的袖筒 5 也可以自由脱卸,可满足不同摄影体位、摄片模式的需要,对用户的双侧上臂进行有效防护,大大提高了装置的功能性。

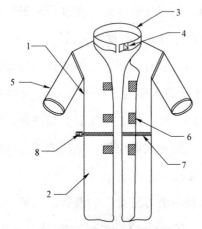

图 6-1　整体结构示意图

1—主体;2—下裙;3—环形铅围脖;4—子母扣;5—
袖筒;6—魔术贴;7—拉链;8—拉环

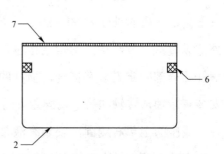

图 6-2　下裙展开结构示意图

2—下裙;6—魔术贴;7—拉链

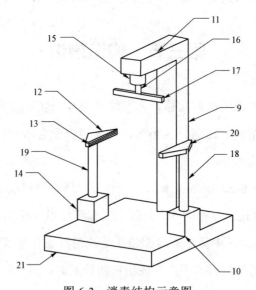

图 6-3　消毒结构示意图

9—伸缩杆;10—液泵;11—横杆;12—喷口;13—气孔;14—风机;15—电机;
16—转轴;17—衣架;18—输液管;19—气管;20—喷头;21—底座

主体 1 的下摆处安装有拉链 7，拉链 7 的首端设置有拉环 8。主体 1 通过拉链 7 连接有下裙 2，下裙 2 的长度为 60～80 cm，展开的宽度为 110～130 cm。主体 1 下部通过拉链 7 连接的下裙 2 也可以脱卸，脱卸时拉动拉环 8，使得拉链 7 分开，结构简单，操作方便。脱卸下的下裙 2 可以作为单独短铅围裙使用，用于防护下半身和性腺等部位，也可以把脱卸的下裙 2 舒展开来作为铅方巾。该铅方巾也设置有魔术贴 6，可以放在 CT 检查诊疗床上，受检者或者患者检查时卷起来将魔术贴 6 粘住，用以防护受检者下半身，通过上述步骤，进一步提高了铅防护衣的功能性和适用性。

主体 1 的外部设置有消毒结构，消毒结构包括有底座 21。底座 21 的上部安装有伸缩杆 9，伸缩杆 9 的顶部固定安装有横杆 11，横杆 11 的下方固定安装有电机 15，电机 15 的下方固定安装有转轴 16，转轴 16 的另一端固定安装有衣架 17，防护衣使用完毕后需要进行消毒清洁。消毒时首先调节伸缩杆 9 的高度，带动伸缩杆 9 顶部的横杆 11 随之运动，横杆 11 下方的电机 15 和衣架 17 也随之运动，使得衣架 17 的高度与防护衣的尺寸相匹配。再将防护衣挂在衣架 17 下方，启动电机 15，带动转轴 16 开始转动，衣架 17 也开始转动。防护衣开始转动，使得对防护衣的消毒清洁更加均匀，消毒效果更好。

底座 21 的上部右侧固定安装有液泵 10，液泵 10 的上方连接有输液管 18，输液管 18 的顶端安装有喷头 20，液泵 10 内部填充有专用的铅防护衣消毒液。消毒时启动液泵 10，使得消毒液流入输液管 18，再沿输液管 18 顶部的喷头 20 喷出，随着防护衣的转动对其进行均匀消毒。通过上述步骤，实现了防护衣的自动消毒。

底座 21 的上部左侧固定安装有风机 14，风机 14 的上方连接气管 19，气管 19 的顶端安装有喷口 12，喷口 12 的表面设置有气孔 13。消毒完毕后，启动另一侧的风机 14，使气流沿气管 19 流入喷口 12，并沿喷口 12 表面的气孔 13 喷出，使得防护衣快速风干。

主体 1、袖筒 5、环形铅围脖 3 和下裙 2 均使用铅当量为 0.5 mm Pb 及以上的铅橡胶所制，可以充分减小射线对人体产生的危害，保护人员安全。

第四节　应用效果

通过巧妙的优化设计，可取得如下应用效果：

1. 通过设置有环形铅围脖和袖筒，用户在使用铅防护衣时，将主体穿在身体表面，通过前方的魔术贴进行扣合。根据使用需要，头颈部的环形铅围脖可以自由脱卸，环形铅围脖使用时通过子母扣黏接在一起，操作简单，使用方便，适用于目前口内牙片机、口腔全景、口腔 CT 等所有功能的摄影，对患者全身、颈部特别是甲状腺起到较好的保护作用。此外，左右两侧的袖筒也可以自由脱卸，可满足不同摄影体位、摄片模式的需要，对用户的双侧上臂进行有效防护，大大提高了装置的功能性。

2. 通过设置拉链和下裙，主体下部通过拉链连接的下裙也可以脱卸，脱卸时拉动拉环，使拉链分开，结构简单，操作方便。脱卸下的下裙可以作为单独短铅围裙使用，用于防护下半身和性腺等部位，也可以把脱卸的下裙舒展开来作为铅方巾。该铅方巾也设置有魔术贴，可以放在 CT 检查诊疗床上，受检者或者患者检查时卷起来将魔术贴粘住，用以防护受检者下半身。通过上述步骤，进一步提高了铅防护衣的功能性和适用性。

3. 通过设置有伸缩杆和衣架，防护衣使用完毕后需要进行消毒清洁。消毒时首先调节伸缩杆的高度，带动伸缩杆顶部的横杆随之运动，横杆下方的电机和衣架随之运动，使得衣架的高度与防护衣的尺寸相匹配，再将防护衣挂在衣架下方，启动电机，带动转轴开始转动。衣架也开始转动，防护衣开始转动，使得对防护衣的消毒清洁更加均匀，消毒效果更好。

第七章　放射个人防护用品的智能消毒柜

本章详细介绍一种放射个人防护用品的智能消毒柜，该装置既便于悬挂的衣服相分离，也提高了消毒柜的空间利用率，有利于杀菌消毒。本章从基本概况、设计思路、构造精讲和应用效果四方面对该装置进行详细全面介绍，以方便读者更加深入地了解本装置。

第一节　基本概况

随着放射影像技术的发展，CT 检查广泛应用于临床。CT 检查检查过程中，因为放射性危害因素均对患者和医护人员造成伤害，所以需要采用相应的防护措施，其中穿戴放射防护用品，是常见也比较普遍的防护措施。放射防护用品穿戴使用后，避免不了沾染汗液、灰尘等，汗液、灰尘中含有大量的细菌，导致放射防护用品的污染，未及时清洁放射防护用品，再穿戴放射防护用品时会增加感染的风险。但放射防护用品不像其他衣物，不可以以洗涤方式进行消毒，所以常常采用紫外线消毒衣柜对放射防护用品进行消毒杀菌。

目前常规的放射防护衣物一般有长款和短款，为便于长款和短款衣物的安放，现有的消毒柜内往往只设有一根横向的晾衣杆。晾衣杆设置在消毒柜的中、上部，但不具有分隔衣物的功能，导致放射防护衣物往往相抵靠在一起，不便于杀菌消毒；而挂置短款的放射防护衣物时，短款的放射防护衣物的下方会出现较大的消毒空间，该消毒空间得不到利用，消毒柜内部空间的利用率不高。所以，设计一种便于杀菌消毒且空间利用率高的智能消毒柜是很有必要的。

第二节　设计思路

放射个人防护用品的智能消毒柜，用于消毒穿戴过的放射防护用品，可以进行如下设计：设计消毒柜的柜体和柜门，柜体的下端面上固定连接有底座，柜体内侧的底部插接固定连接有干衣单元、顶部插接插接固定有控制箱，控制箱上插接固定有液晶控制板。柜门位于控制箱的下侧并分布在控制箱的两侧，柜体前侧的中部设有竖直并与柜门相对的前支撑梁，前支撑梁的中、上部插接固定有温湿度控制器。柜体内侧的上部插接固定有横向的晾衣架。

晾衣架包括圆管状的晾衣杆，晾衣杆下端的外壁上有弧形的定位凸缘，晾衣杆上有若干个贯穿定位凸缘的定位槽口，晾衣杆上定位槽口的正下方设有横向的悬挂杆，悬挂杆的两端插接在定位槽口两侧的定位凸缘内。定位槽口两侧的晾衣杆上端外壁上固定有竖向的方管，方管两侧的管壁上有竖向的导向槽。方管内插接有横向的导向轴和导轮，导轮插套在导向轴上，导向轴的两端插接在方管两侧的导向槽内。导轮上绕设有钢丝绳，钢丝绳的一端插接固定在晾衣杆上、另一端穿过晾衣杆插接固定在悬挂杆上。导轮两侧的导向轴上插套有环形的皮筋，皮筋的上端插套在销轴上，销轴位于方管的上端并插接固定在方管两侧的管壁上。

晾衣架的两端插接在衣杆座，衣杆座固定在柜体两侧的内壁上。方管的顶端固定连接有安装板，安装板与柜体相固接。柜体后侧的内壁上固定有若干横向的 UV 杀菌灯，UV 杀菌灯呈竖向均匀分布在柜体上。晾衣架两侧的内壁上固定有竖向的侧支撑梁，衣杆座通过螺钉固定在侧支撑梁上。晾衣架上的方管位于控制箱的后侧，柜体内侧上底面上固定有横向的顶梁，顶梁的两端与侧支撑梁的上端相固接。方管上端的安装板上成型有若干安装孔，安装孔通过螺栓固定在柜体的顶梁上。

干衣单元包括固定在柜体内侧的底部的烘箱，烘箱后侧的上端面上有若干个出风孔，烘箱内固定有吹风风机和电加热元件。干衣单元内的电加热元件采用陶瓷 PCT 发热块，控制箱后端面的上侧抵靠在顶梁，控制箱后端面的下侧成型有向前倾斜的斜导面。前支撑梁内成型有竖向的穿线孔，前支撑梁前端面的两侧有与柜门相对的竖向凹台。控制箱内安装固定有电路控制板，温湿度控制器、干衣单元内的吹风风机和电加热元件均通过电源线与控制箱内的电路控制板相电连接。温湿度控制器、干衣单元上的电源线均插设在前支撑梁内。柜体的侧壁和顶部均设有保温夹层，UV 杀菌灯通过电源线与控制箱内的电路控制板相电连接，UV 杀菌灯上的电源线插设在柜体的保温夹层内。

柜体的内侧插设竖向的通风管，通风管分布于 UV 杀菌灯的两侧并固定在烘箱后侧的上端面上，通风管的上端位于晾衣杆的上侧。晾衣杆上的定位槽口呈线性横向均匀分布在晾衣竿上，导轮上有环形凹槽，钢丝绳插设在导轮的环形凹槽内。安装板与方管的固定方式为，安装板的下端面上成型有插块，插块插接在方管内，销轴插接在插块上，安装板抵靠在方管的上端面上。方管的前端面上固定有若干根纵向的挂扣杆，挂扣杆和晾衣杆均位于控制箱的下侧。

第三节 构造精讲

为了更清楚地说明如何实施，本节结合较佳的实施方案对本装置进行详细描述。所绘制结构、比例、大小等，均仅用以配合本章所揭示的内容，供专业技术人员阅读和参考。

如图 7-1、图 7-2、图 7-3、图 7-4、图 7-5、图 7-6、图 7-7 所示，一种放射个人防护用品的智能消毒柜，包括消毒柜的柜体 1 和柜门 2。柜体 1 的下端面上固定连接有底座 3, 内侧的底部插接固定连接有干衣单元 4,顶部插接固定有控制箱 6。控制箱 6 上插接固定有液晶控制板 7,柜门 2 位于控制箱 6 的下侧并分布在控制箱 6 的两侧。柜体 1 前侧的中部设有竖直并与柜门 2 相对的前支撑梁 11,前支撑梁 11 的中、上部插接固定有温湿度控制器 9,柜体 1 内侧的上部插接固定有横向的晾衣架 5。

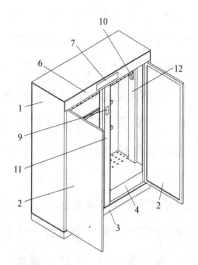

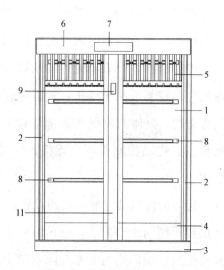

图 7-1 立体的结构示意图

1—柜体;2—柜门;3—底座;4—干衣单元;6—控制箱;7—液晶控制板;9—温湿度控制器;10—衣杆座;11—前支撑梁;12—侧支撑梁

图 7-2 正视的结构示意图

1—柜体;2—柜门;3—底座;4—干衣单元;5—晾衣架;6—控制箱;7—液晶控制板;8—UV 杀菌灯;9—温湿度控制器;10—衣杆座;11—前支撑梁

晾衣架 5 包括圆管状的晾衣杆 51,晾衣杆 51 下端的外壁上有弧形的定位凸缘 511,晾衣杆 51 上有若干个贯穿定位凸缘 511 的定位槽口 512。晾衣竿 51 上定位槽口 512 的正下方设有横向的悬挂杆 52,悬挂杆 52 的两端插接在定位槽口 512 两侧的定位凸缘 511 内。定位槽口 512 两侧的晾衣杆 51 上端外壁上固定有竖向的方管 53,方管 53 两侧的管壁上有竖向的导向槽 531。方管 53 内插接有横向的导向轴 55 和导轮 54,导轮 54 插套在导向轴 55 上,导向轴 55 的两端插接在方管 53 两侧的导向槽 531 内。导轮 54 上绕设有钢丝绳 56,钢丝绳 56 的一端插接固定在晾衣杆 51 上,另一端穿过晾衣杆 51 插接固定在悬挂杆 52 上。导轮 54 两侧的导向轴 55 上插套有环形的皮筋 58,皮筋 58 的上端插套在销轴 57 上，销轴 57 位于方管 53 的上端并插接固定在方管 53 两侧的管壁上。

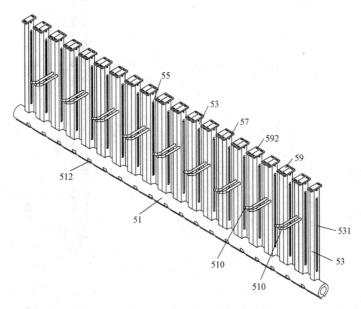

图 7-3 内晾衣架的立体结构示意图

51—晾衣杆；512—定位槽口；53—方管；531—导向槽；55—导向轴；57—销轴；

59—安装板；592—安装孔；510—挂扣杆

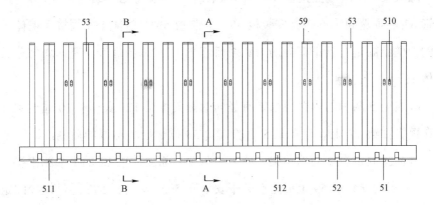

图 7-4 内晾衣架的正视结构示意图

51—晾衣杆；511—定位凸缘；512—定位槽口；52—悬挂杆；53—方管；

59—安装板；510—挂扣杆

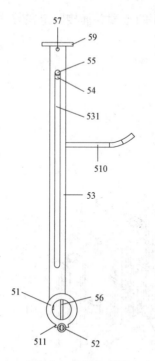

图 7-5　内晾衣架的侧视结构示意图

51—晾衣竿；511—定位凸缘；52—悬挂杆；

53—方管；531—导向槽；54—导轮；55—导向轴；

56—钢丝绳；57—销轴；59—安装板；510—挂扣杆

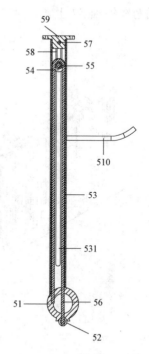

图 7-6　A-A 处的剖视结构示意图

51—晾衣杆；52—悬挂杆；53—方管；531—导向槽；

54—导轮；55—导向轴；56—钢丝绳；57—销轴；

58—皮筋；59—安装板；510—挂扣杆

晾衣架 5 的两端插接在衣杆座 10，衣杆座 10 固定在柜体 1 两侧的内壁上。方管 53 的顶端固定连接有安装板 59，安装板 59 与柜体 1 相固接。柜体 1 后侧的内壁上固定有若干横向的 UV 杀菌灯 8，UV 杀菌灯 8 呈竖向均匀分布在柜体 1 上。

晾衣架 5 两侧的内壁上固定有竖向的侧支撑梁 12，衣杆座 10 通过螺钉固定在侧支撑梁 12 上。晾衣架 5 上的方管 53 位于控制箱 6 的后侧，柜体 1 内侧上底面上固定有横向的顶梁，顶梁的两端与侧支撑梁 12 的上端相固接。方管 53 上端的安装板 59 上成型有若干安装孔 592，安装孔 592 通过螺栓固定在柜体 1 的顶梁上。

干衣单元 4 固定在柜体 1 内侧的底部的烘箱，烘箱后侧的上端面上成型有若干个出风孔，烘箱内固定有吹风风机和电加热元件。

干衣单元 4 内的电加热元件采用陶瓷 PCT 发热块，控制箱 6 后端面的上侧抵靠在顶梁，控制箱 6 后端面的下侧有向前倾斜的斜导面。前支撑梁 11 内有竖向的穿线孔，前支撑梁 11 前端面的两侧成型有与柜门 2 相对的竖向凹台。控制箱 6 内安装固定有电路控制板，温湿度控制器 9、干衣单元 4 内的吹风风机和电加热元件均通过电源线与控制箱 6 内的电路控制板相电连接，温湿度控制器 9、干衣单元 4 上的电源线均插设在前支撑梁 11 内。柜体 1 的侧壁和顶部均设有保温夹层，UV 杀菌灯 8 通过电源线与控制箱 6 内的电路控制板相电连接，UV 杀菌灯 8 上的电源线插设在柜体 1 的保温夹层内。液晶控制板 7 通过电源线与控制箱 6 内的电路控制板相电连接。

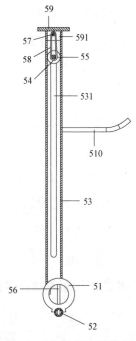

图 7-7　B-B 处的剖视结构示意图

51. 晾衣杆；52—悬挂杆；53—方管；531—导向槽；54—导轮；55—导向轴；56—钢丝绳；57—销轴；58—皮筋；59—安装板；591—插块；510—挂扣杆

柜体 1 的内侧插设竖向的通风管，通风管分布于 UV 杀菌灯 8 的两侧并固定在烘箱后侧的上端面上，通风管的上端位于晾衣杆 51 的上侧。

晾衣杆 51 上的定位槽口 512 呈线性横向均匀分布在晾衣杆 51 上，悬挂杆 52 设有多根，悬挂杆 52 的数量等于定位槽口 512 的数量，悬挂杆 52 呈线性横向均匀分布在晾衣竿 51 上。导轮 54 上成型有环形凹槽，钢丝绳 56 插设在导轮 54 的环形凹槽内。

安装板 59 与方管 53 的固定方式为：安装板 59 的下端面上有插块 591，插块 591 插接在方管 53 内，销轴 57 插接在插块 591 上，安装板 59 抵靠在方管 53 的上端面上。

方管 53 的前端面上固定有若干根纵向的挂扣杆 510，挂扣杆 510 和晾衣杆 51 均位于控制箱 6 的下侧。

工作时，晾衣架 5 上设有晾衣杆 51，晾衣杆 51 的下侧设有若干根悬挂杆 52。悬挂杆 52 可以下拉，通过钢丝绳 56 与晾衣杆 51 相连接，在悬挂杆 52 和上方的晾衣杆 51 上，可以通过衣架可以挂放短款的放射防护衣物和其他放射防护用品。悬挂长款的放射防护衣物时，就不需要下拉悬挂杆 52，长款的放射防护衣物通过衣架挂放在晾衣杆 51，悬挂杆 52 不会对长款的放射防护衣物造成干涉。

晾衣架 5 上设有方管 53，可以收纳悬挂杆 52 未下拉时的钢丝绳 56，且其可以与柜体 1 相固接，增强晾衣架 5 的支撑强度，因为所谓的放射防护用品一般都具有内侧铅夹层。放射防护用品的重量都不轻，方管 53 就可以阻止晾衣杆 51 的变形，并且方管 53 可以作为隔离件使用，实现挂置在晾衣竿 51 的衣架分离，进而悬挂在衣架的放射防护用品就不会抵靠在一起。

第四节　应用效果

通过巧妙的优化设计，可取得如下应用效果：

1. 采用的智能消毒柜内的晾衣架除了主体的晾衣杆，还是有竖向的方管，方管的存在便于挂置在晾衣竿上的放射防护用品的分离，就消除放射防护用品抵靠在一起的问题，有利于放射防护用品的消毒杀菌。

2. 采用的方管还能增强晾衣杆的支撑强度，同时方管上设有挂扣杆，挂扣杆上可以挂放射防护铅帽、放射防护围脖等用品。

3. 采用的晾衣架上设有可以下拉的悬挂杆，悬挂杆下拉后可以挂放射防护用品，悬挂杆正上方的晾衣竿还可以挂放其他放射防护用品，同时也不影响长款的放射防护衣物的挂放，能有效提高消毒柜内部空间的利用率。

第八章　X 射线机防护检测用
模体支撑架

本章详细介绍一种 X 射线机防护检测用模体支撑架，该装置配备有旋转盘，既可以对被测模体的多个面进行 X 射线检测，也可以在转动过程中连续拍照，适合对人体牙齿的全方位检测。本章从基本概况、设计思路、构造精讲和应用效果四方面对该装置进行详细全面介绍，以方便读者更加深入地了解本装置。

第一节　基本概况

牙齿是人体重要的器官，牙齿的定期检测通常使用 X 射线进行拍照。专利 CN211381420U 公开了一种移动式 X 射线检查支架，其包括横梁和拉手。横梁左下侧与左拼接杆固定连接，右下侧与右拼接杆固定连接，内部固定连接有限位杆。横梁上固定连接有第一铅尺，横梁上安装有第一标记，且第一标记上固定安装有指针。横梁左拼接杆上开设有限位槽，安装有第二标记，下侧安装有齿条，左拼接杆上还套接有左安装块。右拼接杆上套接有右安装块；第二铅尺固定安装在横梁与底板之间，通过绑带将病人进行限位工作。绑带可解决病人晃动的问题，可移动的第二标记与第一标记解决图像拼接时图像对齐的问题。

但是，此装置只能进行单个方向的拍摄，因此对于圆弧状的拍摄对象，尤其是牙齿部位的拍摄需要拍摄多张照片进行拼接，导致拼接时角度容易出现偏差。此外，医务工作人员长期接触 X 射线机会对其身体造成不良影响，要尽量避免其靠近 X 射线机。所以，需要设计一款新式 X 射线机防护检测用模体支撑架，实现对被测模体的多个面进行 X 射线检测和对操作人员的防护功能。

第二节　设计思路

X 射线机防护检测用模体支撑架，可对被测模体的多个面进行 X 射线检测，可以做如下设计：设计底座顶面的中部垂直固定有支撑管，支撑管中活动嵌合有升降杆。升降杆的中部贯穿连接横向杆和纵向杆，升降杆的顶点支撑固定台的底面中心，横向杆的两端通过导向管活动嵌合有第一垂直杆。纵向杆两端通过导向管活动嵌合有第二垂直杆，固定台侧边的下部等分开设有四道锁定槽。第一垂直杆和第二垂直杆均适配嵌入与之对应的锁定槽内，固定台侧边的上部转动连接有旋转盘，旋转盘的顶面固定安装有 X 射线检测机。

旋转盘的底侧安装有大伞齿轮，固定台的侧边转动连接有小伞齿轮，小伞齿轮的一端轴向连接有手轮，小伞齿轮的另一端啮合大伞齿轮。支撑管顶端的一侧通过连接板转动连接有直齿轮，直齿轮轴向连接有曲柄，升降杆的一侧固定有齿条，直齿轮适配啮合齿条。支撑管的中部销轴连接有单向棘爪，单向棘爪挡接齿条的齿纹底侧。底座的边侧等分固定有三具槽型支架，三具槽型支架中均铰接有折叠支撑脚，折叠支撑脚的中部垂直固定有锁紧凸轴。锁紧凸轴交替嵌入槽型支架的顶面定位槽和侧面定位槽。X 射线检测机的两侧安装有防辐射板，两根第一垂直杆和两根第二垂直杆与升降杆之间均连接有弹性拉绳，固定台顶面的中部连接有适配人体下巴的柔性托。

第三节　构造精讲

为了更清楚地说明如何实施，本节结合较佳的实施方案对本装置进行详细描述。所绘制结构、比例、大小等，均仅用以配合本章所揭示的内容，供专业技术人员阅读和参考。

如图8-1、图8-2所示，一种X射线机防护检测用模体支撑架，包括底座1和固定台8。底座1顶面的中部垂直固定有支撑管2，支撑管2中活动嵌合有升降杆3。升降杆3的中部贯穿连接横向杆4和纵向杆5，升降杆3的顶点支撑固定台8的底面中心，横向杆4的两端通过导向管活动嵌合有第一垂直杆6，纵向杆5两端通过导向管活动嵌合有第二垂直杆7。固定台8侧边的下部等分开设有四道锁定槽22，第一垂直杆6和第二垂直杆7均适配嵌入与之对应的锁定槽22内。固定台8侧边的上部转动连接有旋转盘9，旋转盘9的顶面固定安装有X射线检测机10。

工作时，将需要进行X射线检测的模体固定在固定台8的顶端，并将固定台8及其承载的被测模体放置在升降杆3的顶点，然后推动第一垂直杆6和第二垂直杆7，使其适配嵌入与之对应的锁定槽22，将固定台8进行锁定。开启X射线检测机10就能够对被检测模体的一个面进行拍照。当需要对被检测模体的另一个面进行拍照时，转动旋转盘9，旋转盘9带动X射线检测机10环绕被测模体设定的角度，例如九十度，然后就能对其另一个面进行拍照。如此可对被测模体的多个面进行X射线检测，也可以在转动过程中连续拍照，生成被测模体的长画幅照片。

当第一个被测模体进行多角度的X射线检测后，可令第一垂直杆6和第二垂直杆7脱离与之对应的锁定槽22。此时可将固定台8及其承载的被测模体取出，在别的地方换取另一个被测模体，然后再如上进行操作，能够减少操作人员与X射线检测机10的接触，对其身体进行良好保护。同时，可通过升降杆3的升降，调节上述工作部位的高度，以适合被测对象的高度。

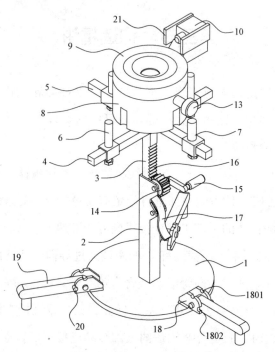

图 8-1　主体结构示意图

1—底座；2—支撑管；3—升降杆；4—横向杆；5—纵向杆；6—第一垂直杆；7—第二垂直杆；8—固定
台；9—旋转盘；10—X 射线检测机；13—手轮；14—直齿轮；15—曲柄；16—齿条；17—单向棘爪；
18—槽型支架；19—折叠支撑脚；20—锁紧凸轴；21—防辐射板；
1801—顶面定位槽；1802—侧面定位槽

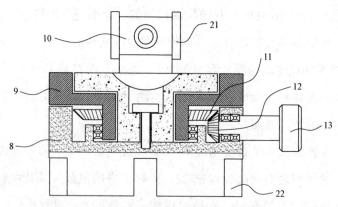

图 8-2　固定台和旋转盘结构示意图

8—固定台；9—旋转盘；10—X 射线检测机；11—大伞齿轮；12—小伞齿轮；
13—手轮；22—锁定槽

旋转盘9的底侧安装有大伞齿轮11，固定台8的侧边转动连接有小伞齿轮12，小伞齿轮12的一端轴向连接有手轮13，小伞齿轮12的另一端啮合大伞齿轮11。在需要转动旋转盘9时，使用者通过手轮13拧动小伞齿轮12，小伞齿轮12啮合大伞齿轮11带动旋转盘9及其边侧的X射线检测机10转动，对固定台8的中轴部位的模体进行X射线圆周扫描。

支撑管2顶端的一侧通过连接板转动连接有直齿轮14，直齿轮14轴向连接有曲柄15，升降杆3的一侧固定有齿条16。直齿轮14适配啮合齿条16，支撑管2的中部销轴连接有单向棘爪17，单向棘爪17挡接齿条16的齿纹底侧。

进行调节高度时，使用者通过曲柄15转动直齿轮14，直齿轮14啮合齿条16带动升降杆3及其顶端连接的部件进行升降，单向棘爪17挡接齿条16的齿纹底侧避免其不受控制的落下。需要下降时，按压单向棘爪17的尾端使其脱离齿条16，此时升降杆3及其顶端连接的部件就能够向下移动。

底座1的边侧等分固定有三具槽型支架18，三具槽型支架18中均铰接有折叠支撑脚19，折叠支撑脚19的中部垂直固定有锁紧凸轴20，锁紧凸轴20交替嵌入槽型支架18的顶面定位槽1801和侧面定位槽1802。

在需要进行移动或转运时，将三根折叠支撑脚19向上扳动。此时人力克服折叠支撑脚19内的弹簧力，锁紧凸轴20脱离侧面定位槽1802，然后转动九十度后嵌入顶面定位槽1801中定位，实现折叠支撑脚19的收缩折叠，便于进行搬运和运输，展开时反向操作即可。

X射线检测机10的两侧安装有防辐射板21，能够遮蔽X射线检测机10工作时对周边区域的辐射，进一步保护医护操作人员的身体健康。

两根第一垂直杆6和两根第二垂直杆7与升降杆3之间均连接有弹性拉绳，能够在自然状态下互相拉动，将固定台8固定在四根垂直杆之间，避免其左右前后晃动。固定台8顶面的中部连接有适配人体下巴的柔性托，柔性托方便被检测人员的下巴搭在其中进行定位，提升检测的精确性。

具体工作时，将需要进行X射线检测的模体固定在固定台8的顶端，并将固定台 8 及其承载的被测模体放置在升降杆 3 的顶点，然后推动第一垂直杆 6 和第二垂直杆 7，使其适配嵌入与之对应的锁定槽 22。将固定台 8 进行锁定，开启 X 射线检测机 10 就能够对被检测模体的一个面进行拍照。转动旋转盘 9 可带动 X 射线检测机 10 环绕被测模体，能对其另一个面进行拍照，也可以在转动过程中连续拍照，生成被测模体的长画幅照片。

如进行牙科测时，病患将下巴搭在固定台 8 顶面的柔性托上，将旋转盘 9 及其边侧的 X 射线检测机 10 转动至病患的左侧脸颊。开启 X 射线检测机 10，然后通过手轮 13 带动旋转盘 9 及 X 射线检测机 10 顺时针转动至病患的右侧脸颊。在此过程中，X 射线圆周扫描病患的牙齿部位并对其拍摄 X 光照片，生成一张长画幅照片即可以完整地呈现病患牙齿的整体形状。

第四节　应用效果

通过巧妙的优化设计，可取得如下应用效果：

1. 该装置通过旋转盘带动 X 射线检测机环绕被测模体设定的角度，对其另一个面进行拍照，也可以在转动过程中连续拍照，生成被测模体的长画幅照片，尤其适合对人体牙齿的全方位检测。

2. 本装置在对多个模体进行 X 射线检测时，可将固定台及其承载的被测模体取出，在别的地方换取另一个被测模体，然后重新放入升降杆顶端进行固定，能够减少操作人员与 X 射线检测机的接触，对其身体进行良好保护。

第九章 放置放射防护相关档案资料的推车

本章详细介绍一种放置放射防护相关档案资料的推车，该装置实现了档案或书件的分隔放置，结构简单，操作便捷，制造方便，克服了现有技术的不足。本章从基本概况、设计思路、构造精讲和应用效果四方面对该装置进行详细全面介绍，以方便读者更加深入地了解本装置。

第一节 基本概况

如今一些公司或图书馆，在管理档案或图书时，均会用到推车，如中国专利申请号为201320006941.7的运书小推车，包括车架、手推杆和滚轮，车架包括前支架板、V形放书架、后支架板。前支架板与后支架板之间连接至少两层V形放书架，后支架板上端设有手推杆，车架底部通过滚轮座连接前滚轮、后滚轮。而其V形放书架的板面为网格结构，V形放书架内设有书立，书立包括竖板和底板，底板下部设有两个滑轮。V形放书架的其中一板面两边设有分别与两个滑轮配合的滑道，其通过书立沿着滑道移动，进行位置调节。

然而，其V形放书架的板面为网格结构并需要安装滑动等结构，使得其结构相对复杂，制造难度增加。而且其书立的结构也相对复杂，其需要通过安装在书立上的插片下降，插入V形放书架的网格中进行定位，其插片与书立的连接结构复杂，制造难度增加。所以，设计一种结构简单，制造方便，且能够分隔放置档案与书件的推车是很有必要的。

第二节　设计思路

放置放射防护相关档案资料的推车，能够分隔放置档案与书件，可以作如下设计：设计架体的底部架的底面固定有多个推车轮，架体包括左侧板和右侧板，底部架固定在左侧板和右侧板的下部内侧壁上，多个 V 形放料折弯架上下对齐处于左侧板和右侧板之间，V 形放料折弯架的两端固定在左侧板和右侧板的内侧壁上。

每个 V 形放料折弯架的后部的上方设有横向杆，横向杆的两端固定在左侧板和右侧板上，横向杆上套有调节套。调节套上卡置有隔板连接块，隔板连接块的前端设有隔板，隔板处于对应的 V 形放料折弯架中。调节套的右部外侧壁上成型有环形槽，隔板连接块为 C 形块体，其处于环形槽中，隔板连接块的内侧壁压靠在对应的环形槽的内壁面上，隔板连接块的前侧壁上固定或成型有隔板。

调节套的上壁板上成型有竖直螺接通孔，调节螺栓的螺杆部螺接在竖直螺接通孔中，调节螺栓的螺杆部的底端伸入调节套中，调节螺栓的螺杆部的底端活动连接有连接块。连接块的底面固定有弧形防滑块，弧形防滑块的底面压靠在对应的横向杆的顶面上，横向杆的底面压靠在调节套的下部内壁面上，调节螺栓的顶部转动部处于调节套的上方，左侧板和右侧板的顶面均固定有手持部。

第三节　构造精讲

为了更清楚地说明如何实施，本节结合较佳的实施方案对本装置进行详细描述。所绘制结构、比例、大小等，均仅用以配合本章所揭示的内容，供专业技术人员阅读和参考。

如图 9-1、图 9-2、图 9-3、图 9-4 所示，一种档案推车，包括架体 10。架体 10 的底部架 11 的底面固定有多个推车轮 12，架体 10 包括左侧板 13 和右侧板 14。底部架 11 固定在左侧板 13 和右侧板 14 的下部内侧壁上，多个 V 形放料折弯架 20 上下对齐处于左侧板 13 和右侧板 14 之间。V 形放料折弯架 20 的两端固定在左侧板 13 和右侧板 14 的内侧壁上（其可以通过焊接或螺栓固定的方式进行连接）。本实施例中，其设有三个 V 形放料折弯架 20，V 形放料折弯架 20 由一个板体中部折弯形成截面为 V 字形的折弯架。

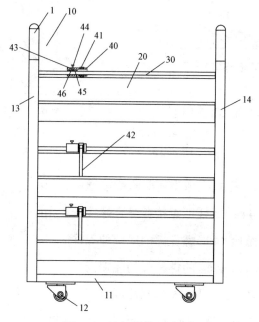

图 9-1　局部结构示意图

1—手持部；10—架体；11—底部架；12—推车轮；13—左侧板；14—右侧板；20—V 形放料折弯架；
30—横向杆；40—调节套；41—隔板连接块；42—隔板；43—竖直螺接通孔；
44—调节螺栓；45—连接块；46—弧形防滑块

每个 V 形放料折弯架 20 的后部的上方设有横向杆 30，横向杆 30 的两端固定在左侧板 13 和右侧板 14 上。横向杆 30 上套有调节套 40，调节套 40 上卡置有隔板连接块 41，右部外侧壁上成型有环形槽。隔板连接块 41 为 C 形块体，其处于环形槽中，隔板连接块 41 的内侧壁压靠在对应的环形槽的内壁面上。隔板连接块 41 的前端固定或成型有隔板 42，隔板 42 处于对应的 V 形放料折弯架 20 中。

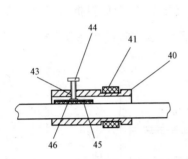

图 9-2　图 9-1 的局部放大图

40—调节套；41—隔板连接块；43—竖直螺接通孔；

44—调节螺栓；45—连接块；46—弧形防滑块

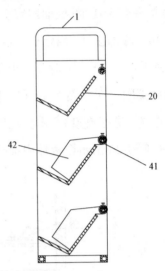

图 9-3　局部剖视图

20—V 形放料折弯架；41—隔板连接块；

42—隔板

调节套 40 的上壁板上成型有竖直螺接通孔 43，调节螺栓 44 的螺杆部螺接在竖直螺接通孔 43 中，调节螺栓 44 的螺杆部的底端伸入调节套 40 中。调节螺栓 44 的螺杆部的底端活动连接有连接块 45，连接块 45 的底面固定有弧形防滑块 46，弧形防滑块 46 的底面压靠在对应的横向杆 30 的顶面上。横向杆 30 的底面压靠在调节套 40 的下部内壁面上，调节螺栓

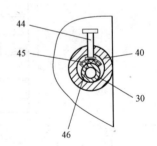

图 9-4　图 9-3 的局部放大图

30—横向杆；40—调节套；44—调节螺栓；

44 的顶部转动部处于调节套 40 的上方，左侧板 13 和右侧板 14 的顶面均固定有手持部 1。

使用时，可以将书或档案袋等放置在对应的 V 形放料折弯架 20 中。当其需要进行分类分隔放置时，可以将隔板连接块 41 卡置到对应的调节套 40 的

环形槽中，移动调节套 40，使得隔板 42 压靠在一侧的一类图书或档案袋处，将其与另一侧的图书或档案袋隔开。然后拧紧调节螺栓 44 即可，非常方便。当不需要隔板 42 时，只需要将隔板连接块 41 从调节套 40 中拔出，非常方便。

第四节　应用效果

通过巧妙的优化设计，可取得应用效果为：通过拧松调节螺栓，即可将调节套移动，带动隔板移动，实现档案或书件的分隔放置。

第十章 标准线束谱滤过用装置

本章详细介绍一种标准线束谱滤过用装置，该装置用于医用数字 X 射线摄影系统质量控制检测，结构简单，操作便捷，价格低廉。本章从基本概况、设计思路、构造精讲和应用效果四方面对该装置进行详细全面介绍，以方便读者更加深入地了解本装置。

第一节 基本概况

医用数字 X 射线摄影（DR）系统是采用数字化 X 射线影像探测器技术实现 X 射线摄影的一种医学成像装置。它的影像直接从影像探测器读出，通常由 X 射线发生装置、数字化 X 射线摄影和机械辅助装置组成，常用于头颅、颈椎、四肢、胸部、腹部等部位的疾病诊断。

《医用数字化 X 射线摄影（DR）系统质量控制检测规范》（WS521—2017）规定医用数字化 X 射线摄影（DR）系统质量控制检测中部分检测项目需对标准线束谱进行滤过，如 STP 和 AEC 等检测项目需要 1 mm 铜滤过，暗噪声检测项目需要 2 mm 铅滤过，然而部分 DR 系统无固有开槽或者开槽尺寸与检测滤过板不匹配，无法固定相关滤过板。检测人员在日常检测中常用胶带进行粘连，既复杂又会导致 DR 系统表面出现粘连，给日常检测工作造成极大不便。

因此，针对现有医用数字化 X 射线摄影（DR）系统质量控制检测中对标准线束谱滤过的技术要求，有必要针对性设计一种滤过用装置，提高日常检测工作的便捷性。

第二节　设计思路

标准线束谱滤过用装置，用于医用数字 X 射线摄影系统质量控制检测，可以作如下设计：设计底座的上端面中心位置固定设置有竖向的第一伸缩杆，第一伸缩杆远离底座的一端设置有转动环，转动环转动连接有水平的第二伸缩杆，第二伸缩杆远离转动环的一端连接有一球头，球头安装在一球头座内，球头座远离球头的一端固定设置有托盘，托盘内表面开设有第一开槽和第二开槽。

底座的底面固定设置有橡胶垫，第一开槽宽 1 mm，能够固定 1 mm 铜。第二开槽宽 2 mm，能够固定 2 mm 铅。底座的两侧侧壁和前后侧壁上均设置有折叠支撑腿。折叠支撑腿包括第三开槽，第三开槽开设在底座侧壁的中间位置，第三开槽的下端固定设置有转轴。转轴的轴身上转动连接有支撑杆，支撑杆的底端固定设置有橡胶片。

第三节　构造精讲

为了更清楚地说明如何实施，本节结合较佳的实施方案对本装置进行详细描述。所绘制结构、比例、大小等，均仅用以配合本章所揭示的内容，供专业技术人员阅读和参考。

如图 10-1、图 10-2、图 10-3 所示，一种标准线束谱滤过用装置，用于医用数字 X 射线摄影系统质量控制检测，包括底座 1，底座 1 的两侧侧壁和前后侧壁上均设置有折叠支撑腿 3，用于提升设备落地面积，提高稳定性。底座 1 的上端面中间位置固定设置有第一伸缩杆 4，用于连接转动环 5 和底座 1，使得设备可以折叠，减少所占空间。第一伸缩杆 4 远离底座 1 的一端固定设置有转动环 5，使得第一伸缩杆 4 和第二伸缩杆 6 能够转动一定的角度。转动环 5 的内部转动设置有第二伸缩杆 6，用于连接转动环 5 和球头 7。第二伸缩杆 6 远离转动环 5 的一端固定设置有球头 7，球头 7 远离第二伸缩杆 6 的一端转动套接有球头座 8，配合球头 7，使得托盘 9 可以调整角度，球头座 8 远离球头 7 的一端固定设置有托盘 9。

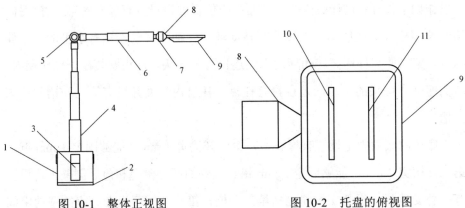

图 10-1　整体正视图

1—底座；2—橡胶垫；3—折叠支撑腿；

4—第一伸缩杆；5—转动环；6—第二伸缩杆；

7—球头；8—球头座；9—托盘

图 10-2　托盘的俯视图

8—球头座；9—托盘；10—第一开槽；

11—第二开槽

底座 1 的下端面固定设置有橡胶垫 2，可提高设备工作的稳定性。托盘 9 的上端面靠近球头座 8 的一端固定设置有第一开槽 10，托盘 9 的上端面远离球头座 8 的一端固定设置有第二开槽 11。折叠支撑腿 3 包括第三开槽 12，用于折叠支撑杆 14。第三开槽 12 固定设置在底座 1 侧壁的中间位置，第三开槽 12 的下端固定设置有转轴 13，使得支撑杆 14 可以转动一定的角度。转轴 13 的轴身上转动连接

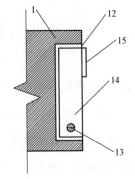

图 10-3　底座的剖视图

1—底座；12—第三开槽；13—转轴；

14—支撑杆；15—橡胶片

有支撑杆 14，用于起到扩大支撑面的作用，用于提高底座 1 的稳定性。支撑杆 14 的侧壁的上端固定设置有橡胶片 15，提高摩擦力，防止设备在运行时出现偏移。

工作原理：该设备工作时，先将底座 1 放置在水平面上，然后将折叠支撑腿 3 中的支撑杆 14 从第三开槽 12 中转出，将远离转轴 13 的一端放置在地上，起到增大支撑面积和提高设备稳定性的作用。然后将第一伸缩杆 4 拉伸到合适的位置，旋转转动环 5，将第二伸缩杆 6 的位置调整到位后，再拉伸第二伸缩杆 6，调整到合适的长度后，再通过球头 7 和球头座 8 调整托盘 9 的角度，即可开始工作。第一开槽和第二开槽的尺寸能够分别固定住 1 mm 铜和 2 mm 铅。该设备结构简单，操作便捷，可通过折叠来减少所占空间体积，值得推广。

第四节　应用效果

通过巧妙的优化设计，可取得如下应用效果：

在设备工作前，先将折叠支撑腿中的支撑杆从第三开槽中转出，放在地上，起到支撑的作用，用于提高设备在工作时的稳定性，由于第一伸缩杆和第二伸缩杆的存在，使得设备能够收缩到很小的体积，减少占地面积，方便携带。由于第一开槽和第二开槽的存在，使设备可以存放 1 mm 和 2 mm 的金属，尤其是 1 mm 铜和 2 mm 铅。由于球头和球头座的存在，使得设备能够调整托盘的角度。该设备结构简单，操作便捷，可通过折叠来减少所占空间体积，值得推广。

第十一章　样品容器密封装置

本章详细介绍一种样品容器密封装置，该装置能够实现密封，在检测时多次抽取样品，也不会导致漏气，便于检测。本章从基本概况、设计思路、构造精讲和应用效果四方面对该装置进行详细全面介绍，以方便读者更加深入地了解本装置。

第一节　基本概况

职业卫生监测常用 100 mL 玻璃注射器采集空气中的有机化学毒物，使 100 mL 玻璃注射器作为样品容器容纳有机化学毒物。样品采集完后用密封装置密封 100 mL 玻璃注射器的进气口，然后用 1 mL 注射器穿透密封装置抽取样品注入气相色谱仪进行分析。

目前，现有的大部分密封装置通常是一个简单的橡胶帽，橡胶帽比较薄，难以保证密封性。另外由于 1 mL 注射器针头比较粗，橡胶帽使用数次后容易漏气，不利于检测。所以，设计一款实现密封、便于检测的样品容器密封装置是很有必要的。

第二节　设计思路

一种样品容器密封装置，能够实现密封，可以作如下设计：设计密封主体，为筒形结构，其内部形成安装孔，安装孔贯穿密封主体；橡胶垫，设于安装孔内的上部；密封套，设于安装孔内的下部，且密封套上开设有贯穿的容器插孔。

密封盖，密封安装于密封主体的顶部并挤压橡胶垫，且密封盖上开设有针头插孔，针头插孔正对容器插孔。安装孔的上部为安装槽，橡胶垫设置在安装槽内。密封主体与密封盖通过螺纹可拆卸连接，且密封盖的内壁抵接橡胶垫。

橡胶垫上开设有非贯通插孔，该非贯通插孔与针头插孔相对应。密封主体的直径和高度均为 15 mm，安装孔的直径为 11 mm。密封套采用软质橡胶材料，容器插孔顶端直径为 3 mm，底端直径为 5 mm。安装槽直径为 11 mm，深度为 2.5 mm，橡胶垫为圆形，其直径为 11 mm，厚度为 3 mm。

安装槽的下部设有分隔板，分隔板设置在橡胶垫与密封套之间，且分隔板上开设有圆孔，圆孔正对针头插孔和容器插孔。分隔板厚度为 1 mm，圆孔的直径为 3 mm，针头插孔的直径为 1 mm。

第三节　构造精讲

为了更清楚地说明如何实施，本节结合较佳的实施方案对本装置进行详细描述。所绘制结构、比例、大小等，均仅用以配合本章所揭示的内容，供专业技术人员阅读和参考。

如图 11-1、图 11-2 所示，一种样品容器密封装置包括：密封主体 1、密封盖 8、圆形橡胶垫 7 和密封套 5。其中，密封盖 8 设置在密封主体 1 上，密封盖 8 与密封主体 1 配合。圆形橡胶垫 7 设置在密封盖 8 和密封主体 1 之间，便于圆形橡胶垫 7 压缩后回弹，保证密封性良好。密封主体 1 与密封套 5 配合，从而实现密封的作用。密封套 5 设置在远离密封盖 8 的一侧，也就是说密封套 5 设置在密封盖 8 下方，密封盖 8 与 1 mL 注射器连接，密封套 5 与 100 mL 玻璃注射器连接。

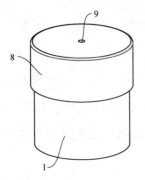

图 11-1　一视角的结构示意图

1—密封主体 8—密封盖；9—针头插孔

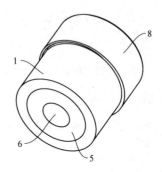

图 11-2　另一视角的结构示意图

1—密封主体；5—密封套；6—容器插孔；
8—密封盖

通过在密封盖 8 和密封主体 1 之间设置圆形橡胶垫 7 与密封主体 1 和密封套 5 配合，使圆形橡胶垫 7 压缩后回弹，实现密封。100 mL 玻璃注射器通过密封套 5 实现密封，便于检测。

如图 11-3 和图 11-4 所示，密封主体 1 上具有安装孔 2，安装孔 2 贯穿密封主体 1，便于圆形橡胶垫 7 与安装孔 2 的配合，保证圆形橡胶垫 7 和安装孔的密封性良好。例如，密封盖 8 安装在密封主体 1 上时能够对圆形橡胶垫 7 进行挤压，挤压后的圆形橡胶垫 7 能够进一步保障装置的密封性，也可以说是安装孔 2 是圆形橡胶垫 7 的导向孔。

密封主体 1 的外表面具有外螺纹，密封盖 8 的内表面具有内螺纹，外螺纹和内螺纹配合，从而实现了密封主体 1 和密封盖 8 连接，拆卸方便，便于更换圆形橡胶垫 7。例如，当圆形橡胶垫 7 需要更换时，通过转动打开密封盖 8，使圆形橡胶垫 7 能够取出更换。

如图 11-3、图 11-4 所示，安装孔 2 内具

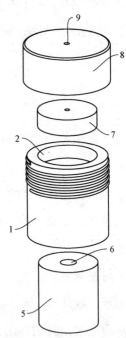

图 11-3　装置的爆炸图

1—密封主体；2—安装孔；5—密封套；
6—容器插孔；7—圆形橡胶垫；
8—密封盖；9—针头插孔

有分隔板 3，安装孔 2 通过与分隔板 3 配合形成第一上腔孔和第二下腔孔。具体而言，分隔板 3 将安装孔 2 分割成两个腔孔，分隔板 3 的上腔孔用于放置圆形橡胶垫 7，分隔板 3 的下腔孔用于安装密封套 5，便于圆形橡胶垫 7 和密封套 5 的限位。

如图 11-4 所示，圆形橡胶垫 7 设置在第一上腔孔，密封套 5 设置在第二下腔孔，便于圆形橡胶垫 7 和密封套 5 装配，从而使圆形橡胶垫 7 和密封套 5 压缩后回弹，实现密封，便于检测。

如图 11-5 所示，分隔板 3 厚度为 1 mm，分隔板 3 上具有圆孔 4，圆孔 4 的直径为 3 mm，便于 100 mL 玻璃注射器能通过圆孔 4。

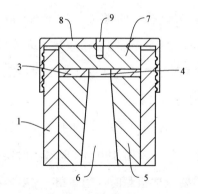

图 11-4 装置的剖视图

1—密封主体；3—分隔板；4—圆孔；5—密封套；
6—容器插孔；7—圆形橡胶垫；8—密封盖；
9—针头插孔

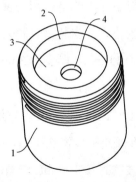

图 11-5 图 11-3 中密封主体在一视角的结构示意图

1. 密封主体；2—安装孔；3—分隔板；4—圆孔

如图 11-2 所示，密封套 5 上具有容器插孔 6，容器插孔 6 贯穿密封套 5 与圆孔 4 相对应，便于保证密封套 5 与 100 mL 玻璃注射器之间的密封性良好。

如图 11-3、图 11-4 所示，密封主体 1 与密封盖 8 可拆卸连接，便于更换圆形橡胶垫 7，方便灵活。密封盖 8 的内顶壁与圆形橡胶垫 7 相接触，便于圆形橡胶垫 7 的位置限定。

如图 11-3、图 11-4 所示，密封盖 8 上具有针头插孔 9，针头插孔 9 的直径为 1 mm，便于 1 mL 注射器的插入，同时具有导向作用。

例如,将 1 mL 注射器针头从密封盖 8 上的针头插孔 9 插入至安装孔 2 内,针头通过针头插孔 9 依次贯穿圆形橡胶垫 7 和圆孔 4,插入至 100 mL 玻璃注射器的进气口。1 mL 注射器通过针头取样,取样完成后拔出 1 mL 注射器的针头,圆形橡胶垫 7 发生回弹防止 100 mL 玻璃注射器发生漏气。

如图 11-3、图 11-4 所示,圆形橡胶垫 7 上具有凹槽,针头插孔 9 贯穿密封盖 8 与凹槽相对应,保证针头插孔 9 与凹槽的同轴度,避免发生位置偏移。

密封套 5 采用软质橡胶材料具有一定的弹性,使 100 mL 玻璃注射器能够稳定的包裹在容器插孔 6 内。容器插孔 6 顶端直径为 3 mm,底端直径为 5 mm。容器插孔 6 顶端和底端设置为上小下大的圆台状,方便对 100 mL 玻璃注射器的进气口插入固定。

密封主体 1 的直径和高度均为 15 mm,安装孔 2 的直径为 11 mm。放置圆形橡胶垫 7 的安装槽直径为 11 mm,深度为 2.5 mm。圆形橡胶垫 7 为圆形,其直径为 11 mm,厚度为 3 mm,使得圆形橡胶垫 7 放置在安装孔 2 内后凸出于密封主体 1 外,安装密封盖 8 后能够被密封盖 8 挤压。

使用时,将 100 mL 玻璃注射器用力插入密封套 5 的容器插孔 6,密封套 5 和圆形橡胶垫被依次压缩,分隔板 3 随之上移,此时 100 mL 玻璃注射器中的试剂被密封在 100 mL 玻璃注射器内。需要取样检测时,用 1 mL 注射器针头依次插入密封盖 8 的针头插孔 9、圆形橡胶 7 的圆形凹槽和分隔板 3 的通孔。此时圆形橡胶 7 略微回弹,取样完毕时,将 1 mL 注射器针头依次从分隔板 3 的通孔、圆形橡胶 7 和密封盖 8 的针头插孔 9 依次取出。取样过程中,圆形橡胶垫 7 和密封套 5 保持压缩状态,保证了密封盖 8 和密封主体 1 之间的密封性。针头插孔 9 设置为 1 mm 的直径,使 1 mL 注射器的针头能够定位插入,方便样品的抽取。

工作原理:在抽取样品进行检测时,通过将密封主体 1 安装在 100 mL 玻璃注射器的进气口,100 mL 玻璃注射器的进气口进入密封套 5 的容器插孔 6 内与圆孔 4 对应,密封套 5 通过容器插孔 6 对 100 mL 玻璃注射器进行良好的密封。然后将 1 mL 注射器的针头从密封盖 8 上的针头插孔 9 插入至安装孔 2

内，针头通过针头插孔 9 依次贯穿圆形橡胶垫 7 和圆孔 4 插入 100 mL 玻璃注射器的进气口。1 mL 注射器通过针头取样，取样完成后拔出 1 mL 注射器的针头，圆形橡胶垫 7 发生回弹，防止 100 mL 玻璃注射器发生漏气。

第四节　应用效果

通过巧妙的优化设计，可取得如下应用效果：

将密封套按在注射器进气口，软质的橡胶材料可以实现良好的密封性。取样时可以用 1 mL 注射器从顶部小孔扎穿橡胶垫进入注射器中抽取样品，密封套的圆台形状的容器插孔对 100 mL 玻璃注射器进行良好的密封。取样完成后拿出 1 mL 注射器，橡胶垫回弹不会导致漏气，检测时多次抽取样品，也不会导致漏气。另外，可以拧开顶部的密封盖更换橡胶垫。

第十二章　便携可拆装的辐射探测器放置支架

本章详细介绍一种便携可拆装的辐射探测器放置支架，该装置便于检测人员对透视防护区的不同位置检测，易于调节，适用性较好，克服了现有技术的不足，利于实际使用。本章从基本概况、设计思路、构造精讲和应用效果四方面对该装置进行详细全面介绍，以方便读者更加深入地了解本装置。

第一节　基本概况

随着放射诊疗技术的提升，越来越多医用辐射设备被投入到临床应用当中。介入放射学这一新技术在给患者带来诸多的实际利益的同时，其产生的高辐射剂量问题日益受到重视。由于需要近手术台操作，介入诊疗所致医务人员辐射剂量显著高于常规隔室操作的放射检查放射工作人员。因此，介入放射学设备和近台同室操作（非直接荧光屏透视设备）在日常使用过程中会对医务人员产生一定的职业健康危害。为了控制介入放射工作人员职业健康风险，国家标准 WS76-2020《医用 X 射线诊断设备质量控制检测规范》规定，应对介入放射学设备和近台同室操作的 X 射线设备透视防护区进行检测以确保透视防护区辐射剂量控制在合理可接受的水平。根据 WS 76—2020《医用 X 射线诊断设备质量控制检测规范》，X 射线设备透视防护区关注位置主要为距地面高度分别为 155 cm（头部）、125 cm（胸部）、105 cm（腹部）、80 cm

（下肢）和 20 cm（足部）。

然而，在现有检测中要么无法对探测器摆放高度进行准确控制，要么检测设备价格昂贵，不利于日常检测使用。目前现有所有检测机构均配备辐射探测器，因此急需设计一款新的装置（支架）来更好地解决上述问题。

第二节　设计思路

一种便携可拆装的辐射探测器放置支架，用于检测人员对透视防护区的不同位置检测，可以作如下设计：设计一底座单元和多个拼接单元，底座单元和拼接单元通过竖直杆可拆方式连接，拼接单元依次通过竖直杆可拆方式连接。在拼接单元上设置有折叠放置板，折叠放置板用于放置辐射探测器。

底座单元包括第一竖直杆、第二竖直杆、设置在第一竖直杆和第二竖直杆之间的横梁杆，第一竖直杆和第二竖直杆的下端设置有三角支撑座，第一竖直杆和第二竖直杆上端设置有插接孔。横梁杆上设置有折叠放置板，折叠放置板通过若干合页折叠安装在横梁杆一侧。

拼接单元包括第一竖直杆、第二竖直杆、设置在第一竖直杆和第二竖直杆之间的横梁杆，横梁杆上设置有折叠放置板，折叠放置板通过若干合页折叠安装在横梁杆一侧。第一竖直杆和第二竖直杆上端设置有插接孔，第一竖直杆和第二竖直杆下端设置有插接柱。

插接孔和插接柱之间通过卡扣配合或者过盈配合，每一横梁杆下侧设置有限位挡块，限位挡块使得折叠放置板展开状态时位于水平位置。

第三节　构造精讲

为了更清楚地说明如何实施，本节结合较佳的实施方案对本装置进行详细描述。所绘制结构、比例、大小等，均仅用以配合本章所揭示的内容，供专业技术人员阅读和参考。

如图 12-1、图 12-2、图 12-3、图 12-4、图 12-5、图 12-6、图 12-7、图 12-8 所示，一种便携可拆装的辐射探测器 30 放置支架，包括一底座单元 10 和多个拼接单元 20。底座单元 10 和拼接单元 20 通过竖直杆可拆方式连接，拼接单元 20 依次通过竖直杆可拆方式连接，在拼接单元 20 上设置有折叠放置板 7，折叠放置板 7 用于放置辐射探测器 30。

底座单元 10 包括第一竖直杆 2、第二竖直杆 3、设置在第一竖直杆 2 和第二竖直杆 3 之间的横梁杆 6。第一竖直杆 2 和第二竖直杆 3 的下端设置有三角支撑座 1，第一竖直杆 2 和第二竖直杆 3 上端设置有插接孔 4。横梁杆 6 上设置有折叠放置板 7，折叠放置板 7 通过若干合页 8 折叠安装在横梁杆 6 一侧。

拼接单元 20 包括第一竖直杆 2、第二竖直杆 3、设置在第一竖直杆 2 和第二竖直杆 3 之间的横梁杆 6。横梁杆 6 上设置有折叠放置板

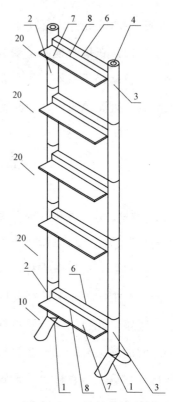

图 12-1　三维结构示意图

1—三角支撑座；2—第一竖直杆；3—第二竖直杆；4—插接孔；6—横梁杆；7—折叠放置板；8—合页；10—底座单元；20—拼接单元；30—辐射探测

7，折叠放置板 7 通过若干合页 8 折叠安装在横梁杆 6 一侧。第一竖直杆 2 和第二竖直杆 3 上端设置有插接孔 4，第一竖直杆 2 和第二竖直杆 3 下端设置有插接柱 5。

插接孔 4 和插接柱 5 之间通过卡扣配合或者过盈配合，每一横梁杆 6 下侧设置有限位挡块 9，其使得折叠放置板 7 展开状态时位于水平位置。

通过设置多个拼接单元 20，且第一竖直杆 2、第二竖直杆 3 均通过插接柱 5 和插接孔 4 相可拆方式连接，检测人员进行辐射检测时可通过调整拼接单元 20 数量，快速进行拆接从而对不同高度位置进行辐射检测，以提高辐射探测器 30 的适用性，十分方便，利于实际使用。同时，折叠放置板 7 能够在

转轴的作用下进行转动从而收纳折叠起来，通过能够对折叠放置板 7 进行折叠收纳和张开处理，提高了折叠放置板 7 的使用性能。本装置的支架价格低廉，在配合检测机构原有辐射探测器 30 一起使用即可满足日常检测要求。

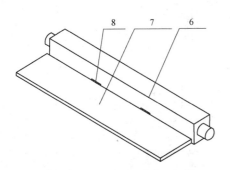

图 12-2　折叠放置板展开状态
三维结构示意图

6—横梁杆；7—折叠放置板；8—合页

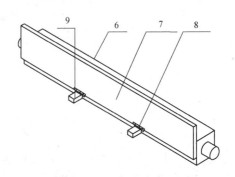

图 12-3　折叠放置板收纳状态
三维结构示意图

5—横梁杆；7—折叠放置板；8—合页；9—限位挡块

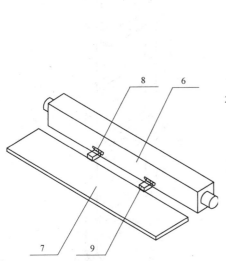

图 12-4　折叠放置板三维分解状态
结构示意图

6—横梁杆；7—折叠放置板；8—合页；
9—限位挡块

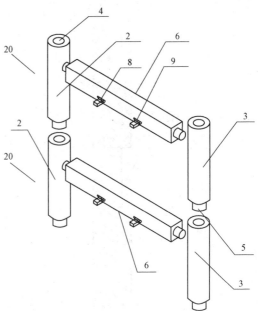

图 12-5　拼接单元三维拼接结构示意图

2—第一竖直杆；3—第二竖直杆；4—插接孔；
5—插接柱；6—横梁杆；8—合页；9—限位挡块；20—
拼接单元

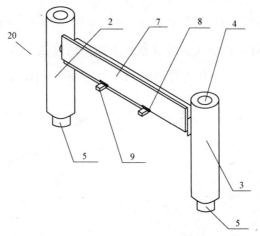

图 12-6 拼接单元收纳状态三维结构示意图

3—第一竖直杆；3—第二竖直杆；4—插接孔；5—插接柱；7—折叠放置板；8—合页；

9—限位挡块；20—拼接单元

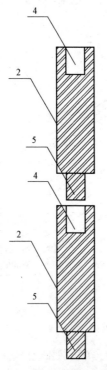

图 12-7 竖直杆剖视结构示意图

2—第一竖直杆；4—插接孔；5—插接柱

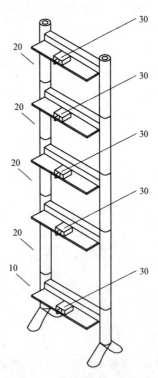

图 12-8 装置使用状态结构示意图

10—底座单元；20—拼接单元；30—辐射探测器

第四节 应用效果

通过巧妙的优化设计，可取得如下应用效果：

1. 通过设置多个拼接单元，且第一竖直杆、第二竖直杆均通过插接柱和插接孔相可拆方式连接，检测人员进行辐射检测时可通过调整拼接单元数量，快速进行拆接从而对不同高度位置进行辐射检测，以提高辐射探测器的适用性，十分方便，利于实际使用。

2. 折叠放置板能够在转轴的作用下进行转动从而收纳折叠起来，通过能够对折叠放置板进行折叠收纳和张开处理，提高了折叠放置板的使用性能。本装置的支架价格低廉，在配合检测机构原有辐射探测器一起使用即可满足日常检测要求。

第十三章　报警式铅防护围裙

本章详细介绍一种具有多点辐射剂量主动实时监测的报警式铅防护围裙，该装置能够进行多点辐射监测报警，结构设计简单，克服了现有技术不足，提高了防护效果，有利于实际的使用。本章从基本概况、设计思路、构造精讲和应用效果四方面对该装置进行详细全面介绍，以方便读者更加深入地了解本装置。

第一节　基本概况

随着电离辐射研究继续深入，其应用领域不断得到拓展。越来越多单位配置放射源和射线装置，因此，接触电离辐射的工作人员也日益增多。在工作中人员不可避免地会受到电离辐射，目前电离辐射已成为危害放射工作人员职业健康最主要的因素之一。根据"辐射防护三原则"，屏蔽防护是减少工作人员受照剂量有效方式之一。铅防护围裙是放射工作人员最常用的防护用品，但是现有的铅防护围裙基本单一通过束紧带上的魔术贴进行束紧。此种方式束紧效果较差且魔术贴的连接方式容易出现松脱，并且现有的铅防护围裙只具备防护功能，无法进行辐射监测报警，不利于实际情况的使用。因此，设计一款能够进行多点辐射监测报警的报警式铅防护围裙是很有必要的。

第二节 设计思路

一种报警式铅防护围裙，能够进行多点辐射监测报警，可以作如下设计：设计铅防护围裙、松紧绳和多个辐射探测器，铅防护围裙的内部连接有松紧绳。多个辐射探测器至少对应设置在左胸位置、膻中位置、腹部位置、性腺位置、衣袖位置、下肢位置、领口位置及后背位置。辐射探测器连接于铅防护围裙外侧，均内置报警器，与终端通过无线连接。

松紧绳的两端均连接有连接块，连接块的另一端均连接有拉块，连接块的外侧安装有限位块。连接块、松紧绳、拉块和限位块均设置有两组，上端的松紧绳设置于铅防护围裙的胸部位置，下端的松紧绳设置于铅防护围裙的腹部位置。铅防护围裙的上端设置有穿衣口，铅防护围裙由防辐射材质和防水材质制成。铅防护围裙的外侧连接有束紧带，束紧带为可拉伸设置，束紧带的一侧连接有第一魔术贴，束紧带的另一侧连接有第二魔术贴。

第三节 构造精讲

为了更清楚地说明如何实施，本节结合较佳的实施方案对本装置进行详细描述。所绘制结构、比例、大小等，均仅用以配合本章所揭示的内容，供专业技术人员阅读和参考。

如图 13-1、图 13-2、图 13-3 所示，一种具有多点辐射剂量主动实时监测的报警式铅防护围裙，包括铅防护围裙 1、松紧绳 7 和多个辐射探测器 10，铅防护围裙 1 的内部连接有松紧绳 7。多个辐射探测器 10 至少对应设置在左胸位置、膻中位置、腹部位置、性腺位置、衣袖位置、下肢位置、领口位置及后背位置。辐射探测器 10 连接于铅防护围裙外侧，均内置报警器，与终端通过无线连接。辐射探测器 10 可以通过卡扣、口袋、粘贴等方式固定在铅防护围裙外侧，通过辐射探测器 10 进行辐射监测，进一步提高该铅防护围裙 1 的防护效果，有利于实际的使用。

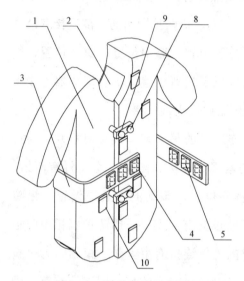

图 13-1　整体结构示意图

1—铅防护围裙；2—穿衣口；3—束紧带；
4—第一魔术贴；5—第二魔术贴；8—拉块；
9—限位块；10—辐射探测器

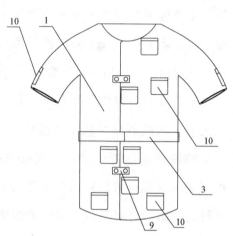

图 13-2　主视结构示意图

1—铅防护围裙；2—穿衣口；3—束紧带；
9—限位块；10—辐射探测器

如图 13-3、图 13-4 所示，松紧绳 7 的两端均连接有连接块 6，连接块 6 的另一端均连接有拉块 8，连接块 6 的外侧安装有限位块 9。套上该铅防护围裙 1 后通过两组松紧绳 7 将胸部和腹部位置拉紧，放射工作人员拉动拉块 8 进行束紧，然后滑动限位块 9 对拉出的松紧绳 7 进行限位，拉紧后通过束紧带进行二次束紧。

如图 13-1、图 13-2 所示，上端的松紧绳 7 设置于铅防护围裙 1 的胸部位置，下端的松紧绳 7 设置于铅防护围裙 1 的腹部位置。套上该铅防护围裙 1 后通过两组松紧绳 7 将胸部和腹部位置拉紧，有利于实际的使用。

如图 13-1 所示，铅防护围裙 1 的上端设置有穿衣口 2，铅防护围裙 1 由防辐射材质和防水材质制成。放射工作人员穿该铅防护围裙 1 时通过穿衣口 2

套上该铅防护围裙 1，铅防护围裙 1 用于对放射工作人员做放射性身体检查进行防护，提高了检查安全性，有利于实际使用。

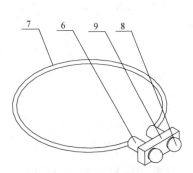

图 13-3　松紧绳结构示意图
6—连接块；7—松紧绳；8—拉块；
9—限位块

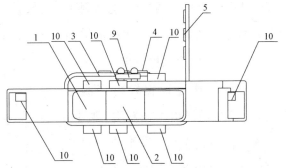

图 13-4　铅防护围裙内部结构示意图
1—铅防护围裙；2—穿衣口；3—束紧带；4—第一魔术贴；
5—第二魔术贴；9—限位块；10—辐射探测器

如图 13-3 所示，铅防护围裙 1 的左胸、腹部、后背、胯部、衣袖和下肢位置均连接有辐射探测器 10，对放射工作人员的左胸、膻中、腹部、性腺、衣袖、下肢、领口及后背等位置进行辐射监测，提高了覆盖范围，有利于实际使用。

如图 13-5 所示，辐射探测器 10 均内置报警器，进行多点辐射监测报警，辐射探测器 10 均与终端通过无线连接，辐射探测器 10 通过无线与终端进行互联和数据传输，有利于实际的使用。辐射探测器 10 可以选用 RaySafe i3 探测器，是一款实时显示和报警的探测器。

如图 13-1、图 13-4 所示，束紧带 3 的一侧连接有第一魔术贴 4，束紧带 3 的另一侧连接有第二魔术贴 5，放射工作人员将束紧带 3 上的第二魔术贴 5 与第一魔术贴 4 选择合适位置进行连接，有利于实际的使用。

工作原理：通过设置松紧绳 7 和束紧带 3，放射工作人员穿该铅防护围裙 1 时通过穿衣口 2 套上该铅防护围裙 1。套上该铅防护围裙 1 后通过两组松紧绳 7 将胸部和腹部位置拉紧，放射工作人员拉动拉块 8 进行束紧，然后滑动限位块 9 对拉出的松紧绳 7 进行限位。拉紧后通过束紧带 3 进行二次束紧，放射工作人员将束紧带 3 上的第二魔术贴 5 与第一魔术贴 4 选择合适位置进行连接。两种束紧方式配合可以提高该铅防护围裙 1 与放射工作人员连接的紧密度，相应的提高铅防护围裙 1 的保护效果，有利于实际使用。通过设置辐射探测器 10，该铅防护围裙 1 在左胸、膻中、腹部、性腺、衣袖、下肢、领口及

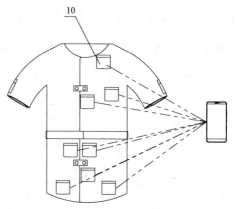

图 13-5　铅防护围裙使用状态示意图
10—辐射探测器

后背等位置均安装有辐射探测器 10，通过多点设置的辐射探测器 10 对铅防护围裙的多个位置进行实时辐射监测。辐射探测器 10 均内置报警器，进行多点辐射监测报警，进一步提高该铅防护围裙 1 的防护效果，有利于实际使用。

第四节　应用效果

通过巧妙的优化设计，可取得如下应用效果：

1. 通过设置松紧绳和束紧带，放射工作人员进行穿该铅防护围裙时可通过两组松紧绳先将胸部和腹部位置拉紧，拉紧后通过束紧带进行二次束紧，提高该铅防护围裙与放射工作人员连接的紧密度，相应地提高铅防护围裙的保护效果。并且该铅防护围裙在外侧的左胸、膻中、腹部、性腺、衣袖、下肢、领口及后背等位置均连接有辐射探测器，进行多点辐射剂量监测报警，进一步提高该铅防护围裙的防护效果，有利于实际使用。

2. 通过设置松紧绳和束紧带，放射工作人员穿该铅防护围裙时通过穿衣口套上该铅防护围裙，套上该铅防护围裙后通过两组松紧绳将胸部和腹部位置拉紧，放射工作人员拉动拉块进行束紧，然后滑动限位块对拉出的松紧绳进行限位。拉紧后通过束紧带进行二次束紧，放射工作人员将束紧带上的第

二魔术贴与第一魔术贴选择合适位置进行连接。两种束紧方式配合可以提高该铅防护围裙与放射工作人员连接的紧密度，相应地提高铅防护围裙的保护效果，有利于实际的使用。

3. 通过设置辐射探测器，该铅防护围裙在外侧的左胸、膻中、腹部、性腺、衣袖、下肢、领口及后背等位置均安装有辐射探测器，通过多点设置的辐射探测器对铅防护围裙的多个位置进行实时辐射监测。辐射探测器均内置报警器，进行多点辐射监测报警，进一步提高该铅防护围裙的防护效果，有利于实际使用。

第十四章 多功能移动防护屏

本章详细介绍一种多功能移动防护屏，该装置既能够保护患者隐私，又能够便于携带，节省空间，稳定性好。本章从基本概况、设计思路、构造精讲和应用效果四方面对该装置进行详细全面介绍，以方便读者更加深入地了解本装置。

第一节 基本概况

随着生活质量的提高，人们的健康保护意识不断增强，对放射防护产品提出了更高的要求，电离辐射对人类健康造成的影响也日益引起重视。临床医生在做好工作人员自身放射防护的同时，应充分考虑放射诊疗服务的适应症，避免过度或无效医疗照射，还应根据不同照射方式，对受检患者非投照部位及医护人员采用相应的防护用品加以防护。传统的防护屏都带有固定的移动轮，但是在搬运和保存时不可收缩，比较占用空间。当病患需要保护隐私时，观察窗缺少遮挡物；在医护人员之间或与病患之间沟通交流、传递物品时都不方便，而且在将侧铅防护板折起时，缺乏稳定性。此外，当前医用 X 射线影像诊断、介入放射学、核医学等放射工作场所使用的移动防护屏不兼容。

因此，需要克服现有技术的上述缺陷，要因地制宜地研制了一种方便使用的多功能移动式防护屏，充分利用现有放射诊疗设备随带的防护设施，来确保医护人员和患者的安全。

第二节 设计思路

多功能移动防护屏，用于医疗领域的放射防护，可以作如下设计：设计主铅防护板和两个侧铅防护板，主铅防护板的两侧均通过长轴与每个侧铅防护板相连接。主铅防护板的中部开设有观察窗，观察窗的内部安装有铅玻璃，观察窗的两侧对称开设有两个伸手孔，观察窗的一侧安装有扩音器。主铅防护板正面的底部和背面的底部均对称开设有收纳槽，且每个侧铅防护板背面的底部均开设有收纳槽。观察窗背面的两侧对称安装有两个铰链轴，每个铰链轴的一端连接有支撑板。主铅防护板的底部对称安装有四个万向轮，侧铅防护板的底部分别安装有一个万向轮，每个侧铅防护板正面的顶部和底部均设有磁铁条，每个侧铅防护板的一侧均设有柱形固定件。

每个万向轮与收纳槽的连接处均安装有转轴，每个伸手孔的孔径均为 12 cm，且每个伸手孔的内部均设有圆形旋转移门。观察窗的长和宽分别为 30 cm 和 25 cm，支撑板与铅玻璃大小相同。主铅防护板和侧铅防护板均由 4 mm 厚铅皮外包两层不锈钢板制成，且主铅防护板距地面 50 cm 以下无屏蔽防护。

第三节 构造精讲

为了更清楚地说明如何实施，本节结合较佳的实施方案对本装置进行详细描述。所绘制结构、比例、大小等，均仅用以配合本章所揭示的内容，供专业技术人员阅读和参考。

如图 14-1、图 14-2、图 14-3 所示，一种多功能移动防护屏，包括主铅防护板 3 和两个侧铅防护板 1，主铅防护板 3 的两侧均通过长轴 2 与每个侧铅防护板相连接，主铅防护板 3 的中部开设有观察窗 5。观察窗 5 的内部安装有铅玻璃 6，观察窗 5 的两侧对称开设有两个伸手孔 7，观察窗 5 的一侧安装有扩音器 4，观察窗 5 背面的两侧对称安装有两个铰链轴 13，每个铰链轴 13 的一端连接有支撑板 12。主铅防护板 3 正面的底部和背面的底部均对称开设有收纳槽 8，且每个侧铅防护板 1 背面的底部均开设有收纳槽 8。主铅防护板 3 的底部对称安装有四个万向轮 9，侧铅防护板 1 的底部分别安装有一个万向轮 9，每个侧铅防护板 1 正面的顶部和底部均设有磁铁条 10，每个侧铅防护板 1 的一侧均设有柱形固定件 11。

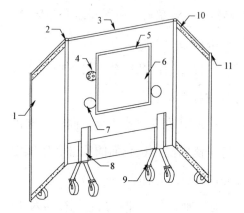

图 14-1　整体结构示意图

1—侧铅防护板；2—长轴；3—主铅防护板；4—扩音器；5—观察窗；6—铅玻璃；7—伸手孔；8—收纳槽；9—万向轮；10—磁铁条；11—柱形固定件

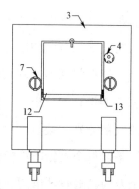

图 14-2　主铅防护板的后视图

3—主铅防护板；4—扩音器；7—伸手孔；12—支撑板；13—铰链轴

每个万向轮 9 与收纳槽 8 的连接处均安装有转轴，方便实现将万向轮 9 收进收纳槽 8 内。每个伸手孔 7 的孔径均为 12 cm，适合一般手部的插入，且每个伸手孔 7 的内部均设有圆形旋转移门，起到屏蔽作用，并在需要伸手时方便打开。观察窗 5 的长和宽分别为 30 cm 和 25 cm，有利于较为适宜的观察范围。支撑板 12 与铅玻璃 6 大小相同，可将铅玻璃 6 完全遮挡住。

主铅防护板 3 和侧铅防护板 1 均由 4 mm 厚铅皮外包两层不锈钢板制成，且主铅防护板 3 距地面 50 cm 以下无屏蔽防护，有利于减少防护屏的重量以及防锈蚀。

工作时，首先在使用时，通过长轴 2 将主铅防护板 3 与侧铅防护板 1 呈 45°角，然后在检查时，患者可将自己的物品放置在支撑板 12 上。当医护人员在查看病患或者需要与医护人员之间或者病患之间进行沟通时，可通过打开扩音器 4 进行说话，需要传递物品时，可旋开圆形旋转移门，然后将手伸入伸手孔 7，进行物品传递。需要保护患者隐私时，通过铰链轴 13 将支撑板 12 竖起，然后通过观察窗 5 顶部的固定件固定起来，即可对铅玻璃 6 进行遮挡。而且对于高能量的 X、γ 射线防护时，可以将左右两翼的侧铅护板 1 进行折叠，通过磁铁条 10 将其与主铅防护板 3 吸合固定，提高铅防护厚度和提升放射防护效果。若在搬运或者对防护屏进行保存时，可通过转动转轴将万向轮 9 收入到收纳槽 8 内，减少空间占用。

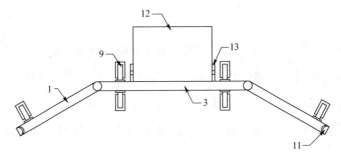

图 14-3　整体俯视图

1—侧铅防护板；3—主铅防护板 9—万向轮；11—柱形固定件；12—支撑板；13—铰链轴

第四节　应用效果

通过巧妙的优化设计，可取得如下应用效果：

通过设有收纳槽，方便了在搬运和保存时对万向轮的收起，减少了空间的占用；通过设有伸手孔和扩音器方便了医护人员之间或与患者之间的交流和物品的传递；通过在侧铅防护板的正面设有磁铁条有利于对侧铅防护板折起后的固定；通过设有支撑板和铰链轴方便放置物品及对观察窗的遮挡；通过设有柱形固定件有利于通过插入长轴来连接多个防护屏。

第十五章 可佩戴移动单兵设备的医用防护服

本章详细介绍一种可佩戴移动单兵设备的医用防护服，该装置有效实现现场工作人员佩戴移动单兵设备进行工作，携带方便，固定稳定，操作便捷，克服了现有技术的不足。本章从基本概况、设计思路、构造精讲和应用效果四方面对该装置进行详细全面介绍，以方便读者更加深入地了解本装置。

第一节 基本概况

医用防护服是指医务人员（如医生、护士、公共卫生人员、清洁人员等）及进入特定医药卫生区域的人群（如患者、医院探视人员、进入感染区域的人员等）所使用的防护性服装，其作用是隔离病菌、有害超细粉尘、酸碱性溶液、电磁辐射等，保证人员的安全和保持环境清洁。医用防护服是公共卫生应急处置的重要保障物资之一。近年来，以新型冠状病毒肺炎为代表的突发公共卫生事件频发，医用防护服成为紧缺物资。科学合理使用医用防护服，既能有效保护人员健康，又能保障医疗救治工作顺利开展，过度无序使用既浪费有限的医疗资源，又容易造成防护不当增加感染风险。移动单兵设备可通过移动网络或 Wi-Fi 网络信号将现场的实时音视频信息即时回传至后方指挥管理部门，实现远程沟通、指挥等功能，被广泛应用于现场处置、应急救援、移动执法取证等场景，是应急人员、执法监管人员的重要装备。

但是目前所使用的医用防护服无法佩戴移动单兵设备（视频实时录像回传），在突发公共卫生事件应急处置现场工作时，医务人员、执法人员若需使用移动单兵设备回传现场工作情况，一般需要由额外的人员手持操作或者在防护服外增加绑带进行固定等。

　　单人手持移动单兵设备操作不便，多人操作会导致医疗资源及人力资源的浪费。同时当移动单兵设备暴露于涉疫环境中时，存在被污染的风险，现场工作结束后需要进行消毒方能再次使用。但目前大部分移动单兵设备并不适合使用消毒剂进行消毒，移动单兵设备携带在防护服上不方便且固定不稳。因此，需要设计一款可佩戴移动单兵设备的医用防护服。

第二节　设计思路

　　可佩戴移动单兵设备的医用防护服，有效实现现场工作人员佩戴移动单兵设备进行工作，可以作如下设计：设计防护服本体，与防护服本体配套使用的密封袋，防护服本体的内侧设置有内侧加固薄片。外侧设置有外侧加固薄片，外侧加固薄片与内侧加固薄片位置对应，且外侧加固薄片的正面带有第一固定结构。

　　密封袋的背面带有与第一固定结构匹配的第二固定结构，密封袋在使用时容纳移动单兵设备并经由第二固定结构固定至第一固定结构。第一固定结构为魔术贴母贴，第二固定结构为魔术贴子贴，魔术贴母贴与魔术贴子贴能够相互黏合。外侧加固薄片的正面固定连接有两个松紧绑带，用于固定装有移动单兵设备的密封袋。

　　外侧加固薄片的正面底部设置有一条形支撑槽，条形支撑槽在使用时支撑或准备支撑装有移动单兵设备的密封袋。条形支撑槽的背面带有与第一固定结构匹配的固定结构，内侧加固薄片和外侧加固薄片为 PVC 加固薄片。内侧加固薄片的尺寸规格为 10 cm×10 cm，外侧加固薄片的尺寸规格为 8 cm×8 cm。

　　密封袋为正面透明或全透明塑封袋。内侧加固薄片与外侧加固薄片设置在防护服本体的左胸前位置，内侧加固薄片与外侧加固薄片通过粘贴固定于防护服本体上。

第三节　构造精讲

为了更清楚地说明如何实施，本节结合较佳的实施方案对本装置进行详细描述。所绘制结构、比例、大小等，均仅用以配合本章所揭示的内容，供专业技术人员阅读和参考。

如图 15-1、图 15-2、图 15-3 所示，一种可佩戴移动单兵设备的医用防护服，包括防护服本体 1，防护服本体 1 穿戴在使用者身上，还包括与防护服本体 1 配套使用的密封袋 6。防护服本体 1 的内部固定连接有内侧加固薄片 2，防护服本体 1 的外部表面固定连接有外侧加固薄片 3，且外侧加固薄片 3 的正面带有第一固定结构。密封袋 6 的背面带有与第一固定结构匹配的第二固定结构，密封袋 6 在使用时容纳移动单兵设备并经由第二固定结构固定至第一固定结构，从而将移动单兵设备佩戴至防护服上。

相较于现有防护服无法实现单人佩戴移动单兵设备的功能，在不破坏原有防护服的基础上，增设内侧加固薄片 2 和外侧加固薄片 3 及密封袋 6 组成简易组件，即可有效实现医务、执法等现场工作人员佩戴移动单兵设备进行个人工作。既方便了现场操作，又节省了大量医疗资源及人力资源。同时由于移动单兵设备被密封存放于密封袋 6 中，不仅避免了其与外界涉疫环境接触，还能防止直接消毒环节对设备造成危害，从根本上消除了移动单兵设备被污染而造成的生物安全隐患。

如图 15-2 和图 15-3 所示，第一固定结构和第二固定结构采用魔术贴，即外侧加固薄片 3 的外表面固定连接有魔术贴母贴 4，密封袋 6 靠近魔术贴母贴 4 的一侧固定连接有魔术贴子贴 5，魔术贴母贴 4 与魔术贴子贴 5 相互黏合。通过内外粘贴的方式，在不破坏防护服气密性的前提下，增强佩戴位置的机械强度，可避免现场工作中防护服佩戴移动单兵设备部位因为负重、活动造成撕裂、破损，影响防护效果。

如图 15-1 和图 15-2 所示，外侧加固薄片 3 的外端固定连接有松紧绑带 7，松紧绑带 7 优选为两个，分别设置在对应密封袋 6 的上部和下部位置。通过松紧绑带 7 进一步固定装有移动单兵设备的密封袋 6，防止在现场工作中移动单兵设备脱落。魔术贴和松紧绑带两种方式固定，方便佩戴和拆卸。

如图 15-2 和图 15-3 所示，外侧加固薄片 3 的正面底部设置有一条形支撑槽 8，条形支撑槽 8 在使用时支撑装有移动单兵设备的密封袋 6，或者在装有移动单兵设备的密封袋 6 发生意外脱落时起到承接和支撑的作用。

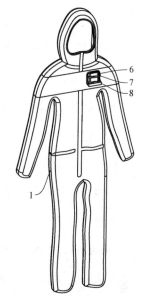

图 15-1 整体结构主视图

6—密封袋；7—松紧绑带；
8—条形支撑槽

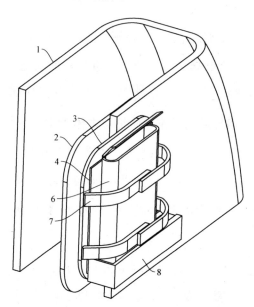

图 15-2 第一局部剖视图

1—防护服本体；2—内侧加固薄片；3—外侧加固薄片；
4—魔术贴母贴；6—密封袋；7—松紧绑带；
8—条形支撑槽

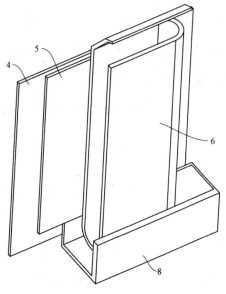

图 15-3 第二局部剖视图

4—魔术贴母贴；5—魔术贴子贴；6—密封袋；
8—条形支撑槽

条形支撑槽 8 的背面带有与第一固定结构匹配的固定结构，即条形支撑槽 8 的背面带有魔术贴结构，方便装配和拆卸。

密封袋 6 的上端固定连接有封条，密封袋 6 远离魔术贴子贴 5 的一侧固定连接有粘条，封条与粘条相互黏合。本实施例中，封条和粘条的设置可将密封袋 6 进行全封闭，避免移动单兵设备的污染。

内侧加固薄片 2 和外侧加固薄片 3 为 PVC 加固薄片。PVC 加固薄片强度高，韧性好，倘若遭受磨损可随时随地进行替换，操作简便。

内侧加固薄片 2 的尺寸规格为 10 cm×10cm，外侧加固薄片 3 的尺寸规格为 8 cm×8 cm，既满足常用的移动单兵设备收纳，又不会因大面积而损坏原有防护服结构。另外，内侧加固薄片 2 尺寸规格大于外侧加固薄片 3 的尺寸规格提高结构的抗拉作用。

密封袋 6 至少在正面为透明结构，或者为全透明结构，移动单兵设备摄像头向外，方便移动单兵设备进行实时摄像记录。

如图 15-1 所示，内侧加固薄片 2 与外侧加固薄片 3 设置在防护服本体 1 的左胸前位置，以便于操作人员佩戴移动单兵设备，并便于进行实时摄像记录。

内侧加固薄片 2 与外侧加固薄片 3 通过粘贴固定于防护服本体 1 上，例如在内侧加固薄片 2、外侧加固薄片 3 与防护服本体 1 接触的一面带有快粘扣，无需改变原有防护服结构或只需简单在局部位置增设快粘扣，即可方便快速安装内侧加固薄片 2 与外侧加固薄片 3，并在无需使用时方便拆卸以恢复原有状态。

工作原理：穿上防护服，将移动单兵设备装入密封袋 6 并对密封袋 6 进行密封，移动单兵设备摄像头向外，背靠魔术贴一侧，再将魔术贴子贴 5 与魔术贴母贴 4 黏合将移动单兵设备固定在防护服本体 1 的表面。固定外侧加固薄片 3 的两条松紧绑带 7，佩戴完成。现场工作结束后，从防护服上取下密封袋 6，对密封袋 6 进行喷洒消毒，消毒完后取出移动单兵设备。

第四节　应用效果

通过巧妙的优化设计，可取得如下应用效果：

1. 在不破坏原有防护服的基础上，增设内侧加固薄片和外侧加固薄片及密封袋组成简易组件，即可有效实现医务、执法等现场工作人员佩戴移动单兵设备进行个人工作，既方便了现场操作，又节省了大量医疗资源及人力资源。同时，由于移动单兵设备被密封存放于密封袋中，不仅避免了其与外界涉疫环境接触，还能防止直接消毒环节对设备造成危害，从根本上消除了移动单兵设备被污染而造成的生物安全隐患。

2. 通过内外粘贴的方式，将魔术贴母贴和魔术贴子贴分别固定在防护服的内外侧，在不破坏防护服气密性的前提下，增强佩戴位置的机械强度，可避免现场工作中防护服佩戴移动单兵设备部位因为负重、活动造成撕裂、破损的情况，影响防护效果。

3. 在魔术贴的粘贴基础上，通过松紧绑带进行固定防止装有移动单兵设备的密封袋脱落，还可借助条形支撑槽进一步保障，以防止现场工作中密封袋剧烈晃动造成移动单兵设备的脱落。

第十六章　海底泥采样装置

本章详细介绍一种海底泥采样装置，该装置能够方便地抓取海底泥，减少海底泥的水分，便于海底泥的采样，提高取样质量。本章从基本概况、设计思路、构造精讲和应用效果四方面对该装置进行详细全面介绍，以方便读者更加深入地了解本装置。

第一节　基本概况

海底泥采样在海洋资源勘查及环境监测领域有着十分重要的意义，尤其是在海水放射性物质检测中，经常要进行海底泥采样。在对海底泥进行采样的过程中，经常需要使用到采样设备，但是传统的采样设备，大部分采集的是江河湖泊的海底泥，相对采样水系流速较缓慢，采样基本能满足仪器设备的分析。由于海水采样较深，在采集过程中，样品很容易被海水冲刷流失，导致最终样品量不足，对样品的分析结果影响较大。所以，需要设计一款海底泥采样装置，能够方便地抓取海底泥，减少海底泥的水分，便于海底泥的采样。

第二节　设计思路

一种海底泥采样装置，可以方便地抓取海底泥，可以作如下设计：设计中筒，其顶部设置有吊环，潜水电机安装在中筒内，传动机构与潜水电机的输出端耦接；多组推动机构在传动机构的外围均匀分布，多组推动机构耦接于传动机构并能够随传动机构的传动动作做径向伸张，多组推泥机构在多组推动机构的外围对应均匀分布并且与多组推动机构耦接，多组取样器与中筒连接固定并在多组推泥机构的外围对应均匀分布，多组取样器对应于推泥机构的一侧开口并随着推泥机构被推动机构推至预定位置时闭合。

螺杆通过轴承与中筒转动连接，且螺杆的顶端与潜水电机的输出轴固定连接。传动块上设置有螺纹孔，并通过螺纹孔套设于螺杆上，多组推动机构一端铰接于传动块。每组推动机构包括两个固定块，其中一个固定块与推泥机构固定连接，另一个固定块与传动块固定连接，推杆两端分别通过销轴与两个固定块铰接。

每组推泥机构包括推泥板，推泥板内侧安装其中一个固定块，外侧面向取样器的开口，推泥板的底部边缘为锯齿结构。引导杆固定连接在推泥板的至少两侧边缘，并且取样器侧壁对应设置有支撑套，引导杆滑动穿设于支撑套中。

取样器的侧壁开设有多个滤水孔，对应多个滤水孔设置有封闭机构，使用时封闭机构在引导杆的推动下运动至遮挡多个滤水孔。孔板固定连接在取样器侧壁上，孔板上开始有通孔，活动杆一端滑动穿设于孔板的通孔中，封闭条固定连接于活动杆的另一端，弹簧在孔板与封闭条之间套设于活动杆上。中筒的外周固定连接有多组连接座，每组连接座分别对应固定连接于一组取样器的顶部。取样器为方形盒体结构，其底部设置有负重器。

第三节　构造精讲

为了更清楚地说明如何实施，本节结合较佳的实施方案对本装置进行详细描述。所绘制结构、比例、大小等，均仅用以配合本章所揭示的内容，供专业技术人员阅读和参考。

如图 16-1、图 16-2、图 16-3 所示，中筒 1 顶部设置有吊环 2，潜水电机

11 安装在中筒 1 内，传动机构 7 与潜水电机 11 的输出端耦接，四组推动机构 8 在传动机构 7 的外围均匀分布，四组推动机构 8 耦接于传动机构 7 并能够随传动机构 7 的传动动作做径向伸张。四组推泥机构 9 在四组推动机构 8 的外围对应均匀分布并且与四组推动机构 8 耦接，四组取样器 5 与中筒 1 连接固定并在四组推泥机构 9 的外围对应均匀分布，四组取样器 5 对应于推泥机构 9 的一侧开口并随着推泥机构 9 被推动机构 8 推至预定位置时闭合。海底取样时，通过潜水电机驱动传动机构运动，多个推动机构径向伸张推动推泥机构。推泥机构靠近取样器并将海底泥推送进入取样器中，同时推泥机构与取样器贴合，由此可以起到封闭取样器的开口，防止海底泥取出过程脱落导致取样量少或取样失败。

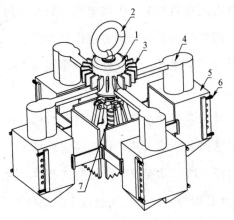

图 16-1　整体结构示意图

1—中筒；2—吊环；3—散热片；4—连接座；
5—取样器；6—封闭机构；7—传动机构

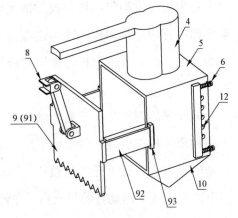

图 16-2　取样器立体的结构示意图

4—连接座；5—取样器；6—封闭机构；8—推动机构；9—推泥机构；91—推泥板；92—引导杆；
93—支撑套；10—负重器；12—滤水孔

　　如图 16-1、图 16-3 所示，中筒 1 的顶部设置有吊环 2，吊环 2 可以为圆环或其他形状的环状或者钩状物。使用时，将绳索系紧吊环 2，采样装置可通过绳索放入海水中进行作业并提出，设置吊环 2 可防止装置脱落。

　　如图 16-1、图 16-3 所示，潜水电机 11 的输出轴耦接有传动机构 7，传动机构 7 包括螺杆 71 与传动块 73，螺杆 71 通过轴承转动连接在中筒 1 中，螺杆 71 的顶端与潜水电机 11 的输出轴固定连接。传动块 73 中间位置开设有螺纹孔 72，传动块 73 通过螺纹孔 72 套设于螺杆 71 上并进行螺纹传动，在潜水电机 11 的驱动下螺杆 71 带动传动块 73 上下运动。可直接在传动块 73 中部开设螺纹孔 72，也可在传动块 73 中部开设通孔，在通孔中焊接螺母，通过螺母螺纹套设于螺杆 71 上。

如图 16-1、图 16-2、图 16-3 所示，传动机构 7 中的传动块 73 为正方形，四组推动机构 8 铰接于传动块 73 四周边缘。每个推动机构 8 包括两个固定块 81 以及推杆 82，两个固定块 81 均通过销轴分别与推杆 82 的两端铰接，其中一个固定块 81 与传动块 73 固定连接，另一个固定块 81 与推泥机构 9 固定连接。传动机构 7 带动推动机构 8 做径向伸张，推动推泥机构 9 前后运动进行海底泥采样作业。

如图 16-1、图 16-2 所示，推泥机构 9 包括推泥板 91，推泥板 91 为方形，内侧（即面向推动机构 8 的一侧）安装推动机构 8 的其中一个固定块 81，外侧面向取样器 5 的开口。推泥板 91 在前进过程中恰好将待取样的海底泥由取样器 5 的开口推至取样器 5 中，推泥板 91 运动至与取样器 5 贴合后，完成取样，并且封闭取样器 5 的开口，在提拉过程中防止海底泥脱落导致的取样失败。

如图 16-2 所示，为了便于推泥板 91 深入海底泥中，其底部边缘设置为锯齿形状，锯齿形状的边缘也便于推泥板 91 向前推进。

推泥板 91 两侧均固定连接有引导杆 92，取样器 5 侧壁对应设置有支撑套 93，引导杆 92 滑动穿设于支撑套 93 中。支撑套 93 可以对引导杆 92 导向，控制引导杆 92 沿取样器 5 侧壁平稳滑动，也能够确保推泥板 91 在滑动到位后准确封闭取样器 5 的开口。

如图 16-1，图 16-2 所示，取样器 5 的左右两侧壁均开设有多个滤水孔 12。当推泥板 91 运动时将海底泥样本推送至取样器 5 内部，并通过滤水孔 12 排出多余海水，以提高海底泥的取样质量，确保每次取样能够尽量获得更多的海底泥，而不是以水为主的泥水混合物。

在取样器 5 侧壁对应的多个滤水孔 12 设置有封闭机构 6，使用时封闭机构 6 在引导杆 92 的推动下运动，直到完全遮挡滤水孔 12，可以避免在提拉样品过程中导致海底泥通过滤水孔 12 外泄流失。

如图 16-4 所示，封闭机构 6 包括上下两个孔板 63、上下两个活动杆 64、封闭条 61 和两组弹簧 62。孔板 63 固定设置在取样器 5 一侧外壁上，活动杆 64 一端滑动穿设于孔板 63 内，另一端固定连接在封闭条 61 上。在推泥机构 9 推动引导杆 92 运动时，引导杆 92 同时会推动封闭条 61 运动，封闭条 61 封闭滤水孔 12，可以避免在提拉样品过程中导致海底泥通过滤水孔 12 外泄的情况。封闭条 61 的一侧上下固定连接有两个活动杆 64，两个活动杆 64 分别滑动设置在两个孔板 63 中，孔板 63 可以对活动杆 64 导向，保持活动杆 64 的稳定滑动，确保封闭条 61 可以平稳运动。孔板 63 与封闭条 61 之间设置有弹簧 62，且弹簧 62 套设于活动杆 64 上。海底作业时，引导杆 92 可逐渐靠近封闭条 61 并抵住封闭条 61 挤压弹簧 62 以封闭滤水孔 12。当作业结束时，引导杆 92 远离封闭条 61 运动，弹簧 62 伸展时可以带动封闭条 61 复位，从而可以打开滤水孔 12。滤水孔 12 在取样器 5 的侧壁竖向设置一排或多排，封闭条 61 采用条形板结构，其长度和宽度至少能够完全覆盖同排所有滤水孔 12。竖向设置的一排或多排滤水孔 12 能够较为充分地滤出取样器 5 整个高度范围内的水分。

如图 16-1、图 16-2 所示，中筒 1 的外壁圆周四等分处固定设置有四个连接座 4，四个连接座 4 分别通过支撑臂与四个取样器 5 的顶部固定连接，连接座 4 可以对取样器 5 的位置进行固定，并且支撑取样器 5 的自身重量。使用时，取样器 5 可以通过连接座 4 保持稳定，便于将海底泥样本准确地推送至取样器 5 内部。为了扩大取样范围，支撑臂可设计为伸缩结构，在其伸出时可以将取样器 5 推至相对于推泥板 91 更远的位置，以增加每一回合的推泥量。

如图 16-2 所示，取样器 5 为方形盒体结构，朝向推泥板 91 的一面开口，其他面为封闭结构。当完全取样时，推泥板 91 运动至预定位置，将取样器 5

完全密封，防止海底泥外泄。取样器 5 底部还设置有负重器 10，负重器 10 可以辅助该装置进行下沉作业，也避免采样以及提升过程中海浪、洋流、风速对装置的冲刷影响，同时负重器 10 的底部为尖锥形，便于扎入海底泥中。

如图 16-3 所示，中筒 1 的内部安装有电机 13，电机 13 的外部周向均匀设置有多个散热片 3，多个散热片 3 穿出中筒 1，散热片 3 对电机 13 起到散热的作用，防止连续工作时电机过热造成损毁。

在取样时，绳索与吊环 2 连接，然后将该装置投入海水，通过负重器 10 的重力，取样器 5 顺利进入海底泥中。控制潜水电机 11 带动螺杆 71 旋转，使得螺杆 71 带动传动块 73 向下运动，推动机构 8 展开推动推泥机构 9 靠近取样器 5 运动，将海底泥推送进入取样器 5，海底泥相互挤压可以将水分从滤水孔 12 排出。同时，引导杆 92 推动封闭条 61，封闭条 61 逐渐封闭滤水孔 12，推泥机构封闭取样器 5 的开口，此时上拉绳索带动该装置上提进行取样作业。

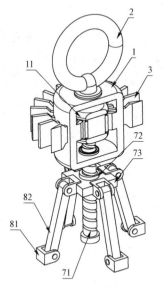

图 16-3　中筒立体的剖面结构示意图
1—中筒；2—吊环；3—散热片；71—螺杆；
72—螺纹孔；73—传动块；81—固定块；
82—推杆；11—潜水电机

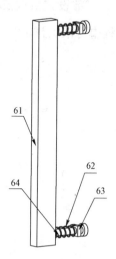

图 16-4　封闭机构立体的结构示意图
61—封闭条；62—弹簧；63—孔板；
64—活动杆

第四节　应用效果

通过巧妙的优化设计，可取得如下应用效果：

1. 海底取样时，通过潜水电机驱动传动机构运动，多个推动机构径向伸张推动推泥机构，推泥机构靠近取样器并将海底泥推送进入取样器中。同时推泥机构与取样器贴合，由此可以起到封闭取样器的开口，防止海底泥取出过程脱落导致取样量少或取样失败。

2. 通过设置滤水孔，在推泥机构将海底泥推送进入取样器中时，海底泥中混合的水分可以通过滤水孔排出，减少海底泥中的水分，便于海底泥的采样，提高取样质量。

3. 通过设置封闭机构，在推泥机构推送引导杆运动时，引导杆推动封闭条运动，封闭条封闭滤水孔，从而可以避免在提拉样品过程导致海底泥通过滤水孔外泄。

4. 通过底部设置负重器，辅助该装置进行下沉作业，同时也避免采样以及提升过程中海浪、洋流、风速对装置的冲刷影响。

第十七章　空气中氚的便携式
采样设备

本章详细介绍一种空气中氚的便携式采样设备，该装置可直接收集空气中的水蒸气，既适合野外各种类型采样点采样，也适合长周期取样测量，结构简单，成本低廉。本章从基本概况、设计思路、构造精讲和应用效果四方面对该装置进行详细全面介绍，以方便读者更加深入地了解本装置。

第一节　基本概况

核设施工作场所和环境空气中氚化水的采样方法分为主动采样法与被动采样法，目前，常用的被动采样法均需要采用分子筛等吸附材料，存在吸附与解吸等过程操作复杂的问题。为此，我们提出一种空气中氚的便携式采样设备，该设备无需吸附材料，可直接收集空气中的氚，适合于野外各种类型采样点采样且布设方便，具有结构简单、成本低廉、无需外界动力、适用于长周期取样测量等优点。

第二节　设计思路

一种空气中氚的便携式采样设备，可直接收集空气中的水蒸气，可以作如下设计：设计采集罐，采集罐内放置有冷凝水收集器，采集罐的口部活动插入导热锥台，导热锥台的口部覆盖有防尘罩，导热锥台的下端连接有收集管，收集管伸入冷凝水收集器内。采集罐内设置有冷凝结构，冷凝结构靠近导热锥台设置，冷凝水收集器下部连接有排水管，排水管贯穿至采集罐的外部。冷凝结构为多个冰袋，多个冰袋围绕冷凝水收集器分布，并靠近导热锥台的侧壁。

排水管上连接有排水阀，排水阀位于采集罐的外部。采集罐的外壁设置有数字显示屏或透明观察窗，采集罐的底部和内壁设置有保温层。采集罐的口部圆周表面设置有多个定位管，导热锥台的口部圆周对应设置有多个定位杆，多个定位杆能够分别插接于多个定位管内。采集罐的外壁对称设置有两个把手，把手的表面均开设有握槽。防尘罩采用透气材料制成，导热锥台采用光滑的高导热材料制成，冷凝水收集器为 500 mL 塑料瓶。

第三节　构造精讲

为了更清楚地说明如何实施，本节结合较佳的实施方案对本装置进行详细描述。所绘制结构、比例、大小等，均仅用以配合本章所揭示的内容，供专业技术人员阅读和参考。

如图 17-1、图 17-2、图 17-3、图 17-4 所示，空气中氡的便携式采样设备，包括采集罐 1，采集罐 1 的下内壁固定连接有冷凝水收集器 2，采集罐 1 的上端活动插接有导热锥台 3。导热锥台 3 的上端固定连接有防尘罩 4，导热锥台 3 的下端固定连接有收集管 5，收集管 5 贯穿于冷凝水收集器 2 内。采集罐 1 内放置有多个冰袋 6，多个冰袋 6 围绕于冷凝水收集器 2 分布，冷凝水收集器 2 的圆周内壁固定连接有排水管 7。排水管 7 的另一端贯穿至采集罐 1 的外侧，排水管 7 的表面固定连接有排水阀 15。排水阀 15 位于采集罐 1 的外侧，采集罐 1 的圆周表面固定连接有数字显示屏 8 或透明观察窗，数字显示屏 8 与冷凝水收集器 2 相对应。

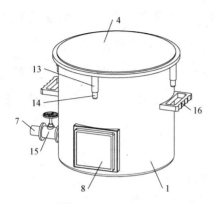

图 17-1　装置主视图

1—采集罐；4—防尘罩；7—排水管；

8—数字显示屏；13—定位管；14—定位杆；

15—排水阀；16—把手

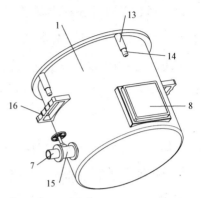

图 17-2　装置立面图

1—采集罐；7—排水管；8—数字显示屏；

13—定位管；14—定位杆；15—排水阀；

16—把手

数字显示屏 8 与外部电源电连接，可以是干电池或蓄电池。在进行采集空气中的冷凝水时，首先抬起导热锥台 3，向采集罐 1 内加入足够的冰袋 6，然后将导热锥台 3 安装在采集罐 1 上，对导热锥台 3 进行固定，防止导热锥台 3 从采集罐 1 上掉落影响设备对氚的采集，然后再将采集罐 1 放置于采样点。由于导热锥台 3 与空气温差较大，空气中的水蒸气会冷凝在导热锥台 3 上面，冷凝后的水蒸气形成的冷凝水逐渐汇

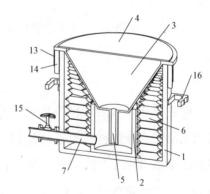

图 17-3　装置前剖图

1—采集罐；2—冷凝水收集器；3—导热锥台；

4—防尘罩；5—收集管；6—冰袋；7—排水管；

13—定位管；14—定位杆；15—排水阀；

16—把手

集向下通过收集管 5 流入到冷凝水收集器 2 中，数字显示屏 8 可实时显示经纬度、温度、湿度，也可以通过透明观察窗观察冷凝水收集情况。当氚采样完成后，通过打开排水管 7 表面的排水阀 15，排水管 7 使冷凝水收集器 2 内的冷凝水进行排出，便于对收集得到的冷凝水进行分析检测其中氚的含量。

本设备无需吸附材料，通过导热锥台 3 可直接收集空气中的水蒸气，无需解吸过程，适合于野外各种类型采样点采样，布设方便。此外，该设备还有结构简单、成本低廉、无需外界动力、适用于长周期取样测量等优点。

采集罐 1 的内壁与表面之间设置有保温层，保温层能够减少设备外部温度对氚采集造成的影响，尽量使得冰袋 6 只与导热锥台 3 进行温度交换，延长使用时间。

采集罐 1 的圆周表面固定连接有多个定位管 13，导热锥台 3 的上部固定连接有多个定位杆 14，且多个定位杆 14 分别插接于多个定位管 13 内。通过多个定位管 13 与多个定位杆 14 的插接能够使导热锥台 3 和采集罐 1 之间的连接更加稳定。

采集罐 1 的圆周表面固定连接有两个把手 16，两个把手 16 的表面均开设有握槽，通过两个把手 16 使整个设备的移动更加方便。

防尘罩 4 采用透气材料制成，导热锥台 3 采用光滑的高导热材料制成。通过透气材料制成的防尘罩 4，既不影响空气中的水蒸气进入冷凝，还可以避免采样时沉降灰等的污染。通过光滑的高导热材料制成的导热锥台 3，由于冰袋 6 的作用，高导热材料与空气温差较大，空气中的水蒸气会冷凝在导热锥台 3 上面，并逐渐汇集向下流入到冷凝水收集器 2 中。

冷凝水收集器 2 为 500 mL 塑料瓶，可用来接收收集到的冷凝水。

工作原理：在进行采集空气中的冷凝水时，首先抬起导热锥台 3，向采集罐 1 内加入足够的冰袋 6，使得冰袋 6 能够尽量靠近导热锥台 3 的底壁，然后

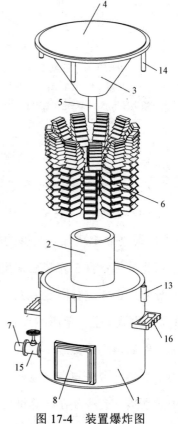

图 17-4　装置爆炸图

1—采集罐；2—冷凝水收集器；3—导热锥台；4—防尘罩；5—收集管；6—冰袋；7—排水管；8—数字显示屏；13—定位管；14—定位杆；15—排水阀；16—把手

将导热锥台 3 安装在采集罐 1 上，固定导热锥台 3，防止导热锥台 3 从采集罐 1 上掉落，然后再将采集罐 1 放置于采样点。由于导热锥台 3 与空气温差较大，空气中的水蒸气会冷凝在导热锥台 3 上面，冷凝后的水蒸气形成的冷凝水逐渐汇集向下通过收集管 5 流入到冷凝水收集器 2 中。通过数字显示屏 8 可实时显示经纬度、温度、湿度。当氚采样完成后，通过打开排水管 7 表面的排水阀 15，排水管 7 使冷凝水收集器 2 内的冷凝水进行排出，便于对收集得到的冷凝水进行分析检测其中氚的含量。

第四节　应用效果

通过巧妙的优化设计，可取得如下应用效果：

通过导热锥台可直接收集空气中的水蒸气，无需解吸过程；该设备适合于野外各种类型采样点采样，布设方便。此外，还有结构简单、成本低廉、无需外界动力、适用于长周期取样测量等优点。

第十八章　水位定深多功能
水质采样器

本章详细介绍一种水位定深多功能水质采样器，该装置不仅能够采集预定水深的水样，而且能够实施监测采样器到达水下的深度及感测特定水体深处动物活动情况，提高了采样的准确度，实现了功能多样化。本章从基本概况、设计思路、构造精讲和应用效果四方面对该装置进行详细全面介绍，以方便读者更加深入地了解本装置。

第一节　基本概况

目前在我国环境监测领域的水质监测中，使用着各种水质采样器来采集地表水和地下水。有时候也需要采集水面下一定深度的水样，现有的采集水面下一定深度水样的水质采样器，一般为采用一个装有采样瓶的采样篮用一根吊绳拴住放到水下一定深度，对水深的判断是通过在吊绳上一定长度的地方做标记，以标记位置到达水面来判断水深。在采样过程中同时还再用另一根吊绳来绑住采样瓶的瓶塞，当采样器到达指定水深位置时，通过拽动绑住瓶塞的吊绳来打开采样瓶的瓶塞。由于采样时采样人员距离水面较远，判断吊绳上的标记位置往往不太容易。当采样器到达指定水深位置时要抓紧采样器的吊绳以防采样器位置偏离，同时还要多次拽拉绑住瓶塞的吊绳来打开采样瓶的瓶塞。有时候由于位置不好多次拽拉绑住瓶塞的吊绳也无法打开采样瓶的瓶塞，导致无法采集水样。

现有的水质采样器仅能够采集特定深度的水体，无法对采样器到达的水下深度实现智能化的实时监测，仅靠采样人员的人工判断，存在较大的误差。另外，现有的水质采样器不能对特定深度的水体中的小鱼、小虾等动物进行感测和捕捉，功能较为单一。

第二节　设计思路

一种水位定深多功能水质采样器，能够实施监测采样器到达水下的深度及感测特定水体深处动物活动情况，可以作如下设计：设计水筒体和底座，筒体的上部安装有活动密封盖，活动密封盖与筒体的顶部铰接。活动密封盖包括带轴的两个半圆形上盖片，两个盖片只能向上开启。

筒体的下底面开设有圆形孔，在圆形孔的上侧即位于筒体中的一侧设置有圆形活动底板。该圆形活动底板铰接在筒体的下底面上，可绕着铰接处在筒体内上下旋转。在圆形孔的下侧即位于底座中的一侧设置有筒体滤网，在底座的下底面开设有圆形孔，在圆形孔的上方设置有底座滤网，在底座的侧壁上设置有喇叭形的通道，通道外侧的圆形入口比位于底座内部的圆形出口大。在底座的上表面上，在筒体的两侧分别设置有水深感测装置和动物感测装置，分别对水体深度和水中小型动物进行感测，并将感测结果发送给采样人员的手持装置。

筒体的侧壁底部设置有两个向外突出的出水口，两个出水口套结有橡胶管。筒体中设置有温度计、温度传感器，对水体的温度进行测量或感测。水深感测装置对水深进行感测，该装置包括压力传感器、控制器和发射器，压力传感器实时感测水的压力，然后将感测值传送给控制器，控制器对压力值和水深进行换算，将换算得到的水深通过发射器传送给采样人员的手持装置。

动物感测装置包括红外传感器、控制器、计数器和发射器。红外传感器可以通过红外方式来感测是否有小鱼、小虾等动物进入喇叭形的通道，如果感测到小鱼、小虾等动物进入喇叭形的通道，则将感测结果反馈给控制器。每反馈一次，控制器就控制计数器将计数值加一。在预定时间后，控制器将计数器值通过发射器发送给采样人员的手持装置。采样人员的手持装置实时显示当前水位深度、当前水位的水体温度和进入底座的小型动物的数量，并通过声光进行提示。

第三节　构造精讲

为了更清楚地说明如何实施，本节结合较佳的实施方案对本装置进行详细描述。所绘制结构、比例、大小等，均仅用以配合本章所揭示的内容，供专业技术人员阅读和参考。

如图 18-1 所示，一种水质采样器包括筒体 1 和底座 2，筒体 1 和底座 2 可以一体成型。也可以通过螺钉、密封垫等进行连接固定，筒体 1 的侧壁和底座 2 的上表面呈几何上的垂直关系。

筒体 1 的上部安装有活动密封盖 3，活动密封盖 3 与筒体的顶部铰接。活动密封盖 3 包括带轴的两个半圆形上盖片，两个盖片只能向上开启。

底座 2 是中空的容器，上表面与筒体 1 的侧壁垂直，筒体 1 的下底面是底座 2 的上表面位于筒体 1 中的部分，即筒体 1 不再单独设置下底面，而是将底座 2 的上表面中位于筒体 1 中的那一部分作为自己的下底面。筒体 1 的下底面开设有圆形的孔，在圆形孔的上侧即位于筒体 1 中的一侧设置有圆形活动底板 4。该圆形活动底板 4 铰接在筒体 1 的下底面上，可绕着铰接处上下旋转，在采样器下沉过程中只能向上开启。在圆形孔的下侧即位于底座 2 中的一侧设置有筒体滤网 5，可以滤除进入筒体 1 中的水体中的杂草、枯死的草木屑等杂质，也可以防止水体中的小鱼、小虾进入筒体 1，影响水体的采样质量。

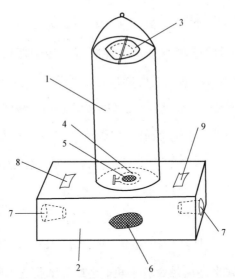

图 18-1　多功能水体采样器结构示意图

1—筒体；2—底座；3—活动密封盖；4—圆形活动底板；5—筒体滤网；6—底座滤网；

7—通道；8—水深感测装置；9—动物感测装置

底座 2 是中空的容器，上表面与筒体 1 的侧壁垂直，底座 2 优选为正方体形或圆柱体形。也可以是其他的形状，只要其上表面与筒体 1 的侧壁垂直即可。

在底座 2 的下底面开设有圆形的孔，在圆孔的上方设置有底座滤网 6，在采样器下沉过程中，可以防止水体中的杂草、枯死的草木屑等杂质进入底座。

在底座 2 的侧壁上设置有喇叭形的通道 7，通道 7 的个数可以根据情况进行合理设置。比如，如果底座 2 是正方体形，则可以在底座 2 的四个侧壁的每一个侧壁上分别开设一个喇叭形的通道 7，方便小鱼、小虾等通过通道 7 进入底座 2 中，实现了对采用水体中的小鱼、小虾等小型动物的捕捉。

喇叭形的通道 7 优选为圆台形，外侧的圆形入口比位于底座 2 内部的圆形出口大，这样一旦小鱼、小虾等小型动物进入底座 2，便不易逃脱。

在底座 2 的上表面上，在筒体 1 的两侧分别设置有水深感测装置 8 和动物感测装置 9。

水深感测装置 8 包括压力传感器、控制器和发射器，压力传感器实时感测水的压力，然后将感测值传送给控制器，控制器对压力值和水深进行换算，将换算得到的水深通过发射器传送给采样人员的手持装置。手持装置设置有显示仪和声光提示器，显示仪可以实时显示水深感测装置 8 发送的当前水位深度，并通过声音提示当前水位深度。如果采样人员提前设置了水位深度，则当采样器到达预定水深时，手持装置的声光提示器除了进行语音提示到达预定深度之外，还会点亮指示灯，提醒采样人员采样器已到达指定水位深处。

动物感测装置 9 包括红外传感器、控制器、计数器和发射器。红外传感器可以通过红外方式来感测是否有小鱼、小虾等动物进入喇叭形的通道 7，如果感测到小鱼、小虾等动物进入喇叭形的通道 7，则将感测结果反馈给控制器。每反馈一次，控制器就控制计数器将计数值加一。在预定时间后，控制器将计数器值通过发射器发送给采样人员的手持装置。手持装置可以通过显示或声音播报的方式提示采样人员有多少个小型动物进入底座 2，可以方便采样人员实时了解动物捕捉情况。

水深感测装置 8 和动物感测装置 9 中的发射器将数据发送给采样人员的手持装置，可以通过现有技术中近距离通信技术进行传输，比如 zigBee 等，本装置对此不作限制。

可以在筒体 1 的侧壁底部设置有两个向外突出的出水口，两个出水口套结有橡胶管。在水体采样时，先用止水夹夹住出水口橡胶管，采样完毕后将出水口橡胶管伸入容器口，松开铁夹，水样即注入容器。

也可以在筒体 1 中设置温度计，或者温度传感器，如果设置温度计，则可以直接对特定深度的水体温度进行测量。如果设置温度传感器，则可以对水体温度进行感测，并将感测结果通过无线方式发送给采样人员的手持装置，这样得到的水体温度更实时，准确度更高。

如果设置温度传感器，则温度感测结果的发送可以与水深感测装置 8 和动物感测装置 9 中的发射器发送数据的方式相同，此处不再赘述。

工作原理：将水质采样器放入水中，水样由筒体 1 下底面的进水口由下向上进入，圆形活动底板 4 和活动密封盖 3 向上开启，水样自由流过筒体 1。水深感测装置 8 实时感测水的压力，然后将压力值换算成水深，将换算得到的水深传送给采样人员的手持装置。动物感测装置 9 实时感测是否有小鱼、小虾等动物进入喇叭形的通道 7，如果感测到小鱼、小虾等动物进入喇叭形的通道 7，则通过计数器进行计数，在预定时间后，将计数器值发送给采样人员的手持装置。如果设置温度传感器，则可以对水体温度进行实时感测，并将感测结果发送给采样人员的手持装置。采样人员的手持装置实时显示当前水位深度、当前水位的水体温度和进入底座 2 的小型动物的数量，并通过声光进行提示。

在采样器到达预定水深时，采样人员停止下放绳索，并向上提拉绳索。由于重力作用，圆形活动底板 4 和活动密封盖 3 向下与筒体 1 的底部接触，进水口关闭，同时活动密封盖 3 关闭，水样留在采样器中。如果有小鱼、小虾进入了底座 2，则底座 2 中的水从设有底座滤网 6 的圆孔中流出，仅在底座 2 中留有小鱼、小虾等小型动物。

装置的筒体 1 和底座 2 可以采用高强度有机玻璃制作，其具有强度大、耐腐蚀、耐晒、耐湿、无色透明等特点。本发明的采样器可以适用于各种野外取样、环保监测、水处理、液体取样和环境水体取样，可对液体进行不同深度分层取样，便于携带。在野外取样时，可用于河流、湖泊和水库等地表水 0～30 m 深度内的水样采集。

装置的筒体 1 的容量可以是 1000 mL、2500 mL、5000 mL 等，采样深度可以是 0～30 m，温度测量误差为 ±1 ℃。

装置的水位定深多功能水质采样器能够实施监测采样器到达水下的深度，并上报给采样人员，并能够观测和捕捉特定水体深度处的小鱼、小虾等活动的动物，帮助采样人员分析特定水域不同深度的动物活动情况，有助于了解水体的生态系统。

第四节　应用效果

通过巧妙的优化设计，可取得如下应用效果：

本装置不仅能够采集预定水深的水样，同时可以捕捉预定水深的小型动物，实现了功能多样化。同时，可以实时监测水深，通过显示、声光提醒等方式实时提示采样人员是否已到达了预定深度，提高了采样的准确度。

第十九章　船用水底沉积物采集器

本章详细介绍一种船用水底沉积物采集器，该装置通过驱动电机控制转轴的转动，从而控制缆绳的收放，省时省力，提高了使用安全性。本章从基本概况、设计思路、构造精讲和应用效果四方面对该装置进行详细全面介绍，以方便读者更加深入地了解本装置。

第一节　基本概况

在环境放射性监测中，江河湖海等水底沉积物监测是重要的监测内容。特别是在核电站周围水域，需要采集水底沉积物来检测其中的放射性物质含量。尤其是个别国家将核废水源源不断地排放至海洋中，排放出的放射性核素将会吸附、沉积在海底泥中造成一系列的放射性污染，继而通过食物链富集、水体交换等形式对海产品安全、饮用水安全和人体健康产生影响，因此对水底泥的监测至关重要。目前市售的底泥采样器只是一条绳子和一个抓斗，如图 19-1 所示。

图 19-1　现有技术中的一种简易底泥采样器

在使用过程中，存在下列问题：① 不具备固定在船帮的功能，收放抓斗需要手工操作，十分费力，需多人配合操作；抓有底泥的抓斗在回收时容易脱手或者手部被磨伤，尤其是在船开动的时候。② 绳子易磨损，寿命短，回收抓斗时，因抓有底泥的抓斗较重，一般性操作是绳子以船帮为着力点，人工在船上拉拽，长期使用后，绳子易被船帮磨损，需时常检查更换，否则存在绳子磨断抓斗沉入水底的风险。③ 不具备水深定位功能。④ 不具备经纬度定位功能。⑤ 不具备清洗功能，需要人工打水清洗，不清洗的话，容易产生交叉污染，影响下一个点位采集。⑥ 不具备气象条件信息搜集功能。

第二节　设计思路

一种船用水底沉积物采集器，可通过驱动电机控制缆绳的收放，可以作如下设计：设计缆绳、抓斗与壳体，壳体上开有供缆绳通过的绳孔；转轴穿过壳体两侧壁，两端分别通过轴承与壳体两侧壁转动连接；卷线盘设置于壳体内部，与转轴固定套接，缆绳能够盘卷在卷线盘上；驱动电机设置于壳体上，驱动电机能够驱动转轴转动，以及第一锁止装置能够锁定转轴。驱动电机与转轴之间设置有传动装置（离合器、变速箱、驱动齿轮、从动齿轮）离合器输入端与驱动电机输出轴连接，变速箱输入端与离合器输出轴连接，驱动齿轮固定套设于变速箱的输出轴上，从动齿轮固定套设于转轴上，从动齿轮与驱动齿轮啮合。

转轴一端延伸至壳体外部并固定连接有转盘，壳体底部设置有夹持装置（双向螺纹杆、两块夹持板、手柄、第二锁止装置）。两块夹持板与壳体底部滑动连接，两块夹持板与双向螺纹杆螺纹连接，两块夹持板能够通过双向螺纹杆的转动而做相对或相向的运动，手柄固定连接于双向螺纹杆一端。第二锁止装置，用于限制双向螺纹杆的转动。

壳体内部设置有水泵，壳体一端设置有与水泵输出端连通的出水口，另一端设置有与水泵输入端连通的进水口。抓斗上设置有水深传感器。壳体上设置有与水深传感器电连接的显示器、风速测量仪和风向标、经纬度定位仪及温度测量仪和气压测量仪。壳体一端顶部设置有支架，支架上连接有滑轮，支架与绳孔 5 设置于同一侧。

第三节　构造精讲

为了更清楚地说明如何实施，本节结合较佳的实施方案对本装置进行详细描述。所绘制结构、比例、大小等，均仅用以配合本章所揭示的内容，供专业技术人员阅读和参考。

如图 19-2 和图 19-3 所示，一种沉积物采集器包括缆绳 1 和抓斗，该沉积物采集器还包括：壳体 2、转轴 3、卷线盘 4、驱动电机 7 和第一锁止装置。壳体内有 2 层，一层装抓斗和穿帮固定器；另一层装电线、充电锂电池、水管、高压水枪等。壳体 2 上开有供缆绳 1 通过的绳孔 5，绳孔 5 处设有供缆绳过渡的滑轮，绳孔 5 设置在壳体 2 一端底部。转轴 3 两端分别与壳体 2 两侧内壁垂直，并通过轴承与壳体转动连接。卷线盘 4 与转轴 3 固定套接，缆绳 1 能够盘卷在卷线盘 4 上。驱动电机 7 设置于壳体 2 上，驱动电机 7 能够驱动转轴 3 转动，壳体外壁设置有电机座，驱动电机 7 安装在电机座上，驱动电机的输出轴延伸至壳体内。第一锁止装置能够锁定转轴，驱动电机等电器元件的控制面板设置在壳体一侧，即方便使用者操作的一侧，转轴 3 一端延伸至壳体 2 外部并固定连接有转盘 1。

如图 19-4 所示，第一锁止装置包括两端带有回勾的固定杆 23，壳体上设置有第一勾环 24，转轴一端设置有第二勾环 25，固定杆 23 两端的回勾分别插入两个勾环内，防止转轴转动。

如图 19-5 所示，第一锁止装置包括设置在转轴端外圈的若干插槽 26，固定杆 23 一端设置回勾，壳体一侧设置有第一勾环 24。使用时，将固定杆 23 插入第一勾环 24，回勾勾住第一勾环 24，插入的另一端再插入插槽 26 内，防止转轴转动。

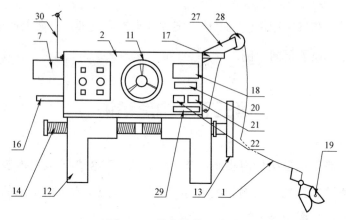

图 19-2　整体结构示意图

1—缆绳；2—壳体；7—驱动电机；11—转盘；12—两块夹持板；13—手柄；14—双向螺纹杆；16—进水

口；17—出水口；18—显示器；19—水深传感器；20—温度测量仪；21—经纬度定位仪；

22—气压测量仪；27—支架；28—滑轮；29—风速测量仪；30—风向标

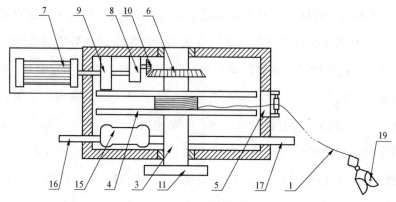

图 19-3　剖视结构示意图

1—缆绳；3—转轴；4—卷线盘；5—绳孔；6—从动齿轮；7—驱动电机；8—变速箱；9—离合器；

10—驱动齿轮；11—转盘；15—水泵；16—进水口；17—出水口；19—水深传感器

往水中扔放抓斗时，打开第一锁止装置，抓斗即可靠自身重力沉到水底。穿帮固定器绳子不动时，手动回摇转盘或通过控制面板进行微调，回绳转速慢、提升力小，待绳子绷直时，停止摇动或者停止按键，此时可记录水深等气象条件。

回收时可以摇动转盘或者按动驱动电机驱动键。轮船上有电时可用电动模式，没有电时可锂电池驱动，锂电池没电时可更换备用电池。备用电池没电时可切换成手动模式，无需人工手握缆绳进行收放线。

如图 19-2 和图 19-6 所示，在壳体 2 一端顶部设置有支架 27，支架 27 上连接有滑轮 2，支架 27 与绳孔 5 设置于同一侧。在使用时，通过滑轮 28 将缆绳挑高，水底沉积物采集结束后，待收绳至抓斗悬空与甲板外上方，使用者用手牵拽。通过放绳（如手动回摇转盘或通过控制面板进行微调回绳），将抓手缓慢降到甲板上。此时绳子为松弛状态，可人工打开抓斗，实现取样；再次使用时，通过开启水泵，对抓斗进行冲洗，以便下次采集。

如图 19-2、图 19-3、图 19-4 和图 19-5 所示，驱动电机 7 与转轴 3 之间设置有传动装置，传动装置包括：

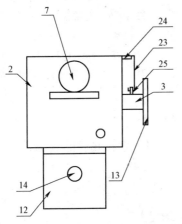

图 19-4　第一锁止装置使用结构示意图　图 19-5　第一锁止结构另一种结构示意图

2—壳体；3—转轴；7—驱动电机；12—两块夹持板；　2—壳体；3—转轴；7—驱动电机；12—两块夹持板；

13—手柄；14—双向螺纹杆；23—固定杆；　14—双向螺纹杆；23—固定杆；24—第一勾环；

24—第一勾环；25—第二勾环　26—插槽

离合器 9 输入端与驱动电机 7 输出轴连接。

变速箱 8 输入端与离合器 9 输出轴连接。

驱动齿轮 10 固定套设于变速箱 8 的输出轴上。

从动齿轮 6 固定套设于转轴 3 上，从动齿轮 6 与驱动齿轮 10 啮合。

在使用驱动电机收放缆绳时，启动离合器，离合器采用电动离合器，开启驱动电机，控制卷线盘的转动，若需要人工转盘时，关闭电动离合器，转动转盘进行收放线。

壳体 2 底部设置有夹持装置，夹持装置包括：双向螺纹杆 14，两块夹持板 12。两块夹持板 12 与壳体 2 底部滑动连接，两块夹持板 12 与双向螺纹杆 14 螺纹连接，两块夹持板 12 能够通过双向螺纹杆 14 的转动而做相对或相向的运动。手柄 13 固定连接于双向螺纹杆 14 一端。第二锁止装置，用于限制双向螺纹杆 14 的转动。

使用时，通过转动双向螺纹杆将两块夹持板相向移动，然后壳体通过两块夹持板夹持在船帮上，回转双向螺纹杆，将两块夹持板夹紧船帮，然后通过第二锁止装置固定。第二锁止装置与第一锁止装置结构相同，不再重复描述。

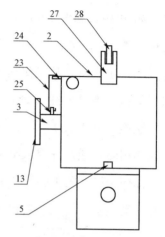

图 19-6　支架设置结构示意图

3—壳体；3—转轴；5—绳孔；13—手柄；23—固定杆；24—第一勾环；25—第二勾环；27—支架；28—滑轮

如图 19-7 所示，在壳体底部设置旋转底座 31，旋转底座的底部设置有滑

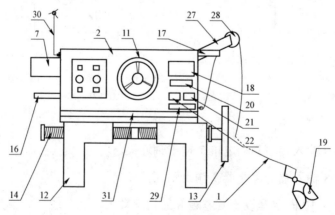

图 19-7　转盘连接结构示意图

1—缆绳；2—壳体；7—驱动电机；8—变速箱；9—离合器；10—驱动齿轮；11—转盘；
12—两块夹持板；13—手柄；16—进水口；17—出水口；18—显示器；19—水深传感器；
20—温度测量仪；21—经纬度定位仪；22—气压测量仪；27—支架；28—滑轮；
29—风速测量仪；30—风向标；31—旋转底座

轨，两块夹持板 12 与滑轨滑动连接。使用时，可以通过旋转底座调整壳体的方向。

如图 19-3 所示，壳体 2 内部设置有水泵 15，壳体 2 一端设置有与水泵 15 输入端连通的进水口 16，另一端设置有与水泵 15 输出端连通的出水口 17。

进水口通过水管连入水体，出水口通过水管连接高压水枪。可以用于清洗使用后的抓斗，以便下一个点采样，不产生交叉污染等干扰和影响。

抓斗上设置有水深传感器 19，壳体 2 上设置有与水深传感器 19 电连接的显示器 18。壳体 2 上设置有温度测量仪 20、经纬度定位仪 21、气压测量仪 22、风速测量仪 29 和风向标 30，其中风向标 30 可折叠收纳入壳体顶部，壳体顶部开有收纳槽，风向标一端与壳体铰接。使用时，风向标 30 从收纳槽内取出，风向标竖直设置，通过固定支承固定即可。固定支撑铰接在风向标的杆体上，使用时撑开作为支腿支撑，不使用时与风向标的杆体合并，方便收纳。

工作原理：转动手柄，将两块夹持板相向滑动，增大两块夹持板之间的距离，然后将壳体通过两块夹持板卡在船帮上，再通过反转手柄，缩小两块夹持板的距离。壳体通过两块夹持板卡在船帮上，再通过第二锁止装置锁定手柄，然后启动驱动电机和离合器，带动转轴转动，从而带动卷线盘转动，进行缆绳的收放。断开离合器，通过转动转盘带动转轴转动，进行缆绳的收放。放绳时，抓斗触底后，通过第一锁止装置限制转轴的转动。通过水深传感器测量水深，通过经纬度定位仪测定所在位置，通过温度测量仪测量温度，通过气压测量仪测量气压，通过风向标判断风向，通过风速测量仪监测风速。水底沉积物采集结束后，待收绳至抓斗悬空于甲板外上方，使用者用手牵拽，通过放绳（如手动回摇转盘或通过控制面板进行微调回绳），将抓手缓慢降到甲板上。此时绳子为松弛状态，可人工打开抓斗，实现取样。再次使用时，通过开启水泵，对抓斗进行冲洗，以便下次采集。

第四节　应用效果

通过巧妙的优化设计，可取得如下应用效果：

通过驱动电机控制转轴的转动，从而控制缆绳的收放，省时省力，无需人工用手拽着缆绳进行收放，提高了使用安全性。配备深定位功能，从而估算海底深度，实现精细化测量。配备经纬度定位功能，实时读取经纬度、气温、风向、风速、湿度等。

第二十章　便携式土壤采样装置

本章详细介绍一种便携式土壤采样装置，该装置既能够采样多层深度、高度的土壤，又能够避免检测者采样时接触有毒的土壤，造成伤害，便于使用。本章从基本概况、设计思路、构造精讲和应用效果四方面对该装置进行详细全面介绍，以方便读者更加深入地了解本装置。

第一节　基本概况

随着化工行业的发展，化工厂周边的土壤会受到重金属污染，此外对于耕作过的农田也会有农药残留，因此需要对于这些土地进行采样、检测其中的有害成分，然后根据检测结果针对性的治理，此时土壤采样装置是土壤治理不可或缺的工具之一。专利 CN211374129U 提出一种土壤采样装置，包含拉杆，拉杆的轴由上而下依次设置有手柄、踏板和连接件，连接件的下端设置有夹具，夹具上夹持有取样器，其中拉杆为套筒结构，其内部套接有抵杆，取样器包括取样筒，取样筒内套接有滑塞杆。当下压抵杆时，抵杆抵触活塞使其朝向取样筒的取样口运动。根据分析，此装置在进行土壤取样时仍然存在下列问题：如果被采样的土壤样本中含有毒害成分，不能与人体接触，此时应该直接将取样器放入盛装样品的容器中。但是根据此专利的描述，在将采样土壤放入容器后，单人不能简单快捷的将土壤从取样器推送至容器中。此外，对于深层土壤，或与采样人员有距离、高度差的土壤不易进行取样，且在取样后不能进行规范放置样品，导致检测结果容易出错。

第二节 设计思路

一种便携式土壤采样装置，能够避免检测者采样时接触有毒的土壤，造成伤害，可以作如下设计：设计包括盒体和盒盖，盒体与盒盖的边侧通过铰链或转轴连接、开合。盒盖内壁的边侧通过固定卡扣嵌合有取样手柄，取样手柄的一端固定设有螺纹接头，取样手柄的另一端固定设有螺纹孔，螺纹接头与螺纹孔的规格相适配。盒盖内壁的中部通过固定卡扣嵌合有取样器，取样器的主体为圆管结构，取样器的一侧开设有槽口，取样器的顶端固定连接有顶板。顶板的中部开设有端部螺纹接口，螺纹接头与端部螺纹接口相适配螺合连接。取样器的内孔活动嵌合有土壤分离板，土壤分离板的一侧连接有下压部，下压部贯穿槽口并凸出取样器的外壁3～10 mm。

盒体的内腔嵌合设有泡沫架，泡沫架中均布有分类放置仓，分类放置仓中嵌合有容纳瓶。容纳取样器的外径活动贯穿容纳瓶的开口，容纳瓶的开口一侧固定连接有挡凸体，挡凸体内侧挡接下压部的顶侧。

顶板的底侧固定连接有拉簧，拉簧的底端固定连接土壤分离板的顶侧。

盒体的底端安装有移动轮，盒盖的两侧铰接有拉杆，拉杆的中部嵌入盒体边侧的槽孔，拉杆的底端设有挡体挡接槽孔的底侧。取样手柄为六棱轴结构或八棱轴结构，其外壁设有防滑纹。

第三节 构造精讲

为了更清楚地说明如何实施，本节结合较佳的实施方案对本装置进行详细描述。所绘制结构、比例、大小等，均仅用以配合本章所揭示的内容，供专业技术人员阅读和参考。

如图20-1、图20-2、图20-3所示，一种便携式土壤采样装置，包括盒体1和盒盖2，盒体1与盒盖2的边侧通过铰链或转轴连接、开合，盒盖2内壁的边侧通过固定卡扣嵌合有取样手柄 3。取样手柄 3 的一端固定设有螺纹接头 301，另一端固定设有螺纹孔 302，螺纹接头 301 与螺纹孔 302 的规格相适配。盒盖 2 内壁的中部通过固定卡扣嵌合有取样器 4，取样器 4 的主体为圆管结构，取样器 4 的一侧开设有槽口 401，顶端固定连接有顶板 402。顶板 402 的中部开设有端部螺纹接口 403，螺纹接头 301 与端部螺纹接口 403 相适配螺合连接。取样器 4 的内孔活动嵌合有土壤分离板 5，土壤分离板 5 的一侧连接有下压部 501，下压部 501 贯穿槽口 401 并凸出取样器 4 的外壁 3～10 mm。

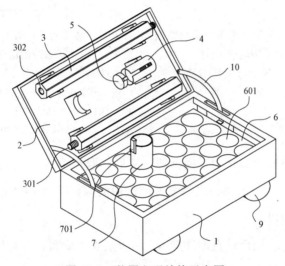

图 20-1 装置主观结构示意图

1—盒体；2—盒盖；3—取样手柄；4—取样器；5—土壤分离板；6—泡沫架；7—容纳瓶；
9—移动轮；10—拉杆；301—螺纹接头；302—螺纹孔；601—分类放置仓；701—挡凸体

使用时，开启盒盖 2，将标准长度的第一根取样手柄 3 通过其自身的螺纹接头 301 螺合端部螺纹接口 403 与取样器 4 连接。如果第一根的取样手柄 3 长度不够，则取出第二根取样手柄 3 通过其首端的螺纹接头 301 与第一根取样手柄 3 的螺纹孔 302 螺合连接进行加长。如此继续增加，直至符合使用者的长度需求。然后使用者握持加长后的手柄将取样器 4 插入土壤中，在取样器 4 的内壁嵌入土壤后，槽口 401 在压力作用下张开，将土壤嵌合其中。在取样器 4 离开土壤时，槽口 401 在自身收缩弹力下将土壤固定在取样器 4 的内管，使用者通过手柄将取样器 4 以及其固定的土壤样品取出，然后通过下压部 501 压下土壤分离板 5，将取样器 4 内壁嵌入的土壤推出。

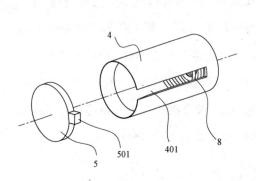

图 20-2　装置的取样器和土壤分离板结构
示意图

4—取样器；5—土壤分离板；8—拉簧；
401—槽口；501—下压部

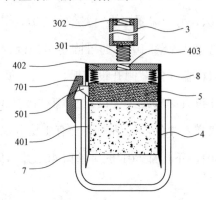

图 20-3　装置的取样器嵌入容纳瓶卸载样
品状态的侧剖示意图

4—取样器；5—土壤分离板；7—容纳瓶；8—拉簧
301—螺纹接头；302—螺纹孔；401—槽口；
402—顶板；403—端部螺纹接口；501—下压部；
601—分类放置仓；701—挡凸体

　　使用后，将螺合加长的手柄拆解，然后将取样手柄 3 通过固定卡扣嵌合在盒盖 2 的内边侧，再将与之拆分并清洗后的取样器 4 通过固定卡扣嵌合在盒盖 2 的中部即可。

　　盒体 1 的内腔嵌合设有泡沫架 6，泡沫架 6 中均布有分类放置仓 601，分类放置仓 601 中嵌合有容纳瓶 7，容纳取样器 4 的外径活动贯穿容纳瓶 7 的开口。容纳瓶 7 的开口一侧固定连接有挡凸体 701，挡凸体 701 内侧挡接下压部 501 的顶侧。

　　在取样器 4 内壁嵌入土壤样品后需要将土壤样品放入容纳瓶 7 时，将取样器 4 插入容纳瓶 7 的瓶口内，直至土壤分离板 5 边侧的下压部 501 顶面低于挡凸体 701 的底面。然后通过取样手柄 3 转动取样器 4 和土壤分离板 5，令下压部 501 转动至挡凸体 701 的底侧，然后左手握持容纳瓶 7 外壁，右手抽拔取样手柄 3。在抽拔过程中取样器 4 随着取样手柄 3 上升，土壤分离板 5 通过下压部 501 被挡凸体 701 挡接。此时取样器 4 内侧嵌合的土壤样品就会被土壤分离板 5 推离出取样器 4，落入容纳瓶 7 中。如此就能够在不接触土壤样品的状态下进行样品采集，装满土壤样品后的容纳瓶 7 嵌入分类放置仓 601 中分类放置并进行标记。

顶板 402 的底侧固定连接有拉簧 8，拉簧 8 的底端固定连接土壤分离板 5 的顶侧。在常态下，拉簧 8 拉动土壤分离板 5，使其位于取样器 4 内壁的顶端。此时进行土壤采样时不会妨碍土壤进入取样器 4 的内壁，以及在土壤落入容纳瓶 7 后再次拉动土壤分离板 5 至取样器 4 内壁的顶端。

盒体 1 的底端安装有移动轮 9，便于使用者拉动装满土壤样品的盒体 1 进行移动，实现便携性。盒盖 2 的两侧铰接有拉杆 10，拉杆 10 的中部嵌入盒体 1 边侧的槽孔，拉杆 10 的底端设有挡体挡接槽孔的底侧。

在盒体 1 处于水平放置时开启盒盖 2，需要盒盖 2 与水平面保持设定的夹角并在此角度停留。因此可通过拉杆 10 拉动盒盖 2 的侧边保持此夹角并在此角度停留，令盒盖 2 的开启角度与水平面夹角在 90°～160°。

取样手柄 3 为六棱轴结构或八棱轴结构，便于在进行拼接加长时，或进行拆卸时便于施力；其外壁设有防滑纹，在插入土壤时增加摩擦力防滑。

具体工作时，将标准长度的第一根取样手柄 3 通过其自身的螺纹接头 301 螺合端部螺纹接口 403 与取样器 4 连接。如果第一根的取样手柄 3 太短，则第二根取样手柄 3 通过其首端的螺纹接头 301 与第一根取样手柄 3 的螺纹孔 302 螺合连接进行加长。如此继续增加，直至符合使用者的长度需求。然后使用者握持加长后的手柄将取样器 4 插入土壤中，在取样器 4 的内壁嵌入土壤后通过手柄将其提出，然后通过下压部 501 压下土壤分离板 5，将取样器 4 内壁嵌入的土壤推出。

在取样器 4 内壁嵌入土壤样品后需要将土壤样品放入容纳瓶 7 时，将取样器 4 插入容纳瓶 7 的瓶口内，直至土壤分离板 5 边侧的下压部 501 顶面低于挡凸体 701 的底面。通过取样手柄 3 转动取样器 4 和土壤分离板 5，令下压部 501 转动至挡凸体 701 的底侧，然后左手握持容纳瓶 7，右手抽拔取样手柄 3。在抽拔过程中取样器 4 随着取样手柄 3 上升，土壤分离板 5 通过下压部 501 被挡凸体 701 挡接。因此取样器 4 内侧嵌合的土壤样品就会推离出取样器 4，落入容纳瓶 7 中。如此就能够在不接触土壤样品的状态下进行样品采集，装满土壤样品后的容纳瓶 7 嵌入分类放置仓 601 中分类放置并进行标记，不会发生样品混淆错位。

使用后，将螺合加长的手柄拆解，然后将取样手柄 3 通过固定卡扣嵌合在盒盖 2 的内边侧，再将与之拆分的取样器 4 通过固定卡扣嵌合在盒盖 2 的中部即可。

第四节　应用效果

通过巧妙的优化设计，可取得如下应用效果：

1. 该种便携式土壤采样装置，由取样器插入土壤进行取样，待土壤取出后将取样器插入容纳瓶内，通过容纳瓶边侧的挡凸体对土壤分离板边侧的下压部进行挡接，使用者握持容纳瓶就能够不接触的将土壤样品推入其内腔，避免有毒的土壤伤害检测者。

2. 在盒盖内嵌合多根标准长度的取样手柄，两根取样手柄首尾端螺合连接加长，可采样多层深度、高度的土壤。在使用后，将螺合加长的手柄拆解，然后将取样手柄通过固定卡扣嵌合在盒盖的内边侧，再将与之拆分的取样器通过固定卡扣嵌合在盒盖的中部即可，分布合理规范，便于使用，并通过分类放置仓放置采样瓶体，不会出错。

第二十一章　便携式可折叠水样
采集桶托运车

本章详细介绍一种便携式可折叠水样采集桶托运车，该装置能够对不同大小的采样桶进行位置限定，可进行快速折叠收纳，使用携带方便，移动稳定。本章从基本概况、设计思路、构造精讲和应用效果四方面对该装置进行详细全面介绍，以方便读者更加深入地了解本装置。

第一节　基本概况

在对江河湖泊水进行放射性监测时，一般需要采集大量的水。水样采集后，从岸边到运输车辆上，用手拎，会十分劳累。而在车辆运输回实验室的路上，因为路途颠簸、汽车刹车加速等原因，采样桶无法固定在一个区域，容易导致采样桶倾倒。若此时采样桶的内盖缺失或者不紧，易导致水样洒出。在日常采样中发现，即使塞紧内盖，在剧烈晃荡的过程中也会有水溢出，导致采样量不够甚至需重新采样。采样时一般会按照 1 L 水加 20 mL 的浓硝酸的比例加入浓硝酸以防止筒壁吸附放射性核素，加酸后水样呈酸性，洒出的水容易腐蚀周围环境，人体接触时也会造成皮肤伤害。

而现在没有一种对采样桶进行拉动的装置，不能对不同大小的采样桶进行位置限定，也不能对装置进行快速折叠收纳，使用和携带不便。

第二节　设计思路

一种便携式可折叠水样采集桶托运车，在采集水样时，携带方便，移动稳定，可以作如下设计：设计两个端板，两个端板相对设置，两个端板的左右两侧分别通过四个折叠板转动连接，端板与折叠板围合形成内部空间。端板的底部设置有支撑杆，端板活动嵌设于支撑杆上，支撑杆的两端均设置有万向轮。两个端板的底侧通过第一底板和第二底板连接，两个端板上设置有拉动机构。两个端板之间和/或相对的两个折叠板之间设置有限位机构，限位机构将内部空间分隔成多个固定槽，用于固定水样采集桶。

限位机构包含多个第一限位槽、多个第一限位板、多个第二限位槽和多个第二限位板，多个第一限位槽开设于端板和折叠板的内壁，第一限位板的两端滑动插设于第一限位槽内。多个第二限位槽开设于第一限位板的两侧，第二限位板的两端滑动插设于第一限位槽和第二限位槽内。拉动机构包含转动块、第一拉杆、两个定位块、第二拉杆和转动杆，转动块与其中一个支撑杆的中部转动穿插连接。第一拉杆的底端与转动块的外壁固定连接，第一拉杆的两侧均与两个定位块的内腔活动卡接。

第二拉杆与其中一个端板的中部滑动穿插连接，转动杆与第二拉杆的顶端转动连接。端板与折叠板之间以及相邻两个折叠板之间均通过卡接机构卡接连接，卡接机构包含滑槽、卡块、压缩弹簧和卡槽，压缩弹簧固定于卡块与滑槽的内壁之间。其中一个端板的一侧设置有储存机构，储存机构包含连接板、储存槽、两个第一储物盒、两个第二储物盒和多个转动盖。连接板与其中一个端板的一侧固定连接，储存槽开设于连接板的上部中间，两个第一储物盒开设于储存槽的两侧，储存槽的内壁设置有海绵垫。

第三节 构造精讲

为了更清楚地说明如何实施，本节结合较佳的实施方案对本装置进行详细描述。所绘制结构、比例、大小等，均仅用以配合本章所揭示的内容，供专业技术人员阅读和参考。

如图 21-1、图 21-2、图 21-3、图 21-4、图 21-5、图 21-6 所示，一种便携式可折叠水样采集桶托运车，包括两个端板 1。两个端板 1 相对的两边侧转动连接有四个折叠板 2，形成内部容纳空间，装置两边侧的四个折叠板 2 转动连接，能够进行折叠，使八个折叠板 2 能稳定地被折叠收纳于两个端板 1 之间。

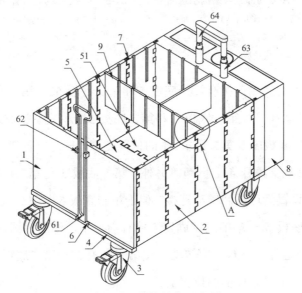

图 21-1 整体结构示意图

1—端板；2—折叠板；3—万向轮；4—支撑杆；5—第一底板；51—第二底板；6—转动块；
61—第一拉杆；62—定位块；63—第二拉杆；64—转动杆；7—卡接机构

端板 1 的底端固定连接有支撑杆 4，便于对端板 1 的位置固定，提高了装置的稳定性。支撑杆 4 的两端均固定连接有万向轮 3，万向轮 3 带有自锁功能，在锁定后，可以起到固定采样桶的作用。

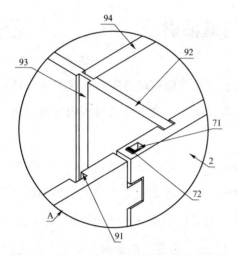

图 21-2 图 21-1 中 A 处局部放大结构示意图
2—折叠板；71—滑槽；72—卡块；91—第一限位
槽；92—第一限位板；93—第二限位槽；
94—第二限位板

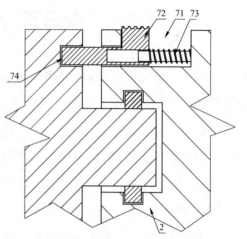

图 21-3 卡接机构正面剖视结构示意图
2—折叠板；71—滑槽；72—卡块；
73—压缩弹簧

两个端板 1 的底端连接有第一底板 5 和第二底板 51。第一底板 5 与第二底板 51 之间转动连接，第一底板 5 和第二底板 51 分别与两个支撑杆 4 活动嵌设，便于第一底板 5 及第二底板 51 的位置支撑，同时方便第一底板 5 和第二底板 51 能够从支撑杆 4 上拆卸。另外，第一底板 5 与第二底板 51 之间的转动连接也可设置为可拆卸转动连接，便于第一底板 5 与第二底板 51 能够相互拆开。第一底板 5 一端的底部固定连接有固定条，便于使第一底板 5 与第二底板 51 只能进行一百八十度转动，使第一底板 5 和第二底板 51 能稳定处于水平状态，便于对采集桶的位置支撑。

端板 1 和折叠板 2 及第一底板 5 和第二底板 51 均为聚乙烯材质，两个端板 1 上设置有拉动机构，便于对装置的拉动。端板 1 和折叠板 2 连接处及相邻两个折叠板 2 之间均设置有卡接机构 7，便于对相邻两个折叠板 2 及端板 1 进行位置限定，使端板 1 和折叠板 2 组成稳定的矩形框架结构。

两个端板 1 之间设置有限位机构 9，便于对采集桶的位置限定。限位机构 9 包含多个第一限位槽 91、多个第一限位板 92、多个第二限位槽 93 和多个第二限位板 94，相邻两个第一限位槽 91 及相邻两个第二限位槽 93 之间的间距为十厘米，便于对不同采集桶进行位置限定。多个第一限位槽 91 开设于端板 1 和折叠板 2 的内壁，多个第二限位槽 93 开设于第一限位板 92 的两侧，第一限位板 92 滑动穿插于两端板 1 上的第一限位槽 91 的内腔，或者滑动穿插于两个折叠板 2 上的第一限位槽 91 的内腔，可初步将装置分隔为两个大空间。第二限位板 94 的两端与第一限位槽 91 和第二限位槽 93 的内腔滑动穿插连接，通过将第二限位板 94 的两端与第一限位槽 91 和第二限位槽 93 的内腔滑动穿插，可进一步将大空间分隔为小空间，使采集桶在第一限位板 2 和第二限位板 94 的位置限定下能稳定在端板 1 和折叠板 2 组成的矩形框架的内腔，提高采集桶运输时的稳定性。

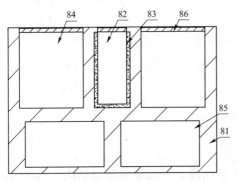

图 21-4　储存机构侧面剖视结构示意图

81—连接板；82—储存槽；83—海绵垫；

84—第一储物盒；85—第二储物盒；86—转动盖

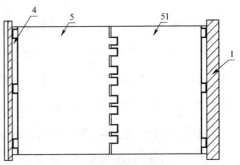

图 21-5　底板俯视结构示意图

1—端板；4—支撑杆；5—第一底板；

51—第二底板

拉动机构包含转动块 6、第一拉杆 61、两个定位块 62、第二拉杆 63 和转动杆 64。转动块 6 为圆柱结构，定位块 62 为 L 型结构，转动块 6 与其中一个支撑杆 4 的中部转动穿插连接，第一拉杆 61 的底端与转动块 6 的外壁固定连接。第一拉杆 61 的两侧均与两个定位块 62 的内腔活动卡接，便于第一拉杆 61 的位置限定。第二拉杆 63 与其中一个端板 1 的中部滑动穿插连接，转动杆 64 与第二拉杆 63 的顶端转动连接，便于转动杆 64 转动至一定角度，使装置的拉动更加便捷。

卡接机构 7 包含滑槽 71、卡块 72、压缩弹簧 73 和卡槽 74，压缩弹簧 73 固定于卡块 72 与滑槽 71 的内壁之间。压缩弹簧 73 伸展状态下，卡块 72 伸入卡槽 74 内，便于通过卡块 72 使端板 1 与折叠板 2 以及相邻折叠板 2 能稳定的进行位置限定，提高装置的稳定性，需要收纳折叠板 2 时只需释放卡接机构 7 即可。

其中一个端板 1 的一侧设置有储存机构 8，储存机构 8 包含连接板 81、储存槽 82、两个第一储物盒 84、两个第二储物盒 85 和多个转动盖 86。储存槽 82 的内壁设置有海绵垫，储存槽 2 为圆形槽。第一储物盒 84 为矩形盒状结构，连接板 81 与其中一个端板 1 的一侧固定连接。储存槽 82 开设于连接板 81 的上部中间，两个第一储物盒 84 开设于储存槽 82 的两侧。第二储物盒 85 开设于连接板 81 的下部，储存槽 82、第一储物盒 84、第二储物盒 85 可进一步设置转动盖 86，便于封闭内部空间。

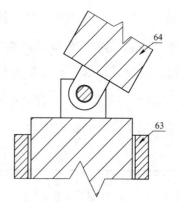

图 21-6 转动杆侧面剖视结构示意图

63—第二拉杆；64—转动杆

使用时，展开折叠板 2，使折叠板 2 与端板 1 组成矩形框架结构。在两端的支撑杆 4 上嵌上第一底板 5 和第二底板 51，通过对第一底板 5 的转动及第二底板 51 的转动，及根据第一底板 5 底端固定条对第二底板 51 的位置限定，使第二底板 51 只能向一个方向转动。第一底板 5 和第二底板 51 稳定的位于两个支撑杆 4 之间，便于对采集桶的位置支撑。根据采集桶的大小，及第一限位槽 91 和第二限位槽 93 的开设，便于对第一限位板 92 和第二限位板 94 的卡接，便于对不同大小的采集桶进行位置限定，使采集桶的位置稳定。通过万向轮 3，便于对装置进行位置移动，通过第一拉杆 61 与第二拉杆 63 及转动杆 64，使装置的拉动更加便捷。通过万向轮 3 的自锁功能，便于对装置的位置固定，使其在位置稳定时不会随意发生位置移动。通过储存槽 82 和第一储物盒 84，便于对移液器进行位置放置，通过两个第二储物盒 85，便于放置移液枪头或放弃废物。

第四节 应用效果

通过巧妙的优化设计，可取得如下应用效果：

1. 利用折叠板与限位机构相配合的设置方式，不用时进行折叠，使用时通过对折叠板的展开及通过第一限位板和第二限位板，便于对不同大小的采集桶进行位置限定，使采集桶的位置更加稳定，同时通过万向轮，便于装置的移动。

2. 通过卡接机构与拉动机构相配合的设置方式，通过卡块与卡槽的滑动穿插，便于对相邻的两个折叠板及端板进行位置限定，使装置的结构更加稳定。通过第一拉杆和第二拉杆，便于对装置的两侧进行拉动，使装置的移动更加方便。

第二十二章　便携式多功能实验箱

本章详细介绍一种便携式多功能实验箱，该装置体积小巧，重量轻，易于随身搬运携带，便于在采集现场进行实验，实用性高。本章从基本概况、设计思路、构造精讲和应用效果四方面对该装置进行详细全面介绍，以方便读者更加深入地了解本装置。

第一节　基本概况

职业卫生检测中，大多数无机非金属化合物的样品，需在几个小时之内完成检测，样品采集后，通常无法在规定时间内送回实验室。因此需要在采样现场完成检测，完成样品检测需携带很多的实验器材，如试剂、耗材等，而且采样现场往往缺少做实验的桌子，目前市面上缺少专门的实验箱可满足上述需求。

第二节　设计思路

一种职业卫生检测用便携式多功能实验箱，用于在采集现场进行实验，可以作如下设计：设计箱体，箱体的内腔设置有泡沫海绵填充物，泡沫海绵填充物上设置有移液枪区、枪头盒区、耗品区、第一试剂瓶区和第二试剂瓶区。其中移液枪区内开设有多个移液枪放置槽，第一试剂瓶区内开设有 2 个 6 cm 直径烧杯槽、1 个 6 cm 直径洗瓶槽和 1 个 6 cm 直径试剂瓶槽，第二试剂瓶区内开设有 6 个 5 cm 直径试剂瓶槽和 2 个 16 cm 直径试剂瓶槽。箱体的内腔还设置有泡沫海绵架，泡沫海绵架上开设有多个试管放置槽，并且泡沫海绵架可拆卸设置在箱体内并能够取出。箱体顶部设置有盖体，盖体的内腔设置有嵌入式泡沫海绵，嵌入式泡沫海绵上设置有实验桌板放置槽和桌腿放置槽，实验桌板放置槽内放置可折叠桌板，桌腿放置槽内放置可伸缩桌腿。

箱体尺寸为长 5 cm、宽 50 cm、高 15 cm，盖体的尺寸为长 50 cm、宽 50 cm、高 6 cm，泡沫海绵填充物尺寸为长 49 cm、宽 49 cm、厚度 12 cm，泡沫海绵架尺寸为长 49 cm、宽 6 cm、厚度 10 cm。移液枪区与枪头盒区同排布置在箱体的一侧，移液枪区尺寸为长 20 cm、宽 15 cm，枪头盒区尺寸为长 29 cm、宽 15 cm、深 10 cm。移液枪放置槽设置有 3 个，尺寸为长 15 cm、宽 3 cm、深 5 cm。耗品区与第一试剂瓶区同排布置在箱体的中部，耗品区尺寸为长 20 cm、宽 8 cm、深 10 cm，第一试剂瓶区长 29 cm、宽 8 cm、深 10 cm。

第二试剂瓶区布置在箱体的中部，尺寸为长 49 cm、宽 20 cm、深 10 cm，并且 6 个 5 cm 直径试剂瓶槽设置在一端，2 个 16 cm 直径试剂瓶槽设置在另一端。试管放置槽以 3×25 设置 75 个，直径均为 1.5 cm、深 8 cm。盖体上设置有盖板，盖板铰接连接于盖体上，并在箱体的正面设置有卡扣。实验桌板放置槽的尺寸为长 40 cm、宽 45 cm、深 2 cm，可折叠桌板的厚度为 1 cm，展开尺寸为长 90 cm、宽 45 cm。可折叠桌板上开设有 4 个螺纹孔，4 个可伸缩桌腿的顶部均设置有螺纹柱，螺纹柱与螺纹孔相适配，可伸缩桌腿的最长延伸长度为 90 cm，最短延伸长度为 45 cm。

第三节　构造精讲

为了更清楚地说明如何实施，本节结合较佳的实施方案对本装置进行详细描述。所绘制结构、比例、大小等，均仅用以配合本章所揭示的内容，供专业技术人员阅读和参考。

如图 22-1、图 22-2、图 22-3、图 22-4 所示，本装置分为箱体 1、盖体 2 和盖板 3 三部分。箱体 1 作为主要收纳区域，用于放置实验仪器等；盖体 2 作为辅助收纳区域，用于放置实验桌等；盖板 3 盖住盖体 2 并能够打开。

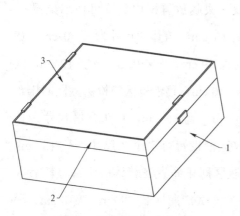

图 22-1　整体结构示意图

1—箱体；2—盖体；3—盖板

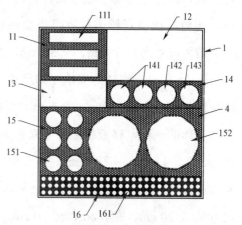

图 22-2　箱体的内部示意图

1—箱体；11—移液枪区；111—移液枪放置槽；

12—枪头盒区；13—耗品区；14—第一试剂瓶区；

141—6 cm 直径烧杯槽；142—6 cm 直径洗瓶槽；

143—6 cm 直径试剂瓶槽；15—第二试剂瓶区；

151—5 cm 直径试剂瓶槽；152—16 cm 直径试剂瓶槽

箱体 1 尺寸为长 50 cm、宽 50 cm、高 15 cm，盖体 2 的尺寸为长 50 cm、宽 50 cm、高 6 cm，这样的尺寸在其内腔进行分区划分能够满足职业卫生检测需求。

箱体 1 的内腔设置有泡沫海绵填充物 4，根据箱体 1 的尺寸，泡沫海绵填充物 4 尺寸为长 49 cm、宽 49 cm、厚度 12 cm，在这样的厚度中开设的放置槽能够满足对实验仪器例如烧杯、试剂瓶等的放置要求。如图 22-2 所示，在泡沫海绵填充物 4 上设置有移液枪区 11、枪头盒区 12、耗品区 13、第一试剂瓶区 14 和第二试剂瓶区 15，移液枪区 11 内开设有多个移液枪放置槽 111。各区划分规则，分别用于放置不同大小、不同功能的实验仪器，分区放置，整齐摆放，拿取方便，互不干扰。

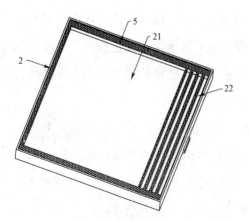

图 22-3　盖体的内部示意图

2—盖体；21—实验桌板放置槽；22—桌腿放置槽；
5—嵌入式泡沫海绵

图 22-4　可折叠桌板的结构示意图

6—可折叠桌板；7—可伸缩桌腿；8—螺纹孔；
9—螺纹柱

下面对各区功能进行详细阐述。

移液枪区 11 与枪头盒区 12 同排布置在箱体 1 的一侧，移液枪区 11 尺寸为长 20 cm、宽 15 cm，枪头盒区 12 尺寸为长 29 cm、宽 15 cm、深 10 cm。移液枪放置槽 111 设置有三个，尺寸为长 15 cm、宽 3 cm、深 5 cm，能够放置三把移液枪，三个移液枪放置槽 111 并行布置。枪头盒区 12 放置枪头盒。移液枪区 11 与枪头盒区 12 同排布置，方便移液枪与枪头的拿取和收纳。

紧邻移液枪区 11 与枪头盒区 12，耗品区 13 与第一试剂瓶区 14 同排布置在箱体 1 的中部，耗品区 13 尺寸为长 20 cm、宽 8 cm、深 10 cm，用于放置枪头、滴管等一次性消耗品。第一试剂瓶区 14 长 29 cm、宽 8 cm、深 10 cm，第一试剂瓶区 14 内开设有 2 个 6 cm 直径烧杯槽 141、1 个 6 cm 直径洗瓶槽 142 和 1 个 6 cm 直径试剂瓶槽 143，分别用于放置 2 个 6 cm 直径烧杯（聚四氟乙烯材质）、1 个 6 cm 直径洗瓶和 1 个 6 cm 直径试剂瓶（聚四氟乙烯材质，螺口，配瓶盖，用于装纯净水）。

紧邻耗品区 13 与第一试剂瓶区 14，设置第二试剂瓶区 15。第二试剂瓶区 15 同样布置在箱体 1 的中部，尺寸为长 49 cm、宽 20 cm、深 10 cm；第二试剂瓶区 15 内开设有 6 个 5 cm 直径试剂瓶槽 151 和 2 个 16 cm 直径试剂瓶槽 152。6 个 5 cm 直径试剂瓶槽 151 设置在一端，以三排两列布设，用于放置 6 个 5 cm 直径试剂瓶；2 个 16 cm 直径试剂瓶槽 152 设置在另一端，呈一排布设，用于放置 2 个 16 cm 直径试剂瓶（5 cm 直径试剂瓶与 16 cm 直径试剂瓶均为聚四氟乙烯材质，螺口，配瓶盖）。

箱体 1 的内腔还设置有泡沫海绵架 16，泡沫海绵架 16 上开设有多个试管放置槽 161，用于放置多组试管。泡沫海绵架 16 尺寸为长 49 cm、宽 6 cm、厚度 10 cm，其上以 3 排 25 列设置有 75 个试管放置槽 161。试管放置槽 161 直径均为 1.5 cm，深 8 cm，能够放置外径为 1.5 cm 比色管 75 支。

泡沫海绵架 16 为一整体，可拆卸设置在箱体 1 内。如此能够放置和取出，便于取用任意一支比色管。

箱体 1 顶部设置有盖体 2，盖体 2 扣合于箱体 1 顶部并能够取下，并在箱体 1 的正面设置有卡扣，盖体 2 一方面扣住箱体 1。另一方面本装置的盖体 2 具有内腔，如图 22-3、图 22-4 所示，盖体 2 的内腔设置有嵌入式泡沫海绵 5。嵌入式泡沫海绵 5 上设置有实验桌板放置槽 21 和桌腿放置槽 22，实验桌板放置槽 21 内放置可折叠桌板 6，桌腿放置槽 22 设置有四条，其内放置四根可伸缩桌腿 7，如此在一个实验箱内即可装载全部的实验仪器及现场实验所必需的实验桌。

在盖体 2 上设置有盖板 3，盖板 3 铰接连接于盖体 2 上，可以一侧打开，同样在箱体 1 的正面设置有卡扣，以在收纳时封闭盖体 2 和箱体 1。

实验桌板放置槽 21 的尺寸为长 40 cm、宽 45 cm、深 2 cm，可折叠桌板 6 的厚度为 1 cm，展开尺寸为长 90 cm、宽 45 cm，桌板 6 表面材质为 3 mm 厚不锈钢，中间空心。

如图 22-4 所示，可折叠桌板 6 上开设有四个螺纹孔 8，四个可伸缩桌腿 7 由多个相互螺纹套接的螺柱组成，从而便于对高度进行调整。顶部均设置有螺纹柱 9，螺纹柱 9 与螺纹孔 8 相适配，可伸缩桌腿 7 的最长延伸长度为 90 cm，最短延伸长度为 45 cm。同时保证调整后的稳定性，可伸缩桌腿 7 的底端设置有塑料垫片。

本装置体积小巧，内部采用泡沫海绵形成各个放置槽，重量轻，便于随身搬运携带，也可进一步配备类似拉杆箱的滑轮和可伸缩拉杆，以便于携带和转移。

使用时，将所用试剂、水、耗材等物品，按照实验箱结构放置在箱体内的不同区域，将实验桌放置在盖体内，带至实验现场。打开盖板，取下盖体，拿出实验桌，打开并装上可伸缩桌腿，变为长 90 cm，宽 45 cm 的实验桌，同时按需取用实验瓶、耗材等物品。

第四节　应用效果

通过巧妙的优化设计，可取得如下应用效果：

1. 通过在箱体的内腔中设置泡沫海绵填充物和泡沫海绵架，泡沫海绵填充物和泡沫海绵架上开设的槽孔对实验所需的耗材、烧杯、试剂瓶等物品进行放置，确保能够一次携带至实验现场，保证在采集现场进行实验的顺利进行，提高了该职业卫生检测用便携式多功能实验箱的实用性。

2. 通过嵌入式泡沫海绵上的实验桌板放置槽对可折叠桌板进行放置，通过桌腿放置槽对可伸缩桌腿进行放置，能够同时携带实验桌。当在采集现场进行实验时，把可折叠桌板取出并进行展开，并把可伸缩桌腿安装在可折叠桌板上组装成实验桌，从而便于在采集现场进行实验，提高了该职业卫生检测用便携式多功能实验箱的实用性。

3. 内部采用泡沫海绵形成各个放置槽，重量轻，便于随身搬运携带。

第二十三章　基于超声波和射线探伤相结合的设备

本章详细介绍一种基于超声波和射线探伤相结合的设备，该装置能够对管路下部的管壁进行气孔、裂纹探测，还可以对管路中、上部的管壁进行裂纹探测，有效避免有害、腐蚀液体在管路上渗漏。本章从基本概况、设计思路、构造精讲和应用效果四方面对该装置进行详细全面介绍，以方便读者更加深入地了解本装置。

第一节　基本概况

目前的探伤设备一般有超声波探伤仪、X 射线探伤仪等，X 射线探伤仪能穿透一般可见光不能穿透的物质，虽然其穿透能力的强弱与 X 射线的波长以及被穿透物质的密度与厚度有关，但总体 X 射线探伤仪探伤灵敏度高，测量准确并且对检测物表面和厚度均没有特别要求，对气孔、掺杂等超标缺陷检测是强项。而超声波探伤仪超声波深探适用于厚度较大的零件检验，对裂纹等超标缺陷检测是强项。目前一些管路的探伤作业一般都采用超声波探伤仪进行探伤，其主要检测为管路上的裂纹，但检测不到管路管壁内的气孔、掺杂。对于一些适用于流通有害液体或腐蚀液体的大管径管路，其有害液体或腐蚀液体往往充满整个管路，往往是在管路的下部流动，所以需要对管路下部的管壁进行探伤，探测管路下部的管壁内是否存在气孔等缺陷。气孔等缺陷在有害、腐蚀液体的腐蚀等作用下会出现漏洞，所以需要一种能对管路下部管壁气孔、裂纹及管路中、上部管壁进行探测裂纹的探伤仪。

第二节 设计思路

一种基于超声波和射线探伤相结合的设备，能对管路下部的管壁进行气孔、裂纹探测，并可以对管路中、上部的管壁进行裂纹探测，可作如下设计：设计射线探伤器、行走机架、射线控制台、超探仪、超声探伤组件、行走组件和蓄电池。射线探伤器包括纵向圆柱形的射线发生器，射线发生器的前端固定连接有射线管。射线管下端的外壁上成型有射线探伤口，射线管两侧的外壁上固定有若干个耳座，耳座上插接固定有纵向的前支撑臂。前支撑臂的后端固定在射线发生器前侧的外壁上。射线发生器的后端固定有若干根纵向的后支撑臂。行走机架包括位于行走机架上侧的两根纵支梁，纵支梁的前、后端伸出射线探伤器固定连接有行走支架。射线控制台和超探仪均固定在纵支梁的前侧，纵支梁的后侧固定有蓄电池，蓄电池与射线控制台之间的纵支梁上固定连接有行走组件，射线控制台前侧的纵支梁上固定连接有超声探伤组件。

超声探伤组件包括圆弧形的支撑杆，支撑杆插套在纵支梁上，支撑杆的两端固定在射线管两侧的外壁上。支撑杆上固定有若干根呈发散状分布的辐杆，辐杆的外端固定连接有超声探头，超声探头通过数据线缆与超探仪相连接。纵支梁之间固定连接有横支梁，横支梁上固定有竖直的支撑柱，支撑柱的上端固定在支撑杆上，射线控制台通过数据线缆与射线探伤器相连接。行走支架包括水平横向的车轴，两组行走支架上的车轴分别固定在前支撑臂的前端和后支撑臂的后端。车轴的两端伸出射线探伤器插接固定有球壳状的行走座，行走座外侧的外壁上成型有开口，行走座的开口内插设有滚珠，滚珠嵌置在行走座内。

车轴两端的行走座上固定连接有等腰梯形状的连接支架，连接支架上固定有若干连接柱，连接柱的上端分别固定在纵支梁的前、后端，纵支梁前、后侧的连接支架分别固定在前支撑臂的前端和后支撑臂的后端。射线控制台靠近后侧的上端面成型有斜台面，射线控制台上的显示器和控制按钮均分布在射线控制台的斜台面上，超探仪固定在斜台面前侧的射线控制台上端面上。蓄电池与射线控制台之间通过电缆相连接，蓄电池上设有电源开关。

行走组件上的超声探头绕支撑杆的中心轴线呈环形均匀分布，超声探头至支撑杆中心轴线的中心距小于滚珠至支撑杆中心轴线的中心距。行走组件包括斜置的行走轮组件、传动组件和张紧组件。行走轮组件包括两根纵向并向后倾斜的连接臂，连接臂的上端之间插设有行走轮，行走轮上插接固定有驱动轴，驱动轴的两端通过轴承连接在连接臂上，连接臂的下端插接有铰接轴，铰接轴的两端插接固定有端座，端座固定在纵支梁的上端面上。传动组件包括从动带轮，驱动轴的一端伸出连接臂插套固定有从动带轮上，从动带轮上插套有第一传动带，从动带轮通过第一传动带连接有第一传动带轮，第一传动带轮上固接有第二传动带轮。第一传动带轮和第二传动带轮均通过轴承连接在铰接轴上。第二传动带轮上插套有第二传动带，第二传动带轮通过第二传动带连接有主动带轮。纵支梁上固定连接有步进电机，主动带轮插套固定在步进电机的转轴上。

张紧组件包括插设在连接臂之间的限位块，连接臂上成型有导向槽，限位块的两端面上成型有导向轴，导向轴插设在连接臂的导向槽内。限位块上插接有 T 型的导向杆，导向杆的下端插接固定在连接座上，连接座的两侧固定在纵支梁上，连接座的下端固定在射线发生器上。导向杆上插套有张紧弹簧，张紧弹簧的两端分别抵靠在限位块和连接座上。连接臂上的导向槽与连接臂相平行，导向槽的槽宽等于导向轴的直径，限位块的两侧侧壁抵靠在连接臂上。步进电机的正下方设有若干竖向的加固板，加固板的两侧固定在纵支梁上，加固板的下端固定在射线发生器上，步进电机通过电缆与蓄电池相电连接。蓄电池至铰接轴的距离小于行走轮至铰接轴的距离，蓄电池前侧的纵支梁上固定连接有信号接发器上。

第三节 构造精讲

为了更清楚地说明如何实施，本节结合较佳的实施方案对本装置进行详细描述。所绘制结构、比例、大小等，均仅用以配合本章所揭示的内容，供专业技术人员阅读和参考。

如图 23-1、图 23-2、图 23-3、图 23-4 所示，一种基于超声波和射线探伤相结合的设备，包括射线探伤器 10、行走机架 20、射线控制台 30、超探仪 40、超声探伤组件 50、行走组件 60 和蓄电池 70。射线探伤器 10 包括纵向圆柱形的射线发生器 11，射线发生器 11 的前端固定连接有射线管 12。射线管 12 下端的外壁上成型有射线探伤口 121，射线管 12 两侧的外壁上固定有若干个耳座 13。耳座 13 上插接固定有纵向的前支撑臂 14，前支撑臂 14 的后端固定在射线发生器 11 前侧的外壁上。射线发生器 11 的后端固定有若干根纵向的后支撑臂 15。行走机架 20 包括位于行走机架 20 上侧的两根纵支梁 21，纵支梁 21 的前、后端伸出射线探伤器 10 固定连接有行走支架 22。射线控制台 30 和超探仪 40 均固定在纵支梁 21 的前侧。纵支梁 21 的后侧固定有蓄电池 70，蓄电池 70 与射线控制台 30 之间的纵支梁 21 上固定连接有行走组件 60，射线控制台 30 前侧的纵支梁 21 上固定连接有超声探伤组件 50。

超声探伤组件 50 包括圆弧形的支撑杆 51，支撑杆 51 插套在纵支梁 21 上，支撑杆 51 的两端固定在射线管 12 两侧的外壁上。支撑杆 51 上固定有若干根呈发散状分布的辐杆 52，辐杆 52 的外端固定连接有超声探头 53，超声探头 53 通过数据线缆与超探仪 40 相连接。纵支梁 21 之间固定连接有横支梁 55，横支梁 55 上固定有竖直的支撑柱 54，支撑柱 54 的上端固定在支撑杆 51 上，射线控制台 30 通过数据线缆与射线探伤器 10 相连接。

行走支架 22 包括水平横向的车轴 221，两组行走支架 22 上的车轴 221 分别固定在前支撑臂 14 的前端和后支撑臂 15 的后端。车轴 221 的两端伸出射线探伤器 10 插接固定有球壳状的行走座 222，行走座 222 外侧的外壁上成型有开口，行走座 222 的开口内插设有滚珠 223，滚珠 223 嵌置在行走座 222 内。车轴 221 两端的行走座 222 上固定连接有等腰梯形状的连接支架 224，连接支架 224 上固定有若干连接柱 225，连接柱 225 的上端分别固定在纵支梁 21 的前、后端，纵支梁 21 前、后侧的连接支架 224 分别固定在前支撑臂 14 的前端和后支撑臂 15 的后端。

射线控制台 30 靠近后侧的上端面成型有斜台面，射线控制台 30 上的显示器和控制按钮均分布在射线控制台 30 的斜台面上，超探仪 40 固定在斜台面前侧的射线控制台 30 上端面上，蓄电池 70 与射线控制台 30 之间通过电缆相连接，蓄电池 70 上设有电源开关。

行走组件 60 上的超声探头 53 绕支撑杆 51 的中心轴线呈环形均匀分布，超声探头 53 至支撑杆 51 中心轴线的中心距小于滚珠 223 至支撑杆 51 中心轴线的中心距。

行走组件 60 包括斜置的行走轮组件 61、传动组件 62 和张紧组件 63。行走轮组件 61 包括两根纵向并向后倾斜的连接臂 611，连接臂 611 的上端之间插设有行走轮 612，行走轮 612 上插接固定有驱动轴 613，驱动轴 613 的两端通过轴承连接在连接臂 611 上。连接臂 611 的下端插接有铰接轴 614，铰接轴 614 的两端插接固定有端座 615，端座 615 固定在纵支梁 21 的上端面上。

传动组件 62 包括从动带轮 621，驱动轴 613 的一端伸出连接臂 611 插套固定有从动带轮 621 上。从动带轮 621 上插套有第一传动带 622，从动带轮 621 通过第一传动带 622 连接有第一传动带轮 623。第一传动带轮 623 上固接有第二传动带轮 624，第一传动带轮 623 和第二传动带轮 624 均通过轴承连接在铰接轴 614 上。第二传动带轮 624 上插套有第二传动带 625，第二传动带轮 624 通过第二传动带 625 连接有主动带轮 626。纵支梁 21 上固定连接有步进电机 627，主动带轮 626 插套固定在步进电机 627 的转轴上。

张紧组件 63 包括插设在连接臂 611 之间的限位块 631，连接臂 611 上成型有导向槽 6111，限位块 631 的两端面上成型有导向轴 6311，导向轴 6311 插设在连接臂 611 的导向槽 6111 内。限位块 631 上插接有 T 型的导向杆 632，导向杆 632 的下端插接固定有连接座 24 上，连接座 24 的两侧固定在纵支梁 21 上，连接座 24 的下端固定在射线发生器 11 上。导向杆 632 上插套有张紧弹簧 633，张紧弹簧 633 的两端分别抵靠在限位块 631 和连接座 24 上。

连接臂 611 上的导向槽 6111 与连接臂 611 相平行，导向槽 6111 的槽宽等于导向轴 6311 的直径，限位块 631 的两侧侧壁抵靠在连接臂 611 上。步进电机 627 的正下方设有若干竖向的加固板 23，加固板 23 的两侧固定在纵支梁 21 上，加固板 23 的下端固定在射线发生器 11 上，步进电机 627 通过电缆与蓄电池 70 相电连接。

蓄电池 70 至铰接轴 614 的距离小于行走轮 612 至铰接轴 614 的距离，蓄电池 70 前侧的纵支梁 21 上固定连接有信号接发器 80 上。

工作原理：本发明为基于超声波和射线探伤相结合的设备，其设备的技术点在 X 射线探伤机和超声波探伤仪结合固定在一个行走机架 20 上，行走机架 20 利用行走组件 60 可以在管路内移动。行走机架 20 上设有两组行走支架 22，行走支架 22 上的滚珠 223 与管路下部的内壁相接触。行走组件 60 上行走轮组件 61 内的行走轮 612 抵靠在管路顶部的内壁上，由步进电机 627 通过皮带传动实现行走轮 612 转动，进而驱使设备的移动。

行走机架 20 上的射线探伤器 10 的射线探伤口 121 朝下，并且行走机架 20 上采用的为滚珠 223，而非滚轮。滚珠 223 在设备重力的作用下实现水平移动，而射线探伤口 121 会朝向管路正下方的内壁，利用射线探伤器 10 可以探测管路下部管壁内的气孔、裂纹。

在射线管 12 上侧设有环形分布的多个超声探头 53，多个超声探头 53 正对管路中、上部的管壁，所以就可以利用超探仪 40 探测管路中、上部管壁上的裂纹，不需要探测气孔。

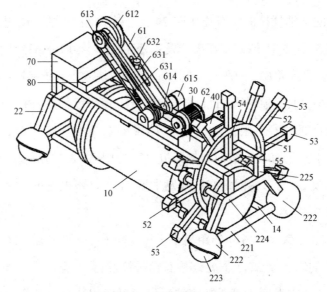

图 23-1 立体的结构示意图

10—射线探伤器；14 前支撑臂；22—行走支架；30—射线控制台；40—超探仪；51—支撑杆；

52—辐杆；53—超声探头；54—支撑柱；55—横支梁；61—行走轮组件；62—传动组件；

63—张紧组件；70—蓄电池；80—信号接发器

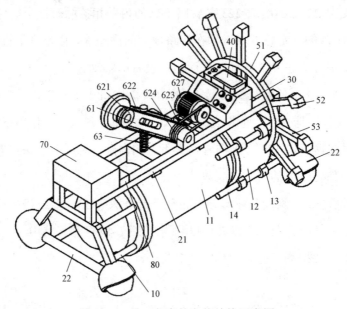

图 23-2 另一角度的立体结构示意图

10—射线探伤器；11—射线发生器；12—射线管；13—耳座；14 前支撑臂；21—纵支梁；

22—行走支架；30—射线控制台；40—超探仪；51—支撑杆；52—辐杆；52—辐杆；53—超声探头；

61—行走轮组件；62—传动组件；63—张紧组件；70—蓄电池；80—信号接发器

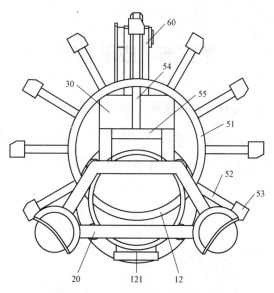

图 23-3 正视的结构示意图

12—射线管；121—射线探伤口；20—行走机架；30—射线控制台；51—支撑杆；

52—辐杆；52—辐杆；53—超声探头；54—支撑柱；55—横支梁；60—横支梁

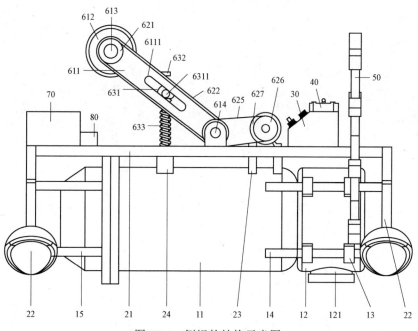

图 23-4 侧视的结构示意图

10—射线探伤器；11—射线发生器；12—射线管；121—射线探伤口；13—耳座；14 前支撑臂；

15—后支撑臂；21—纵支梁；22—行走支架；23—加固板；30—射线控制台；40—超探仪；

50—超声探伤组件；61—行走轮组件；62—传动组件；63—张紧组件；70—蓄电池；80—信号接发器

第四节　应用效果

通过巧妙的优化设计，可取得如下应用效果：

该装置能对管路下部的管壁进行探测气孔、裂纹，并可以对管路中、上部的管壁进行探测裂纹，进而避免有害、腐蚀液体在管路上渗漏。

第二十四章　口腔锥形束
CT 机性能检测模体

本章详细介绍一种口腔锥形束 CT 机性能检测模体，该装置具有超高的空间分辨率，操作简单，易携带，集多个检测模块于一体，造价成本低。本章从基本概况、设计思路、构造精讲和应用效果四方面对该装置进行详细全面介绍，以方便读者更加深入地了解本装置。

第一节　基本概况

口腔锥形束 CT 用于口腔诊断，其具有超高的空间分辨率，较低的辐射量，是一种较为先进的 X 射线成像设备。因此目前市面上使用的都是单独独立的模块检测模体，这样会造成成本较大，给医疗机构带来较大负担，也不利于大面积推广。

第二节　设计思路

一种口腔锥形束 CT 机性能检测模体，集多个检测模块于一体的 X 射线成像设备，可以作如下设计：设计主体，主体的一侧表面嵌设有均匀性测试模块，该侧表面左上角嵌设有高对比分辨力测试模块，高对比分辨力测试模块中间为铝制测试卡，且按照线对值排布由上至下依次为 2.0 lp/mm、1.7 lp/mm、1.3 lp/mm 和 1.0 lp/mm 共计四个线对。左下角 5 mm 深处嵌设有测距模块，右上角嵌设有气泡水平仪，右下角嵌设有低对比分辨力测试模块，由轴向设置且直径依次为 1 mm、2 mm、3 mm、4 mm 和 5 mm 的圆柱体构成。

主体边长为 160 mm，厚 20 mm，并由 PMMA 材料制成。高对比分辨力测试模块的相对厚度为 3～5 mm。圆柱体长度为 20 mm，由 LDPE 材质制成。测距模块为不锈钢尺，表面依次设有 5 mm、10 mm、15 mm、20 mm、25 mm、30 mm 的距离指示标记，气泡水平仪的直径为 30 mm。

第三节　构造精讲

为了更清楚地说明如何实施，本节结合较佳的实施方案对本装置进行详细描述。所绘制结构、比例、大小等，均仅用以配合本章所揭示的内容，供专业技术人员阅读和参考。

如图 24-1、图 24-2、图 24-3 所示，一种口腔锥形束 CT 机性能检测模体，包括主体 1，主体 1 的一侧表面嵌设有均匀性测试模块 4，通过设置设备常用成人扫描条件曝光，形成口腔锥形束 CT 性能模体轴向图像。在图像里选取五个 ROI（感兴趣区），其中一个居于图像中心，其他四个位于图像中心与四边的中点位置，每个 ROI 面积约为图像面积的 5%。计算五个 ROI 像素的平均值，每个 ROI 的像素值与平均值作比较，计算均匀性偏差。该侧表面左上角嵌设有高对比分辨力测试模块 2，高对比分辨力测试模块 2 中间为铝制测试卡，且按照线对值排布由上至下依次为 2.0 lp/mm、1.7 lp/mm、1.3 lp/mm 和 1.0 lp/mm 共计四个线对。按照检测指标"影像均匀性"的方式获取轴向图像，在显示器上读取，观察可分辨最清晰的线对组数。左下角 5 mm 深处嵌设有测距模块 6，按照检测指标"影像均匀性"的方式获取轴向图像，用测距工具对轴向上不小于 2 cm 的影像进行测距，与真实长度比较，计算测距绝对误差。右上角嵌设有气泡水平仪 3，用于测量时确保整个模体处于水平位置。右下角嵌设有低对比分辨力测试模块 5，由轴向设置且直径依次为 1 mm、2 mm、3 mm、4 mm 和 5 mm 的圆柱体构成。按照检测指标"影像均匀性"的方式获取轴向图像，在显示器上读取，观察可分辨的最小低对比细节。

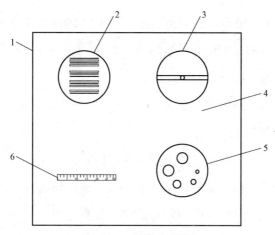

图 24-1 整体主视图

1—主体；2—高对比分辨力测试模块；3—气泡水平仪；4—均匀性测试模块；

5—低对比分辨力测试模块；6—测距模块

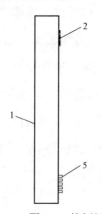

图 24-2 图 24-1 的侧视图

1—主体；2—高对比分辨力测试模块；5—低对比分辨力测试模块

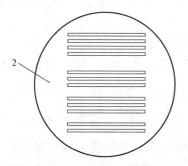

图 24-3 高对比分辨力测试模块的放大图

2—高对比分辨力测试模块

主体 1 边长为 160 mm，厚 20 mm，并由 PMMA 材料制成。

高对比分辨力测试模块 2 的线对厚度为 3～5 mm。

圆柱体长度为 20 mm，由 LDPE 材质制成。

测距模块 6 为不锈钢尺，表面依次设有 5 mm、10 mm、15 mm、20 mm、25 mm、30 mm 的距离指示标记。

具体工作时，首先设置设备常用成人扫描条件曝光，形成口腔锥形束 CT 性能模体轴向图像。在图像里选取五个 ROI（感兴趣区），其中一个居于图像中心，其他四个位于图像中心与四边的中点位置。每个 ROI 面积约为图像面积的 5%，计算五个 ROI 像素的平均值，每个 ROI 的像素值与平均值作比较，计算均匀性偏差。

高对比分辨力测试模块 2 按照检测指标"影像均匀性"的方式获取轴向图像，在显示器上读取，观察可分辨最清晰的线对组数。

低对比分辨力测试模块 5 按照检测指标"影像均匀性"的方式获取轴向图像，在显示器上读取，观察可分辨的最小低对比细节。

测距模块 6 按照检测指标"影像均匀性"的方式获取轴向图像，用测距工具对轴向上不小于 2 cm 的影像进行测距，与真实长度比较，计算测距绝对误差。

第四节　应用效果

通过巧妙的优化设计，可取得如下应用效果：

通过将几大模块集成于一体，并且通过设置测距模块来测量按照检测指标"影像均匀性"的方式获取轴向图像。用测距工具对轴向上不小于 2 cm 的影像进行测距，与真实长度比较，计算测距绝对误差。通过设置气泡水平仪用于测量时确保整个模体处于水平位置，减小误差。

第二十五章　测量高、低对比度分辨力的工具

本章详细介绍一种测量高、低对比度分辨力的工具，该装置克服了现有技术的不足，能同时用于高、低对比度分辨力的测试。本章从基本概况、设计思路、构造精讲和应用效果四方面对该装置进行详细全面介绍，以方便读者更加深入地了解本装置。

第一节　基本概况

高、低对比度分辨力是评价医用诊断 X 射线影像设备质量的关键技术指标之一，是影像设备分辨与背景物质呈低对比度的物体的能力。而目前专用于医用诊断 X 射线影像设备的对比度分辨力的检测工具包括两种：一种是低对比度分辨力测试板，另一种是高对比度分辨力测试板。两者不能联合使用，所以需要设计一种款同时可以用于高、低对比度分辨力的测试工具。

第二节　设计思路

一种测量高、低对比度分辨力的工具，可以作如下设计：设计铝盘，铝盘外侧的上端面成型若干深度不一并呈环形分布的低对比度孔，铝盘的中部成型有矩形的安置槽，安置槽内插接有铅质卡板，铅质卡板上成型有若干道

宽度不一并呈线性分布的高对比度槽。铝盘外侧的低对比度孔分布在内、外两个分度圆上，铝盘上的低对比度孔的深度绕分度圆一圈逐渐递增。铝盘内分度圆上的低对比度孔的深度大于铝盘外分度圆上的低对比度孔的深度。

铅质卡板上的高对比度槽设有两列，同列内的高对比度槽的槽宽从上至下逐渐递减。铅质卡板的上端面和铝盘的上端面相齐平，安置槽每侧侧壁的中部均成型有圆弧形的取卡槽。铝盘上安置槽靠近四角的底面上成型有圆柱形的垫脚，垫脚的上端面上成型有圆锥形的凹槽，垫脚的凹槽内插接有吸盘，吸盘吸持在铅质卡板的下端面上，铅质卡板的下端面抵靠在垫脚上。

垫脚凹槽的底部成型有球形的凹窝，吸盘的下端成型有球形的连接头，吸盘上的连接头嵌置垫脚的凹窝内。铝盘上的低对比度孔绕铝盘的中心轴线呈环形均匀分布，铝盘内分度圆上的低对比度孔的数量等于铝盘外分度圆上的低对比度孔的数量，铅质卡板的长度和宽度分别等于安置槽的长度和宽度。

第三节　构造精讲

为了更清楚地说明如何实施，本节结合较佳的实施方案对本装置进行详细描述。所绘制结构、比例、大小等，均仅用以配合本章所揭示的内容，供专业技术人员阅读和参考。

如图 25-1、图 25-2、图 25-3、图 25-4 所示，一种测量高、低对比度分辨力的工具，包括铝盘 1，铝盘 1 外侧的上端面成型若干深度不一并呈环形分布的低对比度孔 11，铝盘 1 的中部成型有矩形的安置槽 12。安置槽 12 内插接有铅质卡板 2，铅质卡板 2 上成型有若干道宽度不一并呈线性分布的高对比度槽 21。

铝盘 1 外侧的低对比度孔 11 分布在内、外两个分度圆上，铝盘 1 上的低对比度孔 11 的深度绕分度圆一圈逐渐递增。铝盘 1 内分度圆上的低对比度孔 11 的深度大于铝盘 1 外分度圆上的低对比度孔 11 的深度。

铅质卡板 2 上的高对比度槽 21 设有两列，同列内的高对比度槽 21 的槽宽从上至下逐渐递减。

铅质卡板 2 的上端面和铝盘 1 的上端面相齐平，安置槽 12 每侧侧壁的中部均成型有圆弧形的取卡槽 13。

铝盘 1 上安置槽 12 靠近四角的底面上成型有圆柱形的垫脚 14，垫脚 14 的上端面上成型有圆锥形的凹槽，垫脚 14 的凹槽内插接有吸盘 3，吸盘 3 吸持在铅质卡板 2 的下端面上，铅质卡板 2 的下端面抵靠在垫脚 14 上。

垫脚 14 凹槽的底部成型有球形的凹窝，吸盘 3 的下端成型有球形的连接头，吸盘 3 上的连接头嵌置垫脚 14 的凹窝内。

铝盘 1 上的低对比度孔 11 绕铝盘 1 的中心轴线呈环形均匀分布，铝盘 1 内分度圆上的低对比度孔 11 的数量等于铝盘 1 外分度圆上的低对比度孔 11 的数量。铅质卡板 2 的长度和宽度分别等于安置槽 12 的长度和宽度。

工作原理：本装置为高、低对比度分辨力的测试工具，其测试工具是铝盘 1 和铅质卡板 2 结合的一种测试工具。铝盘 1 上设有深度不同的低对比度孔 11，低对比度孔 11 用于低对比度分辨力的测试，铅质卡板 2 上开设有宽度不一的高对比度槽 21，高对比度槽 21 用于高对比度分辨力的测试。

同时，铅质卡板 2 设置在铝盘 1 内，可以通过吸盘 3 吸持方式与铝盘 1 相固接，拿取时铅质卡板 2 就不会从铝盘 1 上分离掉落。而且铝盘 1 和铅质卡板 2 也可以分开使用，铅质卡板 2 也方便从吸盘 3 取下单独使用。

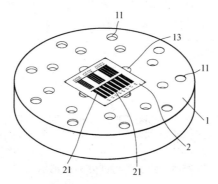

图 25-1　立体的结构示意图

1—铝盘；11—低对比度孔；13—取卡槽；14—垫脚；2—铅质卡板；21—高对比度槽

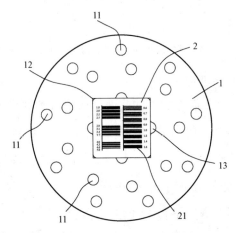

图 25-2　俯视的结构示意图

1—铝盘；11—低对比度孔；12—安置槽；13—取卡槽；2—铅质卡板；21—高对比度槽

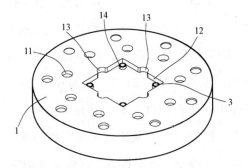

图 25-3　新型铝盘部分的立体结构示意图

1—铝盘；11—低对比度孔；12—安置槽；13—取卡槽；14—垫脚；3—吸盘

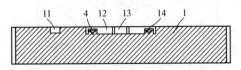

图 25-4　新型铝盘部分的剖视示意图

1—铝盘；11—低对比度孔；12—安置槽；13—取卡槽；14—垫脚

第四节　应用效果

通过巧妙的优化设计，可取得如下应用效果：

本装置采用铝盘作为基底，铝盘的外圈以深度逐渐递增的凹孔作为低对比度分辨力的测试基础。铝盘的中部设置有铅板，铅板上以宽度逐渐递增的线槽作为高对比度分辨力的测试基础，进而能同时用于高、低对比度分辨力的测试。

第二十六章　氡浓度检测固体径迹探测器

本章详细介绍一种氡浓度检测固体径迹探测器，该装置既可以任意设定时间地点等探测信息，也能够远程掌控相关工作信息，具备防护作用。本章从基本概况、设计思路、构造精讲和应用效果四方面对该装置进行详细全面介绍，以方便读者更加深入地了解本装置。

第一节　基本概况

AR 报告中指出，人体处在氡浓度为 $100\ Bq \cdot m^{-3}$ 环境中所致肺癌的超额相对危险因子为 0.16。相比于室内环境存在着数种有害物质（如甲醛、苯等），放射性危害居于首位。举例说明，放射性氡所致肺癌属电离辐射的随机性效应，其发生几率与长期吸入氡及其子体的累积剂量正相关，氡及其子体的照射是非吸烟者诱发肺癌的首位环境病因。研究人员发现，居室内天然辐射照射对人类健康的影响正在逐步显现。为了改变现状，公开号为 CN111551979A 的基于固体核径迹的放射性氡、钍射气子体浓度检测方法，其探测器缺乏防护易导致内部积灰被污染，需要手写相关采集信息，不方便随意更改，不能任意设定时间地点等探测信息，也不方便远程掌控相关工作信息。

第二节　设计思路

一种氡浓度检测固体径迹探测器，能够随意设置及更改相关采样信息可以作如下设计：设计采样盒，采样盒的顶部设有与其螺接的上旋盖，上旋盖内设有进口。进口的一侧通过销轴安装有旋转封盖，进口内设有滤网，滤网的顶部表面固定铺设有滤膜。采样盒的内部安装有支架，支架上铺设有探测径迹片。采样盒的顶部盒口中心处设有摄像头，采样盒的外侧设有数显屏和控制模块，采样盒的底端安装有充电电池，且数显屏和控制模块均与充电电池电连接。

数显屏和控制模块电连接，控制模块包括定位传感器、无线信号发射器、定时器、警报器和总开关。探测径迹片采用 CR39 材料，支架为金属网状，摄像头通过均等间隔安装于采样盒内侧壁上的支撑条支撑固定，摄像头与控制模块电连接。

第三节　构造精讲

为了更清楚地说明如何实施，本节结合较佳的实施方案对本装置进行详细描述。所绘制结构、比例、大小等，均仅用以配合本章所揭示的内容，供专业技术人员阅读和参考。

如图 26-1、图 26-2、图 26-3、图 26-4、图 26-5、图 26-6 所示，一种氡浓度检测固体径迹探测器，包括采样盒 3，采样盒 3 的顶部设有与其螺接的上旋盖 2。上旋盖 2 内设有进口 201，进口 201 的一侧通过销轴安装有旋转封盖 1，可以在未采样时对内部进行密封，防止外部灰尘进入。进口 201 内设有滤网 8，滤网 8 的顶部表面固定铺设有滤膜 7，用于过滤较大颗粒等污染物采样盒 3 的内部安装有支架 10。支架 10 上铺设有探测径迹片 9，用于探测氡径迹。采样盒 3 的顶部盒口中心处设有摄像头 12，朝向下方探测径迹片 9 拍摄用于监控查看探测径迹片 9 的状态。采样盒 3 的外侧设有数显屏 5 和控制模块 6，数显屏 5 用于显示设置相关采集信息，如采样盒 3 编号、采样点位置、布设时间和回收时间等相关信息，以供分析参考。控制模块 6 实现采集探测过程中集中控制，采样盒 3 的底端安装有充电电池 4，且数显屏 5 和控制模块 6 均与充电电池 4 电连接。

数显屏 5 和控制模块 6 电连接，控制模块 6 包括定位传感器、无线信号发射器、定时器、警报器和总开关，定位传感器用于定位采样盒的位置，便于精准布设各个采样盒的位置。无线信号发射器可用于向外部通信设备传送数据信号，定时器可以通过设定采集时间，并配合警报器发出警报起到提醒作用。

探测径迹片 9 采用 CR 39 材料，支架 10 为金属网状，避免阻挡氡的移动影响径迹探测。

摄像头 12 通过均等间隔安装于采样盒 3 内侧壁上的支撑条支撑固定，摄像头 12 与控制模块 6 电连接，通过控制模块 6 传输影像。

具体工作时，先打开总开关并通过控制面板 6 上的定时器分别设定布设时间、回收时间、位置信息和编号，同时摄像头 12 开始工作，然后将旋转封盖 1 旋转打开使进口 201 暴露并进行采样。当到了设定的回收时间时，警报器会发出警报提醒相关人员准时进行回收。采样探测过程中外部设备可通过摄像头 12 查看探测径迹片 9 的状态，探测结束后可通过探测径迹片 9 分析计算出氡浓度。

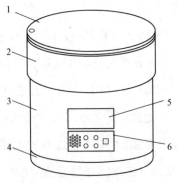

图 26-1　整体结构示意图

1—旋转封盖；2—上旋盖；3—采样盒；4—充电电池；5—数显屏；6—控制模块

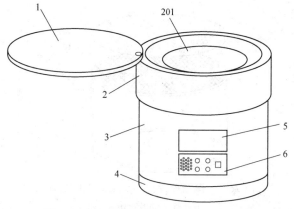

图 26-2 旋转封盖打开时的结构示意图

1—旋转封盖；2—上旋盖；201—进口；3—采样盒；4—充电电池；5—数显屏；6—控制模块

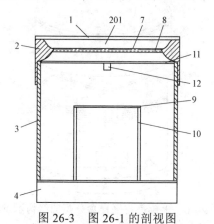

图 26-3 图 26-1 的剖视图

1—旋转封盖；2—上旋盖；201—进口；3—采样盒；4—充电电池；7—滤膜；

8—滤网；9—探测径迹片；10—支架

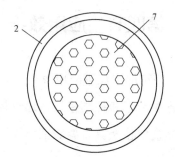

图 26-4 图 26-1 的俯视图

2—上旋盖；7—滤膜

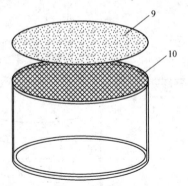

图 26-5 探测径迹片和支架的结构示意图

9—探测径迹片；10—支架

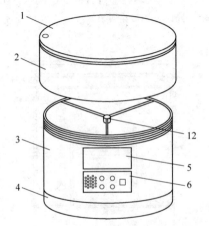

图 26-6 上旋盖与采样盒分离的结构示意图

1—旋转封盖；2—上旋盖；3—采样盒；4—充电电池；5—数显屏；6—控制模块；12—摄像头

第四节　应用效果

通过巧妙的优化设计，可取得如下应用效果：

通过在采样盒上设置显示屏和控制模块，通过控制模块设置相关采集信息数据，并且实现对采样盒定位及具备警报的作用，在摄像头的配合下又具备远程掌控采集信息的作用。

第二十七章　改进型测氡仪用集气罩

本章详细介绍一种改进型测氡仪用集气罩，该装置连接密封效果好，检测时无需再用其与密封材料进行密封，方便检测，适用范围广。本章从基本概况、设计思路、构造精讲和应用效果四方面对该装置进行详细全面介绍，以方便读者更加深入地了解本装置。

第一节　基本概况

测氡仪是用于检测空气、地面或土地中氡含量的仪器，氡析出率是指在单位时间内穿过单位面积的介质表面析出到空气中的氡的活度，测量介质表面的氡析出率是评价天然辐射水平和评价铀矿山退役治理是否合格的重要手段之一。其中，累积法中，是在射气介质的表面扣一个集氡罩，周边用不透气的材料密封，被测介质表面析出的氡被集氡罩收集，罩内氡浓度随时间延长而增加，由此得到氡析出率。

而现有采用的集氡罩可用铰锌铁皮、铝合金或薄钢板等加工制成，其形状可为圆柱体或长方体等。集氡罩的容积一般为几升至 200 L，真空法取样时，集氡罩的高一般为 5～25 cm。集氡罩的容积应比取氧容器大 10 倍以上，如用循环法取样，集氡罩的高可大于 25 cm。

集氡罩的取样口设在罩顶中心处，罩顶一组对角处设气孔，如中国专利申请号为 201110023477.8 的自适应开环式测量氡析出率方法及装置，其采用的就是常规的集氡罩。而现有的连接气管一般是插拔式结构，其直接在插入集氡罩的气孔处的连接管上。还有一些测氡仪中，其连接管上设有连接头，通过连接头与集氡罩的气孔处螺接连接通，使得两者的集氡罩是无法实现通用，适用范围有限。而且现有的集氡罩是直接放置在检测物体的表面，由于其重量有限，其底面与检测物体的表面之间密封效果有限，只能通过在边部用不透气的材料密封，其密封麻烦。

第二节　设计思路

一种改进型测氡仪用集气罩，该装置连接密封效果好，可以作如下设计：设计主罩体，主罩体的侧板的底面成型有向外径向延伸的环形折弯边，主罩体的底面压靠在环形配重块的顶面上。环形配重块的内侧壁的顶面成型有向上延伸的环形凸起圈，环形凸起圈插套在主罩体的下部中，环形凸起圈的外侧壁紧贴主罩体的侧板的底部内侧壁上。

环形配重块的底面的内侧处成型有环形凹槽，弹性密封圈嵌套在环形凹槽中，弹性密封圈的底面成型有环形密封凸起圈。环形凸起圈的外侧壁上成型有外环形槽，侧环形密封圈嵌套在外环形槽中，侧环形密封圈的外侧壁压靠在主罩体的侧板的底部内侧壁上，主罩体的侧板的外侧壁上固定有至少一个握持部。

主罩体的顶板上通接有两个连接套筒，两个连接套筒的上部内侧壁上成型有环形槽，环形槽的上部内侧壁上成型有内螺纹。环形槽的底部处嵌套有密封垫圈，密封垫圈的外侧壁压靠在环形槽的底部内侧壁，密封垫圈的底面压靠在环形槽的底面上。

环形槽的上部内侧壁上螺接有连接头，连接头的底面压靠在对应的密封垫圈的顶面上，连接头的顶面中部成型有向上延伸的连接插接管部。连接插接管部与连接头的中部成型的中心通孔相通，中心通孔与连接套筒相通。

第三节　构造精讲

为了更清楚地说明如何实施，本节结合较佳的实施方案对本装置进行详细描述。所绘制结构、比例、大小等，均仅用以配合本章所揭示的内容，供专业技术人员阅读和参考。

如图 27-1、图 27-2、图 27-3 所示，一种改进型测氡仪用集气罩，包括主罩体 10，主罩体 10 的侧板的底面成型有向外径向延伸的环形折弯边 11，主罩体 10 的底面和环形折弯边 11 的底面压靠在环形配重块 20 的顶面上，环形配重块 20 的内侧壁的顶面成型有向上延伸的环形凸起圈 21。环形凸起圈 21 插套在主罩体 10 的下部中，环形凸起圈 21 的外侧壁紧贴主罩体 10 的侧板的底部内侧壁上。环形凸起圈 21 的外侧壁上成型有外环形槽，侧环形密封圈 3 嵌套在外环形槽中，侧环形密封圈 3 的外侧壁压靠在主罩体 10 的侧板的底部内侧壁上。

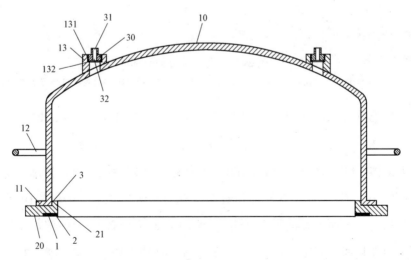

图 27-1　整体局部结构示意图

1—弹性密封圈；2—环形密封凸起圈；3—侧环形密封圈；10—主罩体；11—环形折弯边；12—握持部；
13—连接套筒；20—环形配重块；21—环形凸起圈；30—连接头；31—插接管部；
32—中心通孔；131—环形槽；132—密封垫圈

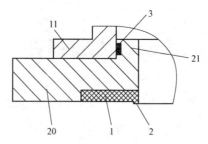

图 27-2　图 27-1 的局部放大图

1—弹性密封圈；2—环形密封凸起圈；3—侧环形密封圈；111—环形折弯边；

20—环形配重块；21—环形凸起圈

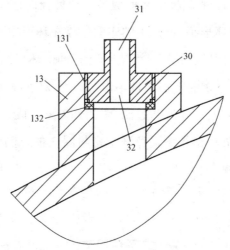

图 27-3　图 27-1 的另一部分的局部放大图

13—连接套筒；30—连接头；31—插接管部；32—中心通孔；131—环形槽；132—密封垫圈

　　环形配重块 20 的底面的内侧处成型有环形凹槽 22，弹性密封圈 1 嵌套在环形凹槽 22 中，弹性密封圈 1 的底面成型有环形密封凸起圈 2。

　　主罩体 10 的左侧和右侧的侧板的外侧壁上均焊接固定有握持部 12，主罩体 10 的顶板为球形面，其左部和右部均成型有竖直通孔。主罩体 10 的顶板的左部和右部顶面均焊接固定有连接套筒 13，连接套筒 13 的中部通孔与对应的竖直通孔相通，两个连接套筒 13 的上部内侧壁上成型有环形槽 131，环形槽 131 的上部内侧壁上成型有内螺纹。

　　环形槽 131 的底部处嵌套有密封垫圈 132，密封垫圈 132 的外侧壁压靠在环形槽 131 的底部内侧壁，密封垫圈 132 的底面压靠在环形槽 131 的底面上。

环形槽 131 的上部内侧壁上螺接有连接头 30，连接头 30 的底面压靠在对应的密封垫圈 132 的顶面上，连接头 30 的顶面中部成型有向上延伸的连接插接管部 31。连接插接管部 31 与连接头 30 的中部成型的中心通孔 32 相通，中心通孔 32 与连接套筒 13 相通。

在使用时，其先将环形配重块 20 放置在需要检测的物体的表面上。由于环形配重块 20 的重量重，增加其压力体，使得环形密封凸起圈 2 变形边紧紧压靠在检测的物体的表面上，其可以根据检测的物体的表面的形状进行变形，保证环形密封凸起圈 2 的底面与检测的物体的表面紧密压靠，实现密封。当检测的物体的表面高低过于不平时（此种为特殊情况下），还是需要在环形配重块 20 的外侧处与检测的物体的表面之间通过不透气的材料进行密封。

将主罩体 10 放置到环形配重块 20 的顶面上，环形凸起圈 21 插套在主罩体 10 的下部中。环形凸起圈 21 的外侧壁紧贴主罩体 10 的侧板的底部内侧壁上，侧环形密封圈 3 的外侧壁压靠在主罩体 10 的侧板的底部内侧壁上，实现密封。

将测试仪的进气管和连接管与主罩体 10 进行连通，当进气管和连接管为插拔式结构时，其只需要将进气管和连接管的端部卡置到对应的连接插接管部 31 上，实现连通。

当进气管和连接管的端部均设有螺接连接头时，其可以将连接套筒 13 上的连接头 30 拆下来，然后将进气管和连接管的端部的进气管和连接管的端部螺接在对应的连接筒 13 上，实现连通即可。其连接效果好，可以满足不同的连接形式，其适用范围广，效果好。

第四节　应用效果

通过巧妙的优化设计，可取得如下应用效果：

1. 可以使用与插拔式的连接管连接，也使用具有连接头的连接管螺接连通，其连接效果好，适用范围广。

2. 其具有的环形配重块，重量重，提高其下压力，配合其底面的弹性密封圈的环形密封凸起圈压靠在检测物体的表面时，提高其密封性，而环形配重块与主罩体连接密封效果好，使得其检测时无需再用其与密封材料进行密封，方便检测。

第二十八章 空间辐射剂量
自动测量机器人

本章详细介绍一种空间辐射剂量自动测量机器人，该装置既能够监测空间范围内物体的辐射剂量水平，还能够灵活控制升降高度以及检测方向，结构设计简单，探测快速准确，克服了现有技术的不足。本章从基本概况、设计思路、构造精讲和应用效果四方面对该装置进行详细全面介绍，以方便读者更加深入地了解本装置。

第一节 基本概况

近年，核医学发展迅速，相关科室数量出现显著性的增长，与 2010 年相比，2020 年全国核医学相关科室数量达到 1148 家，增长 31.2%。目前，开设核素治疗病房的共有 340 家，比 2010 年增加了 102%。核医学日常工作中会产生大量放射性核废液，进而对工作场所产生表面放射性污染。为确定污染物的存在或扩散，并控制它由较高污染区向较低污染区的转移，及测定单位面积上的放射性活度以证实是否超过表面污染控制水平（导出限值），国家相关部门规定，在日常质量控制中应对工作场所的表面污染进行检测。

现有的表面污染自动测量仪，在实际使用过程中质控人员需进入核医学工作场所，近距离接触相关放射性药物，再加上检测位点较多，使得质控人员检测时间较长，进而使质控人员受到辐射较大剂量，不利于实际使用。为了实现远程自动检测，申请人在先提出了一种移动式 α/β 表面污染测量仪，通过主体、驱动组件、移动轮、信号收发器、探测器、升降杆以及探测头，信号收发器在接收主体内部电力进行工作后，工作人员可通过将终端连接信号收发器，并通过终端控制装置。工作人员通过终端控制驱动组件后，移动轮在驱动组件的带动下进行滚动，从而使得机器人可进行移动。机器人可使用远程终端控制进行移动，并通过探测器统一发送至终端内部，而升降杆可控制传感器进行升降，而由于传感器与升降杆的衔接处为活动连接，使得机器人正常在检测时探测器距离地面或者探测物体表面 5 cm 距离处的表面污染水平。

但是，我们发现表面污染检测不仅仅是地面及贴近地面的物体表面，现有自动测量机器人无法进行有一定高度的空间表面污染检测，还是需要人工进行检测，这造成机器人的便利性不足，不利于实际使用。

同时，在现有核技术应用中，国家相关标准规定应对一定高度范围内的 X/γ 辐射剂量进行监测，以确保相关区域内的 X/γ 辐射剂量水平不会对有关人员产生健康危害。现在质控人员在对 X/γ 辐射剂量进行监测时需手持相关检测设备近距离检测，进而导致有关检测人员会受到辐射剂量，对其职业健康造成一定的危害。

第二节　设计思路

一种空间辐射剂量自动测量机器人，可实现快速准确地探测操作，可以做如下设计：设计机器人移动平台、在机器人移动平台上设置有升降机构，在升降机构的升降托板上设置有 X/γ 辐射探测仪和/或空间 α/β 表面污染探测仪、摄像头模组，摄像头模组用于采集空间影像信息。

移动平台主体的底部还设置地面 α/β 表面污染探测仪，用于检测地面的表面污染。地面 α/β 表面污染探测仪贴近地面 5 cm 左右安装，升降托板上还设置有激光测距仪，激光测距仪用于测量与物体表面的距离。X/γ 辐射探测仪、

空间 α/β 表面污染探测仪、激光测距仪和摄像头模组朝向同一方向，X/γ 辐射探测仪、空间 α/β 表面污染探测仪位于激光测距仪的两侧。安装时，空间 α/β 表面污染探测仪相对于 X/γ 辐射探测仪靠前设置，以便于贴近物体检测（通常为 5 cm 左右），X/γ 辐射探测仪的探测距离通常为 30 cm 左右。

机器人移动平台包括移动平台主体，在移动平台主体上端设置有安装面板，升降机构通过一固定框架设置在安装面板。移动平台主体前后两侧分别设置有车轮，对应每一个车轮设置有伺服电机。移动平台主体内设置有控制电路板、电池，控制电路板与电池、升降机构、X/γ 辐射探测仪、空间 α/β 表面污染探测仪、激光测距仪和摄像头模组连接交互。

控制电路板内集成设置有无线通信器件及卫星定位器件，用于远程遥控以及数据交互。升降机构包括升降电机、设置在固定框架上的升降底座，在升降底座两侧分别固定设置有升降立柱，在升降立柱前侧设置有竖直导轨，升降托板通过若干托板支撑板安装在一升降驱动板的前侧。升降驱动板的两侧通过一竖直滑块设置在竖直导轨上，升降驱动板的后侧通过一驱动连接板与一竖直设置的同步带连接，同步带两端分别设置有同步带轮，升降电机通过连接驱动其中一同步带轮。

同步带轮分别通过下端安装板、上端安装板设置在升降立柱竖直两端；升降电机通过一升降电机安装座设在升降底座下侧，升降电机通过一联轴器连接驱动同步带轮。在上端安装板上设置有第一接近开关、在升降底座上设置有第二接近开关，用于感应升降托板在竖直方向的高度。

第三节　构造精讲

为了更清楚地说明如何实施，本节结合较佳的实施方案对本装置进行详细描述。所绘制结构、比例、大小等，均仅用以配合本章所揭示的内容，供专业技术人员阅读和参考。

如图 28-1、图 28-2 所示，一种空间辐射剂量自动测量机器人，包括机器人移动平台、在机器人移动平台上设置有升降机构，在升降机构的升降托板上设置有 X/γ 辐射探测仪和/或空间 α/β 表面污染探测仪、摄像头模组，摄像头模组用于采集空间影像信息。

移动平台主体的底部还设置地面 α/β 表面污染探测仪，用于检测地面的表面污染。具体的，地面 α/β 表面污染探测仪贴近地面 5 cm 左右安装，升降托板上还设置有激光测距仪，激光测距仪用于测量与物体表面的距离。

X/γ 辐射探测仪、空间 α/β 表面污染探测仪、激光测距仪和摄像头模组朝向同一方向，X/γ 辐射探测仪、空间 α/β 表面污染探测仪位于激光测距仪的两侧。安装时，空间 α/β 表面污染探测仪相对于 X/γ 辐射探测仪靠前设置，以便于贴近物体检测（通常为 5 cm 左右），X/γ 辐射探测仪的探测距离通常为 30 cm 左右。

如图 28-3 所示，机器人移动平台包括移动平台主体，在移动平台主体上端设置有安装面板，升降机构通过一固定框架设置在安装面板。移动平台主体前后两侧分别设置有车轮，对应每一个车轮设置有伺服电机。移动平台主体内设置有控制电路板、电池，控制电路板与电池、升降机构、X/γ 辐射探测仪、空间 α/β 表面污染探测仪、激光测距仪和摄像头模组连接交互。

控制电路板内集成设置有无线通信器件以及卫星定位器件，用于远程遥控以及数据交互。在安装面板上还设置有与控制电路板连接的天线、显示按键面板、电源开关以及充电接口。另外，安装面板上还可以设置有线数据接口，用于短距离有线数据交互以及数据传输。

机器人移动平台与现有机器人遥控小车具有相同功能结构，本申请的发明点不属于机器人移动平台本身，机器人移动平台以及远程遥控、无线通信、卫星定位均采用现有市场采购的器件实现。

如图 28-1、图 28-2、图 28-4 所示，升降机构包括升降电机、设置在固定框架上的升降底座，在升降底座两侧分别固定设置有升降立柱。在升降立柱前侧设置有竖直导轨，升降托板通过若干托板支撑板安装在一升降驱动板的前侧。升降驱动板的两侧通过一竖直滑块设置在竖直导轨上，升降驱动板的后侧通过一驱动连接板与一竖直设置的同步带连接，同步带两端分别设置有同步带轮，升降电机通过连接驱动其中一同步带轮。

同步带轮分别通过下端安装板、上端安装板设置在升降立柱竖直两端，升降电机通过一升降电机安装座设在升降底座下侧，升降电机通过一联轴器连接驱动同步带轮。在上端安装板上设置有第一接近开关、在升降底座上设置有第二接近开关，用于感应升降托板在竖直方向的高度。图 28-5、图 28-6、图 28-7 展示了其他三种空间辐射剂量自动测量机器人。

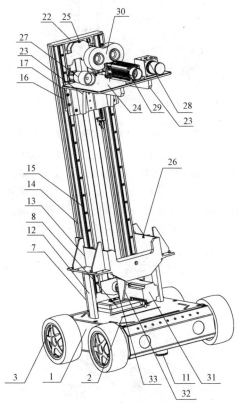

图 28-1 第一种空间辐射剂量自动测量机器人一个视角三维结构

1—移动平台主体；2—安装面板；3—车轮；7—天线；8—显示按键面板；11—地面 α/β 表面污染探测仪；12—固定框架；13—升降底座；14—升降立柱；15—竖直导轨；16—竖直滑块；17—升降驱动板；21—下端安装板；22—上端安装板；23—托板支撑板；24—升降托板；25—第一接近开关；27—X/γ 辐射探测仪；28—空间 α/β 表面污染探测仪；29—激光测距仪；30—摄像头模组；31—升降电机；32—升降电机安装座；33—联轴器

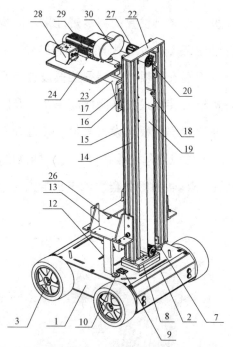

图 28-2　第一种空间辐射剂量自动测量机器人另一个视角三维结构

1—移动平台主体；2—安装面板；3—车轮；7—天线；8—显示按键面板；9—电源开关；10—充电接口；

13—升降底座；14—升降立柱；15—竖直导轨；16—竖直滑块；17—升降驱动板；18—驱动连接板；

19—同步带；20—同步带轮；22—上端安装板；23—托板支撑板；24—升降托板；26—第二接近开关；

27—X/γ 辐射探测仪；28—空间 α/β 表面污染探测仪；29—激光测距仪；30—摄像头模组

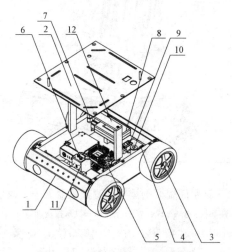

图 28-3　升降机构三维结构图

1—移动平台主体；2—安装面板；3—车轮；4—伺服电机；5—控制电路板；6—电池；7—天线；

8—显示按键面板；9—电源开关；10—充电接口；11—地面 α/β 表面污染探测仪；12—固定框架

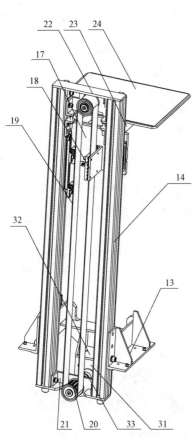

图 28-4 移动平台三维分解结构图

13—升降底座；14—升降立柱；

17—升降驱动板；18—驱动连接板；

19—同步带；20—同步带轮；

21—下端安装板；22—上端安装板；

23—托板支撑板；24—升降托板；

31—升降电机；32—升降电机安装座

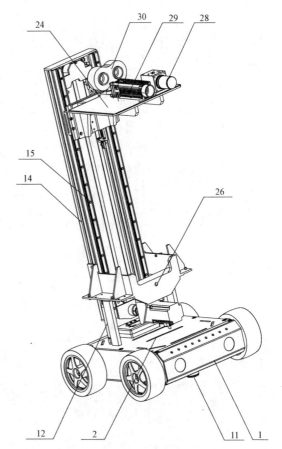

图 28-5 第二种空间辐射剂量自动
测量机器人三维结构图

1—移动平台主体；2—安装面板；

11—地面 α/β 表面污染探测仪；12—固定框架；

14—升降立柱；15—竖直导轨；24—升降托板；

26—第二接近开关；28—空间 α/β 表面污染探测仪；

29—激光测距仪；30—摄像头模组

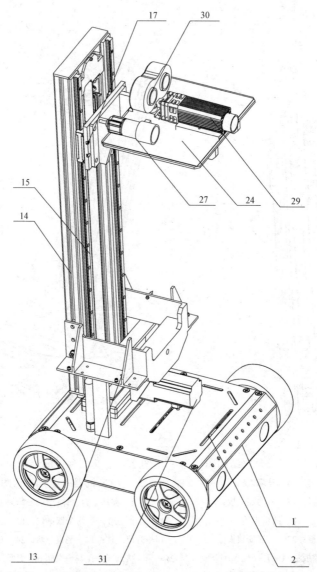

图 28-6　第三种空间辐射剂量自动测量机器人三维结构图

1—移动平台主体；2—安装面板；13—升降底座；14—升降立柱；15—竖直导轨；17—升降驱动板；

24—升降托板；27—X/γ辐射探测仪；29—激光测距仪；30—摄像头模组；31—升降电机

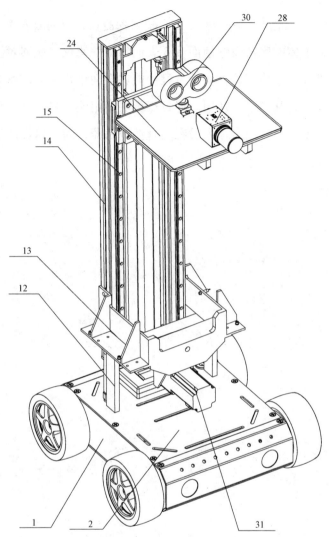

图 28-7　第四种空间辐射剂量自动测量机器人三维结构图

1—移动平台主体；2—安装面板；12—固定框架；13—升降底座；14—升降立柱；

15—竖直导轨；28—空间 α/β 表面污染探测仪；30—摄像头模组；31—升降电机

第四节　应用效果

通过巧妙的优化设计，可取得如下应用效果：

该机器人可使用远程终端控制进行移动，使质控人员不需要进入工作场地就可进行检测。通过升降机构上 X/γ 辐射探测仪、空间 α/β 表面污染探测仪及移动平台主体的底部设置地面 α/β 表面污染探测仪，能够对空间范围内的物体表面进行污染检测，在移动过程中能够全面进行检测，有效缩短质控人员检测时间，有利于实际使用。通过摄像头模组能同步向终端传输测量地的实际地理环境，从而当工作人员在远程控制机器人时，可灵活控制升降高度及检测方向，实现快速准确的探测操作。

第二十九章　辐射剂量测量仪

本章详细介绍一种辐射剂量测量仪，该装置通过一个探测器便可以探测多个检测点的辐射剂量，结构简单，制造成本低，使用成本低。本章从基本概况、设计思路、构造精讲和应用效果四方面对该装置进行详细全面介绍，以方便读者更加深入地了解本装置。

第一节　基本概况

介入放射学设备和近台同室操作的 X 射线透视机属于放射诊疗设备，在使用时会产生大量的 X 射线。在介入放射学设备质量控制检测中，检测人员需要测量术者位处的多个点的辐射剂量，由于检测点较多，使得检测人员检测时间较长，进而使检测人员受到辐射剂量也较大。

为了减小检测人员受到的辐射剂量，相关技术采用了可以远程测量检测点辐射剂量的测量仪。该相关技术的辐射剂量测量仪可以同时测量多个检测点的辐射剂量，但是该相关技术的辐射剂量测量仪结构复杂，需要设置多个探测器，而每个探测器不仅制造成本高，还需要进行年度检定，使用成本也高，这使得相关技术的辐射剂量测量仪的经济成本高。

第二节　设计思路

一种辐射剂量测量仪，可通过一个探测器便可以探测多个检测点的辐射剂量，可以作如下设计：设计传动机构和设置在传动机构上的探测器，传动机构用于与终端设备连接，根据终端设备发送的控制指令驱动探测器进行运动，以使探测器探测不同位置处的辐射剂量，并获得探测数据。

探测器还用于与终端设备连接，并将探测数据发送给终端设备，以使用户通过终端设备接收到的探测数据获知探测数据。传动机构为升降装置，升降装置用于根据终端设备发送的控制指令驱动探测器进行升降，以使探测器探测不同高度位置处的辐射剂量。还包括与探测器连接的无线装置，探测器通过无线装置与终端设备无线连接，通过无线装置向终端设备发送探测数据。

无线装置为 Wi-Fi 模块或蓝牙模块，探测器为半导体探测器或闪烁体探测器。传动机构与终端设备有线连接，传动机构和探测器分别与终端控制装置连接。终端控制装置用于向传动机构发送驱动指令，以使传动机构根据驱动指令驱动探测器进行运动。终端控制装置还用于接收并存储探测器发送的探测数据，终端控制装置为智能终端设备。传动机构与终端控制装置可拆卸连接，探测器通过无线装置与终端控制装置连接。

第三节　构造精讲

为了更清楚地说明如何实施，本节结合较佳的实施方案对本装置进行详细描述。所绘制结构、比例、大小等，均仅用以配合本章所揭示的内容，供专业技术人员阅读和参考。

如图 29-1 所示，一种辐射剂量测量仪，包括传动机构 11 和设置在传动机构 11 上的探测器 12。传动机构 11 用于与终端设备连接，根据终端设备发送的控制指令驱动探测器 12 进行运动，以使探测器 12 探测不同位置处的辐射剂量，并获得探测数据。探测器 12 还用于与终端设备连接，并将探测数据发送给终端设备，以使用户通过终端设备接收到的探测数据获知该探测数据。

传动机构 11 的种类可以是多种，能够根据终端设备发送的控制指令驱动探测器 12 进行运动即可，例如，传动机构 11 可以是现有技术中能够驱动探

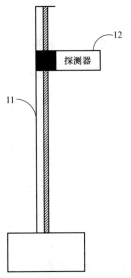

图 29-1　装置结构示意图

11—传动机构；12—探测器

测器 12 进行三维运动的传动机构，也可以是现有技术中能够驱动探测器 12 进行二维运动的传动机构。探测器 12 为现有技术中的探测器，本申请未对探测器 12 的结构进行改进，终端设备可以是现有技术中的智能终端设备（如电脑）。探测器 12 可以设置在传动机构 11 的滑块上，传动机构 11 通过控制滑块移动来驱动探测器 12 进行运动。

　　传动机构 11 和探测器 12 放置在探测室内，且分别与探测室外的终端设备连接。终端设备可根据用户的控制操作向传动机构 11 发送对应的控制指令，传动机构 11 接收到该控制指令后，可以根据该控制指令控制其滑块进行运动。由于探测器 12 与滑块固定连接，使得探测器 12 在滑块的带动下进行运动，使得用户能够通过操作终端设备远程控制探测器检测不同检测点的辐射剂量。探测器 12 获取到探测数据后，还用于将探测数据发送给与其连接的终端设备，终端设备可以将接收到的探测数据进行显示，以使检测人员可以通过终端设备显示出的探测数据获知该探测数据的具体数据信息。

　　由于传动机构 11 可以根据终端设备发送的控制指令驱动探测器进行运动，使得用户可以通过操作终端设备来控制探测器 12 探测不同检测点处的辐射剂量，使本申请的辐射剂量测量仪可以只设置一个探测器便可以探测多个检测点的辐射剂量。由于本申请的辐射剂量测量仪只设置有一个探测器，所以本申请的辐射剂量测量仪结构更简单，制造成本更低。且本申请的辐射剂量测量仪每年只需要将一台探测器送至相关部门进行年度检定，降低了检定费用，使得本申请的辐射剂量测量仪使用成本较低。

传动机构 11 可以为升降装置，升降装置用于根据终端设备发送的控制指令驱动探测器 12 进行升降，以使探测器 12 探测不同高度位置处的辐射剂量。

如图 29-2 所示，该升降装置包括控制器 21、驱动结构 22、转轴 23、滑块 24、底座 25 和侧板 26。控制器 21 与驱动结构 22 电连接，驱动结构 22 与转轴 23 机械连接，滑块 24 设置在转轴 24 上，且可以沿转轴 24 移动。底座 25 为内部中空结构，控制器 21 和驱动结构 22 设置在底座 25 内部，底座 25 用于使该升降装置保持稳定状态。侧板 26 与底座 25 机械连接，用于防止滑块 24 绕转轴 23 转动。

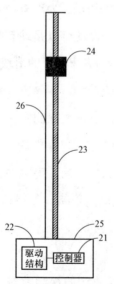

图 29-2　升降装置的结构示意图

21—控制器；22—驱动结构；23—转轴；24—滑块；25—底座；26—侧板

驱动结构 22 由步进电机驱动器和步进电机组成，步进电机驱动器分别与控制器 21 和步进电机电连接，用于根据控制器 21 发送的控制指令控制步进电机的工作状态。步进电机与转轴 23 机械连接，用于控制转轴 23 的转动状态。当转轴 23 进行转动时，可带动滑块 24 向与转轴 23 转动方向对应的方向移动，探测器 12 固定在滑块 24 上。当滑块 24 沿转轴 23 移动时，探测器 12 在滑块 24 的带动下进行移动。

在具体的应用过程中，控制器 21 与终端设备连接。终端设备根据用户的升降操作生成对应的升降控制指令，并将该升降控制指令发送给控制器 21。控制器 21 接收到该升降控制指令后，根据该升降控制指令向步进电机驱动器发送对应的电脉冲信号，步进电机驱动器根据该电脉冲信号驱动步进电机运行。当步进电机启动后，与步进电机机械连接的转轴 23 进行对应转动，嵌套在转轴上的滑块 24 在转轴 23 的带动下开始沿转轴 23 滑动。由于探测器 12 固定在滑块 24 上，所以探测器 12 在滑块 24 的带动下开始移动。

还包括与探测器 12 连接的无线装置，探测器 12 通过该无线装置与终端设备无线连接，通过无线装置向终端设备发送探测数据。由于无线连接不需要连接线，所以简化了本申请的辐射剂量测量仪的线路结构，在一定程度上避免了检测人员因踩踏线路等意外情况而受伤或使测量仪发生故障的情况发生，提高了本申请的辐射剂量测量仪的安全性。

无线装置的种类可以是多种，能够实现探测器 12 与终端设备进行无线通信即可。在一个具体的例子中，无线装置可以是现有技术的 Wi-Fi 模块。由于只要环境中存在 Wi-Fi 信号，探测器 12 便可以通过 Wi-Fi 模块与终端设备进行无线通信，使得探测器 12 和终端设备之间的通信距离可以是任意距离。

无线装置可以是现有技术中的蓝牙模块，由于蓝牙模块进行信号传输时不需要周围环境中存在通信信号，对周围环境要求较低，可以使得探测器 12 在周围环境中不存在通信信号时也可以与终端设备进行无线通信，扩大了本申请的辐射剂量测量仪的使用范围。

探测器 12 为半导体探测器或闪烁体探测器，传动机构 11 与终端设备有线连接。具体的有线连接方式与传动机构 11 的型号对应，属于现有技术，本申请不再赘述。

如图 29-3 所示，本申请的辐射剂量测量仪还包括终端控制装置 31。传动机构 11 和探测器 12 分别与终端控制装置 31 连接，终端控制装置 31 用于向传动机构 11 发送驱动指令，以使传动机构 11 根据驱动指令驱动探测器 12 进行运动，终端控制装置 31 还用于接收并存储探测器 12 发送的探测数据。

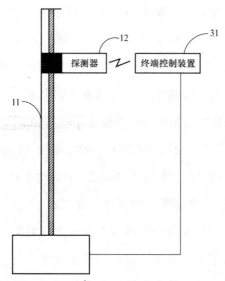

图 29-3　另一种辐射剂量测量仪的结构示意图

11—传动机构；12—探测器；终端控制装置

终端控制装置 31 的种类可以是多种，能够向传动机构 11 发送驱动指令，以使传动机构 11 根据驱动指令驱动探测器 12 进行运动，以及能够接收并存储探测器 12 发送的探测数据即可。例如，终端控制装置 31 可以是现有技术中的电脑等智能终端设备。

传动机构 11 与终端控制装置 31 通过现有技术的通信线连接，且通信线与终端设备可拆卸连接，探测器 12 通过无线装置与终端控制装置 31 连接。

第四节　应用效果

通过巧妙的优化设计，可取得如下应用效果：

由于传动机构可以根据终端设备发送的控制指令驱动探测器进行运动，

使得用户可以通过操作终端设备来控制探测器探测不同检测点处的辐射剂量，使本申请的辐射剂量测量仪可以只设置一个探测器便可以探测多个检测点的辐射剂量。由于本申请的辐射剂量测量仪只设置有一个探测器，所以本申请的辐射剂量测量仪结构更简单，制造成本更低。且本申请的辐射剂量测量仪每年只需要将一台探测器送至相关部门进行年度检定，降低了检定费用，使得本申请的辐射剂量测量仪使用成本较低。

第三十章　固定装置和采样装置

本章详细介绍一种固定装置和采样装置，该装置能够固定采样器和采样泵的位置，提高了采样装置的工作稳定性，安全效果较好。本章从基本概况、设计思路、构造精讲和应用效果四方面对该装置进行详细全面介绍，以方便读者更加深入地了解本装置。

第一节　基本概况

随着经济社会的发展，越来越多的现代建筑开始采用集中空调通风系统来改善公共场所的舒适度。然而，集中空调通风系统在给人们带来舒适便利的同时也可能带来生物安全问题。为避免生物安全问题的发生需要定期给集中空调通风系统采样，以检测其内部的卫生情况。

采样装置包括三脚架、支撑板、采样泵和采样器。采样泵和采样器放置于支撑板上，支撑板安装于三脚架的顶端。使用时调节好三脚架的高度使采样泵和采样器位于集中空调通风系统的送风口处。由于集中空调送风口距地面较高，一般在 2 m 以上，现有的采样装置工作稳定性较差，使用过程中可能出现采样器和采样泵移位甚至掉落，具有安全隐患。

第二节　设计思路

本装置提供了一种固定装置，固定装置用于固定采样泵和采样器，固定装置包括支架和支撑板。支撑板设于支架的顶端，支撑板设有第一凹槽和第二凹槽，第一凹槽用于容置采样泵，第二凹槽用于容置采样器。

第一凹槽设有多个，各采样泵分别容置于各第一凹槽内，第二凹槽设有多个，各采样器分别容置于各第二凹槽内。各第一凹槽在支撑板上沿第一方向间隔分布，各第二凹槽在支撑板上沿第一方向间隔分布，并与各第一凹槽一一对应设置。

各第一凹槽在支撑板间隔分布，并呈波浪状，各第二凹槽在支撑板上间隔分布，并与各第一凹槽一一对应设置。支撑板上设有多个凸部，各凸部分别设置有第一凹槽或第二凹槽。第一凹槽呈长方形，第二凹槽呈圆形。固定装置还包括多个减震片，减震片为橡胶材质制成的结构件，各减震片分别设于第一凹槽和第二凹槽的槽底。

支架包括固定杆和伸缩杆，固定杆设有柱孔，伸缩杆的一端插设于柱孔，且与柱孔的孔壁卡合连接，另一端与支撑板的底部相连。支架包括第一架、第二架和第三架，第一架的顶部、第二架的顶部和第三架的顶部相连接，第一架、第二架和第三架均与地面呈同一夹角设置。

第二方面，本装置还提供了一种采样装置，采样装置包括软管、采样泵、采样器和上述任一实施例的固定装置。采样泵容置于第一凹槽内，采样器容置于第二凹槽内，软管连接采样泵和采样器，采样泵驱动采样器采集空调送风口处的微生物。

第三节　构造精讲

为了更清楚地说明如何实施，本节结合较佳的实施方案对本装置进行详细描述。所绘制结构、比例、大小等，均仅用以配合本章所揭示的内容，供专业技术人员阅读和参考。

如图 30-1、图 30-2、图 30-3、图 30-4、图 30-5、图 30-6 所示，一种固定装置，包括支架 200 和支撑板 100。支撑板 100 设于支架 200 的顶端，支撑板

100 设有第一凹槽 110 和第二凹槽 120，第一凹槽 110 用于容置采样泵，第二凹槽 120 用于容置采样器。

支撑板 100 上设有第一凹槽 110 和第二凹槽 120，第一凹槽 110 用于容置采样泵，第二凹槽 120 用于容置采样器。第一凹槽 110 和第二凹槽 120 的设置可以将采样器和采样泵牢牢的限位，避免出现因采样泵内的电机在采样过程中振动而致使采样器和采样泵移位甚至掉落至地面的情况，保证采样装置在采样过程中零部件不移位甚至不掉落，提高了采样装置的工作稳定性，安全效果较好。

支架 200 和支撑板 100 可拆卸连接，优选支架 200 与支撑板 100 螺纹连接。当支架 200 与支撑板 100 中的一个损坏，便于拆卸换新，无需整体更换，节约资源。当然，在其他实施例中，支架 200 与支撑板 100 一体成型，便于加工制造。

如图 30-2、图 30-3、图 30-4 所示，第一凹槽 110 设有多个，各采样泵分别容置于各第一凹槽 110 内，第二凹槽 120 设有多个，各采样器分别容置于各第二凹槽 120 内。在本实施例中，第一凹槽 110 和第二凹槽 120 均设有三个。当然，在其他实施例中，第一凹槽 110 和第二凹槽 120 均可设有两个、四个或者更多，第一凹槽 110 和第二凹槽 120 的数量可根据采样装置需要一次采集微生物的种类来调整。

一般来说空调的送风口距离地面至少两米，若采样装置一次只能采集一种微生物，而用户还需要收集多种微生物情况以全面评估空调内部的卫生状况，就需要用户多次攀爬梯子取放支撑板 100 上的采样器，分批次得到空调出风口处不同微生物的数据。这不仅提高了用户的劳动强度，还存在用户从梯子上跌落下来的风险隐患。

使用时，各采样泵分别容置于各第一凹槽 110 内，各采样器分别容置于各第二凹槽 120 内。各采样泵和各采样器通过各软管连通，各采样泵驱动各采样器采集空调送风口处的各微生物，提高了采样效率，保障人身安全。

采样器为六级筛孔空气撞击式采样器，要采集的微生物分别为细菌、真

菌和 β-溶血性链球菌。

支撑板 100 上设有多个标识，并与各第一凹槽 110 和各第二凹槽 120 一一对应设置，从而便于用户识别采样器所采集的微生物种类。该标识可选为图案、数字、英文字母和符号中的一个或多个。例如，各第一凹槽 110 可分别标识为 A1、A2 和 A3，各第二凹槽 120 可分别标识为 B1、B2 和 B3。设于 A1 第一凹槽 110 内的采样泵与设于 B1 第二凹槽 120 内的采样器通过软管相连通，以采集第一种微生物；设于 A2 第一凹槽 110 内的采样泵与设于 B2 第二凹槽 120 内的采样器通过软管相连通，以采集第二种微生物；设于 A3 第一凹槽 110 内的采样泵与设于 B3 第二凹槽 120 内的采样器通过软管相连通，以采集第三种微生物。

如图 30-2 至图 30-4 所示，在一些实例中各第一凹槽 110 在支撑板 100 上沿第一方向间隔分布，各第二凹槽 120 在支撑板 100 上沿第一方向间隔分布，并与各第一凹槽 110 一一对应设置。使用时，将各采样泵和采样器分别沿第一方向依次装入各第一凹槽 110 和第二凹槽 120 内。

在其他实施例中，各第一凹槽 110 在支撑板 100 间隔分布，并呈波浪状，各第二凹槽 120 在支撑板 100 上间隔分布，并与各第一凹槽 110 一一对应设置，便于支撑板 100 上设有更多的凹槽。各第一凹槽 110 和/或各第二凹槽 120 在支撑板 100 上的间隔距离不做具体限定，可根据支撑板 100 的尺寸和采样装置一次要收集微生物的种类来调整。

如图 30-1、图 30-5 和图 30-6 所示，支撑板 100 上设有多个凸部 130，各凸部 130 分别设置有第一凹槽 110 或第二凹槽 120。现有技术的支撑板 100 较薄，若直接在支撑板 100 上开槽，容易影响支撑板 100 的强度；而把支撑板 100 整体加厚再开槽，较重的支撑板 100 能给支架 200 带来较大的负荷，影响支架 200 的结构稳定性。因此，本实施例的固定装置选择只在预先设计好的开槽处局部加厚支撑板 100，最大程度上降低支撑板 100 给支架 200 带来的负荷，凸部 130 可与支撑板 100 胶接连接或螺钉连接。

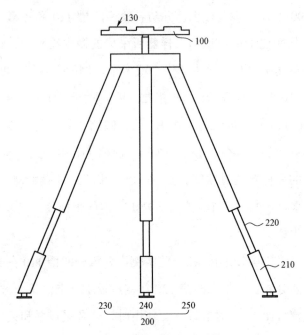

图 30-1　固定装置的示意图

100—支撑板；130—凸部；200—支架；210—固定杆；220—伸缩杆；

230—第一架；240—第二架；250—第三架

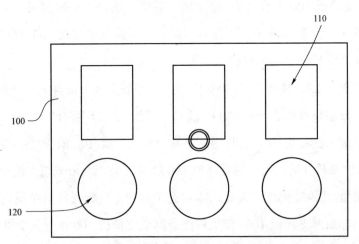

图 30-2　图 30-1 所示固定装置中支撑板的示意图

101—支撑板；110—第一凹槽；120—第二凹槽

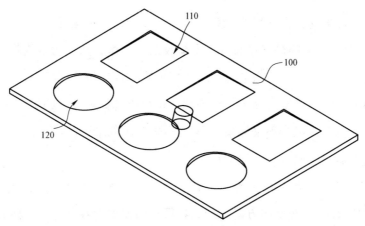

图 30-3　图 30-2 所示支撑板另一视角的示意图

100—支撑板；110—第一凹槽；120—第二凹槽

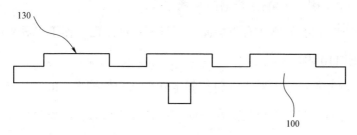

图 30-4　图 30-2 所示支撑板的主视图

100—支撑板；130—凸部

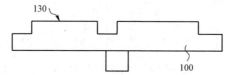

图 30-5　图 30-2 所示支撑板的侧视图

100—支撑板；130—凸部

　　第一凹槽 110 呈长方形以适配采样泵的尺寸，第一凹槽 110 的大小为 24 cm×10 cm×3 cm，第二凹槽 120 呈圆形以适配采样器的尺寸，第二凹槽 120 的直径为 12 cm，高度为 3 cm。

　　固定装置还包括多个减震片，减震片为橡胶材质制成的结构件，各减震片分别设于第一凹槽 110 和第二凹槽 120 的槽底。采样装置在采样时，采样泵内的电机会振动，因而能够带动与之相连的采样器晃动。减震片的设置降低了采样泵的振动，保证采样泵和采样器可以较为平稳运行。

第一凹槽 110 的槽壁设有若干个橡胶凸点，橡胶凸点的设置起到减小缓冲的作用，保证采样泵在振动过程中不能够直接撞击第一凹槽 110 的槽壁，可以缓冲采样泵对槽壁的撞击力。当然，也可以选择在第一凹槽 110 的槽壁设有若干个弹簧，以减小采样泵对第一凹槽 110 的槽壁的撞击力，保证采样泵驱动采样器可以较为平稳地运行。

同时，第二凹槽 120 的槽壁设有多个第三凹槽，多个第三凹槽均沿平行于第二凹槽 120 的底壁的方向延伸。各第三凹槽用于容置各环形橡胶圈，环形橡胶圈起到减小缓冲的作用，防止采样器在晃动时与第二凹槽 120 的槽壁发生猛烈撞击，进而影响采样器的平稳运行。

第一凹槽 110 的槽壁有引导面，引导面为倾斜面，便于引导采样泵放置于第一凹槽 110 内。

如图 30-1 所示，支架 200 包括固定杆 210 和伸缩杆 220，固定杆 210 设有柱孔，伸缩杆 220 的一端插设于柱孔，且与柱孔的孔壁卡合连接，另一端与支撑板 100 的底部相连。采样前，根据空调送风口处距离地面的高度调节伸缩杆 220 拉出或压入的长度，以确保支撑板 100 上的采样泵和采样器处于适宜的采集位置。

如图 30-1 所示，支架 200 包括第一架 230、第二架 240 和第三架 250。第一架 230 的顶部、第二架 240 的顶部和第三架 250 的顶部相连接，第一架 230、第二架 240 和第三架 250 均与地面呈同一夹角设置，三个架子的设置可以保证支架 200 的结构稳定性，防止出现因支架 200 的晃动而影响采样泵和采样器采样的情况。

第四节　应用效果

通过巧妙的优化设计，可取得如下应用效果：

采用本装置的固定装置和采样装置，支撑板上设有第一凹槽和第二凹槽。

第一凹槽用于容置采样泵，第二凹槽用于容置采样器。第一凹槽和第二凹槽的设置可以将采样器和采样泵牢牢的限位，避免出现因采样泵内的电机在采样过程中振动而致使采样器和采样泵移位甚至掉落至地面的情况，保证采样装置在采样过程中采样器和采样泵不移位甚至不掉落，提高了采样装置的工作稳定性，安全效果较好。

第三十一章 医用 X 射线设备质量控制与放射防护检测标准水模

本章详细介绍一种医用 X 射线设备质量控制与放射防护检测标准水模，该装置能够定量观察和记录放射防护和质量控制检测中的光野和照射野，方便搬运，制作简单，成本低廉。本章从基本概况、设计思路、构造精讲和应用效果四方面对该装置进行详细全面介绍，以方便读者更加深入地了解本装置。

第一节 基本概况

水模体是医用 X 射线设备放射防护及质量控制检测的重要工具，常用于代替人体充当散射体。国家相关标准 GBZ130《医用 X 射线诊断放射防护要求》规定大部分医用 X 射线诊断设备检测中均需使用到水模体。传统标准水模体或者为全封闭水箱，或者为可开启水箱。如中国装置专利 CN201721006157.0 公开了一种新型医用 X 射线放射防护及质量控制检测标准水模，但其没有把手，加水之后十分笨重，极不易于搬运和携带，给实际检测工作造成极大不便。在医用 X 射线放射防护及质量控制检测中，医用 X 射线方向需投射在标准水模大小为 300 mm × 300 mm 的面上，对于有立位探测器的医用数字化 X 射线摄影系统放射防护检测中，水模体需立位放置。中国装置专利 CN201721006157.0 公开了一种新型医用 X 射线放射防护及质量控制检测标准水模为可开启水箱，其水模体只能卧位放置而无法进行立位放置，进而限制了该水模体对该类型设备的检测应用。另外，传统水模表面无任何刻度线，检测过程中需反复手动测量去设定检测条件。虽然中国装置专利CN201721006157.0 公开了在水模主体的顶部设有标记框，检测过程中可直接依据标记线调整 X 射线设备光野照射野，无需反复手动测量。但其仍存在不足，无法定量观察、获知及调整 X 射线设备光野照射野尺寸，增加诸多检测工作量也易造成检测误差。目前市场上水模体售卖价格昂贵，至少在 3000 元。因此，仍需要对现有的水模体进行相关的改进以满足实际使用的需求。

第二节　设计思路

一种医用 X 射线设备质量控制与放射防护检测标准水模，能够定量观察和记录放射防护和质量控制检测中的光野和照射野，可以作如下设计：设计水模主体，水模主体为中空箱型结构，其特征为：水模主体上设置有把手、注-放水口、排气口，并且水模主体顶面设置有两条垂直相交且交点与水模主体顶面的中心点重合的刻度线。两条刻度线分别平行于水模主体顶面的长和宽，在水模主体顶面小于刻度线长度的位置处形成一加粗的矩形标记框，矩形标记框的长和宽小于对应刻度线的长度。

两条刻度线的长度与对应的水模主体顶面长或宽的长度一致，刻度线最小刻度为 1 mm。水模主体的外径尺寸为 300 mm×300 mm×200 mm，重量不超过 4 kg，标记框为在 250 mm×200 mm 刻度线处加粗作为标记框。水模主体由 PMMA 板材黏合拼接而成，板材厚度不超过 8 mm。

把手包括横向把手，横向把手在水模主体的两相对的侧壁各设置一个。把手还包括竖向把手，竖向把手在水模主体的两相对的侧壁各设置一个，横向把手与竖向把手设置在水模主体的同一侧壁。注-放水口和排气口为螺纹口，并分别配置有螺纹盖用于旋紧密封。注-放水口直径为 30~40 mm，设置在水模主体顶面的其中一角处，排气口直径为 20 mm，设置在水模主体顶面的另一斜对角处。

第三节　构造精讲

为了更清楚地说明如何实施，本节结合较佳的实施方案对本装置进行详细描述。所绘制结构、比例、大小等，均仅用以配合本章所揭示的内容，供专业技术人员阅读和参考。

如图31-1所示，一种医用X射线设备质量控制与放射防护检测标准水模，包括水模主体1，水模主体为中空箱型结构。水模主体1上设置有把手、注-放水口6和排气口7，并且水模主体顶面设置有两条垂直相交且交点与水模主体顶面的中心点重合的刻度线4。两条刻度线分别平行于水模主体顶面的长和宽，在水模主体顶面小于刻度线长度的位置处形成一加粗的矩形标记框5。即从刻度线的四个端点向内退回一定距离，得到四个顶点，以该四个顶点形成一小于刻度线尺寸的矩形标记框5，矩形标记框的长和宽小于对应刻度线的长度。

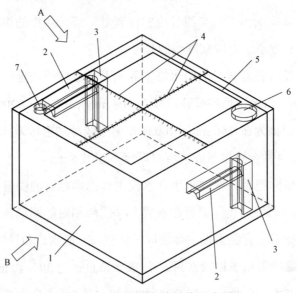

图31-1　装置的立体结构示意图

1—水模主体；2—横向把手；3—竖向把手；4—刻度线；5—标记框；6—注、放水口；7—排气口

通过设置把手方便搬运，水模主体上注-放水口和排气口可灵活注水、放水，注-放水口同时作为注水口和放水口使用。增加排气口目的是在水模体注水时，将水模体内的压力排出，更容易注水，避免了密闭水箱注水时发生水往外溅。

模体表面具有刻度可观察和记录放射防护和质量控制检测中的光野和照射野。针对特意规定了照射野是 250 mm×200 mm 的检测条件，如表 3 中所列，与现有技术相同，借助标记框即可观察光野和照射野。对于没有要求照射野是 250 mm×200 mm 的情况下，如表 1 和表 2 中的情况，借助模体表面的刻度，在检测中方便记录其他照射野的情况。同样具备传统模体的散射体的作用，现实中简便易用。

刻度线 4 的长度与对应的水模主体 1 顶面长或宽的长度一致，即其中一条刻度线与水模主体 1 顶面长度一致，另一条刻度线与水模主体 1 顶面宽度一致，如图 31-1 所示。两条刻度线在水模主体 1 顶面内通常设置，两条刻度线 4 最小刻度为 1 mm。

水模主体 1 的外径尺寸为 300 mm×300 mm×200 mm，重量为 3.5 kg 左右，不超过 4 kg，易于搬运，标记框 5 为在 250 mm×200 mm 刻度线处加粗作为标记框。

水模主体由 PMMA 板材黏合拼接而成，PMMA 板材厚度约为 7.5 mm，不超过 8 mm。PMMA 板材原材料来源广泛，黏合拼接制作工艺简单，成本低廉。

如图 31-2、图 31-3、图 31-4 所示，把手包括横向把手 2，横向把手在水模主体的两相对的侧壁各设置一个。把手还包括竖向把手 3，竖向把手在水模主体的两相对的侧壁各设置一个。

横向把手 2 与竖向把手 3 设置在水模主体的同一侧壁，如图 31-2、图 31-4所示。在水模主体的两相对的侧壁分别设置一个横向把手2和一个竖向把手3，如此便于水模均匀受力，方便搬运。

注-放水口 6 和排气口 7 为螺纹口，注-放水口直径为 30～40 mm，排气口直径为 20 mm，注-放水口和排气口分别配置有螺纹盖用于旋紧密封。既方便注水、放水，也有效杜绝了水模主体 1 漏水的隐患。

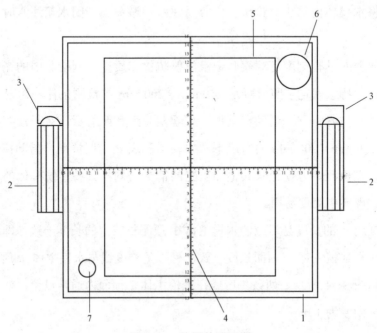

图 31-2 装置的俯视图

1—水模主体；2—横向把手；3—竖向把手；4—刻度线；5—标记框；6—注、放水口；7—排气口

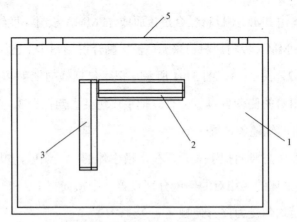

图 31-3 图 31-1 的 A 向视图

1—水模主体；2—横向把手；3—竖向把手；5—标记框

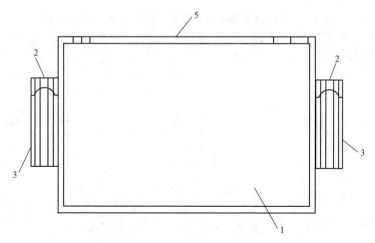

图 31-4　图 31-1 的 B 向视图

1—水模主体；2—横向把手；3—竖向把手；5—标记框

如图 31-1、图 31-2 所示，注-放水口 6 设置在水模主体顶面的其中一角处，排气口 7 设置在水模主体顶面的另一斜对角处。具体使用可参照表 31-1～表 31-3。

表 31-1　X 射线设备机房防护检测条件和散射模体

照射方式	检测条件	散射模体
透视（普通荧光屏）	70 kV、3 mA	标准水模
透视 （非普通荧光屏，无自动控制功能）	70 kV、1 mA	标准水模
透视 （非普通荧光屏，有自动控制功能）	自动	标准水模 + 1.5 mm 铜板
摄影（无自动控制功能）	标称 125 kV 以上设备： 设置 120 kV、100 mA，大于等于 0.2 s 标称 125 kV 及以下设备： 设置 100 kV、100 mA，大于等于 0.2 s	标准水模
摄影（有自动控制功能）	自动（原则上 100 mA、大于等于 0.2 s）	标准水模 + 1.5 mm 铜板
CT	常用条件，准直宽度不小于 10 mm	CT 体模
牙科摄影	常用条件	标准水模或 CT 头模
骨密度仪	常用条件	标准水模

注 1：介入放射学设备按透视条件进行检测。

注 2：对于可多方向投照的摄影设备，需检测每一有用线束方向屏蔽体外的剂量水平，非有用线束方向只测量卧位时的情况。

注 3：若设备参数不可调节至表中规定的检测条件，可调至最接近的数值。

注 4：摄影机房屏蔽外的周围剂量当量率不大于 25 μSv/h 为曝光管电流 100 mA 时的限值，若管电流不是 100 mA，则应将测量值归一至 100 mA。

表 31-2　X 射线设备受检者入射体表空气比释动能率检测条件

X 射线透视设备类型	探测器位置	影像接收器位置	有自动照射量控制（AERC）的透视条件	无 AERC 的透视条件
普通荧光屏透视设备	床上	—	AERC、水模	70 kV、3 mA、标准水模
X 射线球管在床上	床上 30 cm		AERC、水模	70 kV、1 mA、标准水模
X 射线球管在床下	床上	距床面 30 cm	AERC、水模	70 kV、1 mA、标准水模
C 形臂	影像接收器前 30 cm	距焦点最近	AERC、水模	70 kV、1 mA、标准水模

表 31-3　透视防护区测试平面上空气比释动能率的检测

被检设备类型	检测条件	散射模体
透视（普通荧光屏）	70 kV、3 mA，诊断床与荧光屏间距调整至 250 mm，荧光屏上照射野面积调至 250 mm×200 mm	标准水模
介入放射学设备、近台同室操作的 X 射线机（有自动曝光控制）	自动曝光控制，诊断床与影像接收器间距调整至 250 mm，照射野面积自动调整或调至 250 mm×200 mm	标准水模＋1.5 mm Cu
介入放射学设备、近台同室操作的 X 射线机（无自动曝光控制）	70 kV、1 mA，射线垂直从床下向床上照射（设备条件不具备时选择蛇叔垂直从床上向床下照射）诊断床与影像接收器间距调整至 250 mm，照射野面积自动调整或调至 250 mm×200 mm	标准水模

第四节　应用效果

通过巧妙的优化设计，可取得如下应用效果：

本装置提供一种医用 X 射线设备质量控制与放射防护检测标准水模，通过设置把手方便搬运，水模主体上注、放水口和排气口可灵活注水放水，模体表面具有刻度可观察放射防护和质量控制检测中的光野和照射野。本装置同样具备传统模体的散射体的作用，现实中简便易用，原材料来源广泛，重量轻，黏合拼接制作工艺简单，成本低廉。

第二篇 实验检测器具设备篇

第一章　样品瓶固定装置

本章详细介绍一种样品瓶固定装置，该装置可以同时对大量的样品瓶进行振摇，省时省力，可明显提高工作效率，克服了现有技术的不足。本章从基本概况、设计思路、构造精讲和应用效果四方面对该装置进行详细全面介绍，以方便读者更加深入地了解本装置。

第一节　基本概况

职业卫生检测中固体吸附管进行溶剂解吸时，通常将采过样的固体吸附剂倒入 2 mL 的样品瓶（色谱自动进样瓶）中，然后加入 1 mL 解吸液进行解吸，解吸时通常需要进行振摇加速解吸。常见的加快样品解吸方式是通过人工进行振摇，当样品数量多的时候，人工振摇非常费时、费力。目前市场上没有合适的装置可以将大量的 2 mL 样品瓶固定到振摇设备上，因此无法实现自动振摇。

第二节　设计思路

样品瓶固定装置，可以同时对大量的样品瓶进行振摇，可以作如下设计。设计样品盘和盖板，样品盘上开设有多个放置孔，放置孔的直径与样品瓶适配。样品盘的四周侧壁连接有四套伸缩撑杆，伸缩撑杆的长度可调节，其外端用于抵接振荡器的内壁，盖板可拆卸扣合在样品盘上以封闭放置孔中的样品瓶。

伸缩撑杆由固定管、调节螺母和调节螺杆构成，固定管固定连接在样品盘的四周侧壁，调节螺母转动安装在固定管的外端，调节螺母螺纹连接调节螺杆，调节螺杆插入固定管内。调节螺杆的外端连接有稳固圆片，稳固圆片用于与振荡器的内壁稳固抵接。调节螺杆的内端设置有滑块，固定管的圆周表面纵向开设有一组滑道，滑块滑动嵌设于滑道内。

固定管与调节螺杆的总长度调整范围为 10～25 cm，样品盘的相对两侧或四周侧壁对称设置有限位扣，盖板边缘对应设置有弹性卡扣，弹性卡扣能够可拆卸卡接于限位扣内。样品盘的长宽高分别为 20 cm、10 cm 和 2.5 cm，盖板的长宽分别为 20 cm 和 10 cm。

放置孔的数量为 50 个，每个放置孔的内径为 1.3 cm，深度为 2.5 cm。样品盘为一个，或者样品盘为两个以上叠加使用，样品瓶为 2 mL 样品瓶。

第三节　构造精讲

为了更清楚地说明如何实施，本节结合较佳的实施方案对本装置进行详细描述。所绘制结构、比例、大小等，均仅用以配合本章所揭示的内容，供专业技术人员阅读和参考。

如图 1-1、图 1-2、图 1-3、图 1-4 所示，一种样品瓶固定装置，包括样品盘 2 和盖板 8。样品盘 2 上开设有多个放置孔 3，放置孔 3 的直径与样品瓶适配。样品盘 2 的四周侧壁连接有四套伸缩撑杆，伸缩撑杆的长度可调节，其外端用于抵接振荡器 1 的内壁，盖板 8 可拆卸扣合在样品盘 2 上。

伸缩撑杆由固定管 4、调节螺母 5 和调节螺杆 6 构成。固定管 4 固定连接在样品盘 2 的四周侧壁，调节螺母 5 转动安装在固定管 4 的外端，调节螺母 5 螺纹连接调节螺杆 6，调节螺杆 6 插入固定管 4 内。通过采用螺母螺杆式伸缩撑杆，伸缩调节方便操作，且调节后容易固定，支撑稳固效果好。

固定管 4 与调节螺杆 6 的总长度不低于 10 cm，最大可达 25 cm，使 4 个调节螺杆 6 伸缩的长度能够适用于多种不同大小的振荡器 1。

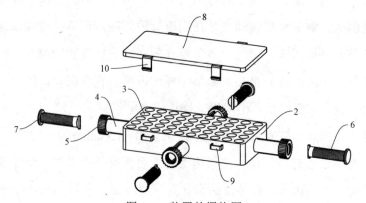

图 1-1　装置的爆炸图

1—样品盘；3—放置孔；4—固定管；5—调节螺母；6—调节螺杆；

7—稳固圆片；8—盖板；9—限位扣；10—弹性卡扣

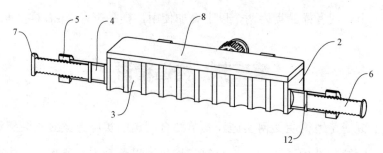

图 1-2　组装状态剖视示意图

2—样品盘；3—放置孔；4—固定管；5—调节螺母；6—调节螺杆；7—稳固圆片；8—盖板；12—滑块

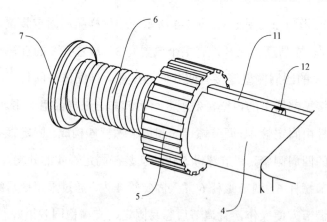

图 1-3　伸缩撑杆结构示意图

5—固定管；5—调节螺母；6—调节螺杆；7—稳固圆片；11—滑道；12—滑块

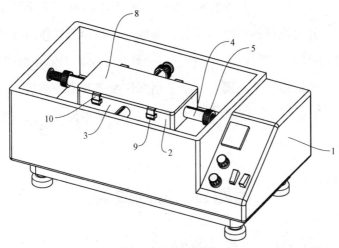

图 1-4　使用状态示意图

1—振荡器；2—样品盘；3—放置孔；4—固定管；5—调节螺母；
9—限位扣；10—弹性卡扣；11—滑道；12—滑块

调节螺杆 6 的外端连接有稳固圆片 7，稳固圆片 7 用于与振荡器 1 的内壁稳固抵接。稳固圆片能够提高摩擦力，具有一定的防滑效果，可提高样品盘在振荡器内的稳定性，稳固圆片 7 的直径为 1 cm。

调节螺杆 6 的内端设置有滑块 12，固定管 4 的圆周表面纵向开设有一组滑道 11，滑块 12 滑动嵌设于滑道 11 内。滑块滑道配合，方便调节螺杆在固定管内前进和后退，且不会发生相对转动，确保了调节螺杆 6 的支撑效果。

样品盘 2 的相对两侧或四周侧壁对称设置有限位扣 9，盖板 8 边缘对应设置有弹性卡扣 10，弹性卡扣 10 能够分别可拆卸卡接于限位扣 9 内。

样品盘 2 的长宽高分别为 20 cm、10 cm 和 2.5 cm，盖板 8 的长宽分别为 20 cm 和 10 cm。

放置孔 3 的数量为 50 个，每个放置孔 3 的内径为 1.3 cm，深度为 2.5 cm。放置孔数量大，能够一次性放置大量样品瓶。

样品盘 2 可一个单独使用，当然也可根据需要采用多个叠加使用，从而一次容纳更多的样品瓶。样品瓶为 2 mL 样品瓶，适用于常规的卫生检测试验。

工作原理：将加了固体吸附剂和解吸液的 2 mL 样品瓶放置在样品盘 2 的

多个放置孔 3 中，然后盖上盖板 8。多个弹性卡扣 10 和多个限位扣 9 进行卡接，使盖板 8 扣合在样品盘 2 上将样品瓶固定，然后通过转动 4 个固定管 4 上的 4 个调节螺母 5，使 4 个调节螺杆 6 分别从 4 个固定管 4 内向外移动。4 个调节螺杆 6 尾端的 4 个稳固圆片 7 分别抵住振荡器 1 的前后左右内壁，从而使样品盘牢牢固定在振荡器 1 内，然后接通外部电源开启振荡器使样品瓶进行自动振摇。

第四节　应用效果

通过巧妙的优化设计，可取得如下应用效果：

将加了固体吸附剂和解吸液的样品瓶放置在样品盘的多个放置孔中，然后盖上盖板，放置在振荡器内。通过调节螺杆分别抵住振荡器的前后左右内壁，从而使样品盘牢牢固定在振荡器内，然后通过外部电源开启振荡器使样品瓶进行自动振摇。相对于人工振摇更加省力，效率更高，可以同时对大量的样品瓶进行振摇，有效地提高作业效率。

第二章 马弗炉内器皿支撑装置

本章详细介绍一种马弗炉内器皿支撑装置，该装置能够同时使用多个不同规格的坩埚或蒸发皿，安全性高，适用性好，可明显提高工作效率。本章从基本概况、设计思路、构造精讲和应用效果四方面对该装置进行详细全面介绍，以方便读者更加深入地了解本装置。

第一节 基本概况

在用马弗炉进行高温灰化或者样品预处理时，经常用到的器皿是坩埚和蒸发皿。目前，由于马弗炉腔体的材质及高温灰化灰尘的沉积，坩埚或蒸发皿放入后会沾染马弗炉腔底的灰尘，特别是在进行需要恒重过程的实验中，容易导致质量的变化。另外，马弗炉腔体长宽有限，多个坩埚或蒸发皿并列放在一起时，很容易放满器皿，无法满足多个坩埚或蒸发皿同时使用。因此，需要提出一种安全、适用的能放置多个实验器皿的支撑装置。

第二节 设计思路

马弗炉内器皿支撑装置，能同时使用多个不同规格的坩埚或蒸发皿，可以作如下设计：设计底板，底板上开设有多个第一定位沟槽和多个第二定位沟槽。多个第一定位沟槽内均设置有第一凸起部，多个第二定位沟槽内均设置有第二凸起部。底板上放置有多个第一支撑筒和多个第二支撑筒，第一支撑筒的底部套设在第一凸起部外，筒壁容纳在第一定位沟槽内。第二支撑筒的底部套设在第二凸起部外，筒壁容纳在第二定位沟槽内，并且第一支撑筒与第二支撑筒的截面尺寸、高度不同。

第一支撑筒和第二支撑筒均为锥形圆柱。第一支撑筒的底部设有第一卡槽，第一卡槽用于套设在第一凸起部外，第二支撑筒的底部设有第二卡槽，第二卡槽用于套设在第二凸起部外。第一凸起部为第一凸起圆环，第一卡槽的内径与第一凸起圆环的外径匹配；第二凸起部为第二凸起圆环，第二卡槽的内径与第二凸起圆环的外径匹配。

多个第一定位沟槽的直径均设置为 8 cm，多个第一凸起圆环的直径均设置为 5 cm，多个第一卡槽的直径均设置为 5.5 cm。多个第二定位沟槽的直径均大于多个第一定位沟槽的直径，多个第二凸起圆环的直径均大于多个第一凸起圆环的直径，多个第二卡槽的直径均大于多个第一卡槽的直径。

多个第一支撑筒放置在底板的外围，多个第二支撑筒放置在底板的中央位置。多个第一支撑筒和第二支撑筒的高度分别设置为 10 cm、12 cm、16 cm、20 cm、24 cm 和 28 cm，筒顶直径不小于 4 cm。底板为耐高温底板，其尺寸设置为 40 cm×40 cm。底板上设置有两个把手，两个把手分别位于底板上部相对应的两侧。

第三节　构造精讲

为了更清楚地说明如何实施，本节结合较佳的实施方案对本装置进行详细描述。所绘制结构、比例、大小等，均仅用以配合本章所揭示的内容，供专业技术人员阅读和参考。

如图 2-1、图 2-2、图 2-3、图 2-4 所示，一种马弗炉内器皿支撑装置，包括底板 1。底板 1 上放置有多个第一支撑筒 2，底板 1 上设有多个第一定位沟槽 3。多个第一定位沟槽 3 分别与多个第一支撑筒 2 相对应，多个第一定位沟槽 3 内均设置有第一凸起部 4，多个第一支撑筒 2 的下部分别与多个第一凸起部4相匹配。多个第一支撑筒2的下部均设有第一卡槽5，且多个第一卡槽5分别与多个第一凸起部4相对应。

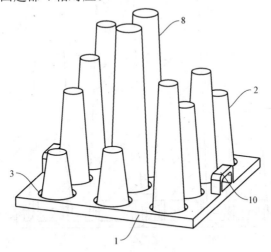

图 2-1 装置立体图

1—底板；2—第一支撑筒；3—第一定位沟槽；8—第二支撑筒；10—把手

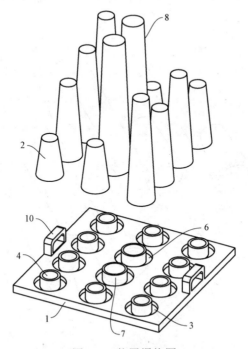

图 2-2 装置爆炸图

1—底板；2—第一支撑筒；3—第一定位沟槽；4—第一凸起部；6—第二定位沟槽；

7—第二凸起部；8—第二支撑筒；10—把手

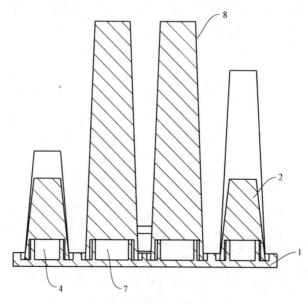

图 2-3　装置侧剖图

1—底板；2—第一支撑筒；4—第一凸起部；7—第二凸起部；8—第二支撑筒。

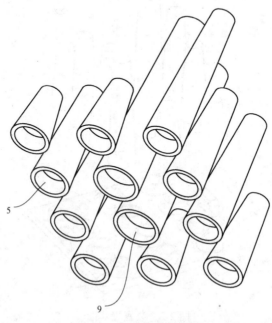

图 2-4　支撑筒的立体图

5—第一卡槽；9—第二卡槽

通过多个第一定位沟槽 3 对多个第一支撑筒 2 进行定位，多个第一支撑筒 2 通过第一卡槽 5 放置在第一凸起部 4 上，多个第一凸起部 4 和多个第一卡槽 5 使第一支撑筒 2 放置更加稳固。

底板 1 为耐高温底板，底板尺寸设置为 40 cm×40 cm。底板上表面设置为 40 cm×40 cm 的正方形，底板上表面能够设置多个第一定位沟槽 3 和多个第一凸起部 4，便于多个第一支撑筒 2 进行放置。

多个第一定位沟槽 3 的直径均设置为 8 cm，多个第一凸起部 4 的直径均设置为 5 cm，多个第一卡槽 5 的直径均设置为 5.5 cm。

多个第一定位沟槽 3 的直径大于多个第一支撑筒 2 下部的直径，方便多个第一支撑筒 2 定位安放。多个第一卡槽 5 的直径大于多个第一凸起部 4 的直径，使多个第一支撑筒 2 能够稳定的放置在多个第一凸起部 4 上。

第一支撑筒 2 为锥形圆柱，多个锥形圆柱的高度分别设置为 10 cm、12 cm、16 cm、20 cm、24 cm 和 28 cm，多个锥形圆柱的顶端直径均设置为 4 cm。

多个锥形圆柱通过 10 cm、12 cm、16 cm、20 cm、24 cm 和 28 cm 多种规格的设置，使装置能够容纳不同尺寸的器皿，实现器皿高低交错式的摆放；多个锥形圆柱的顶端直径均设置为相同的尺寸，优选为 4 cm，使整体更统一，方便对器皿进行放置。

底板 1 上还放置有多个第二支撑筒 8，第二支撑筒 8 优选为锥形圆柱，底板 1 上设有多个第二定位沟槽 6，设置在底板上表面中间位置。多个第二定位沟槽 6 分别与多个第二支撑筒 8 相对应，多个第二定位沟槽 6 的直径大于多个第一定位沟槽 3 的直径，多个第二定位沟槽 6 内均设置有第二凸起部 7。多个第二支撑筒 8 的下部分别与多个第二凸起部 7 相匹配，多个第二凸起部 7 的直径均大于多个第一凸起部 4 的直径。

底板 1 上放置 2 个第二支撑筒 8，用来支撑直径最大的器皿。

多个第二锥形圆柱 8 的下部均设有第二卡槽 9，且多个第二卡槽 9 分别与多个第二凸起部 7 相对应，多个第二卡槽 9 的直径大于多个第一卡槽 5 的直径。

多个第二定位沟槽 6 和多个第二凸起部 7 的尺寸分别大于多个第一定位

沟槽 3 和多个第一凸起部 4 的尺寸，方便体积更大的多个第二支撑筒 8 安装在底板 1 上。多个第二支撑筒 8 下部设置的多个第二卡槽 9 的直径大于多个第二凸起部 7 的直径，能够进行稳定的放置，使多个第二支撑筒 8 在多个第二定位沟槽 6 内保持稳定。多个第二支撑筒 8 的体积大于多个第一支撑筒 2 的体积，顶部的直径也大于多个第一支撑筒 2 顶部的直径，方便对体积更大的器皿进行支撑。

通过设置多个第一支撑筒 2 与多个第二支撑筒 8 之间的高度不同，交错放置后使第一支撑筒 2、第二支撑筒 8 能够错落放置多个器皿。进一步将多个第一支撑筒 2 与多个第二支撑筒 8 设计为不同大小的截面尺寸，能够放置不同体积的器皿，充分利用马弗炉内的有限空间。

底板 1 设置有两个把手 10，且两个把手 10 分别位于底板上部 1 相对应的两侧。通过两个把手 10 方便底板 1 在马弗炉内的取出与放置，方便整个装置的使用。

工作原理：通过多个第一定位沟槽 3 对多个第一支撑筒 2 进行定位，多个第一支撑筒 2 通过第一卡槽 5 放置在第一凸起部 4 上；多个第二支撑筒 8 通过第二卡槽 9 放置在第二凸起部 7，定位沟槽、凸起圆环和卡槽使支撑筒放置的更加稳固。支撑筒之间的高度不同，不同高度的支撑筒交错放置，从而使支撑筒内能够容纳不同体积的器皿。多个第二支撑筒 8 的体积大于多个第一支撑筒 2 的体积，顶部的直径也大于多个第一支撑筒 2 顶部的直径，方便对体积更大的器皿进行支撑。

第四节　应用效果

通过巧妙的优化设计，可取得如下应用效果：

1. 多个定位沟槽对多个支撑筒进行定位，多个第一支撑筒通过第一卡槽放置在第一凸起圆环上，多个第二支撑筒通过第二卡槽放置在第二凸起圆环，凸起圆环和卡槽使支撑筒更加稳定。支撑筒之间的高度不同，不同高度的支撑筒交错放置，从而使支撑筒能够支撑不同体积的器皿。

2. 通过安装具有一定高度的多个支撑筒支撑放置多个器皿，避免在恒重过程的实验中器皿沾染马弗炉腔底的灰尘，导致质量的变化。支撑筒采用不同高度和不同截面尺寸，错落摆设，能够将不同体积的器皿高低交错摆放，合理地利用马弗炉上部的空间，增加器皿的摆放数量，使不同规格的多个坩埚或蒸发皿能够同时使用。

第三章　放射性测量盘储存装置

本章详细介绍一种放射性测量盘储存装置，该装置能够实现多维度组合摆放，摆放整齐、稳固，结构实用，体积小，重量轻，利于单人搬运转移。本章从基本概况、设计思路、构造精讲和应用效果四方面对该装置进行详细全面介绍，以方便读者更加深入地了解本装置。

第一节　基本概况

饮用水中总 α、总 β 放射性测量时，需要将水样制成残渣，残渣样品铺于特定的样品测量盘中测量。由于样品测量盘非常浅，上下叠放容易沾染样品，若单层铺放会占用很多存储空间，也不便于后续查找复测。样品容易吸潮，保存时不能置于实验室普通存放，需要置于干燥器或者电子干燥箱。由于最后残渣铺在样品测量盘中需要用到乙醇，因此挥发出来的乙醇容易造成样品测量盘边上用油性笔标记的编号模糊甚至消失。

第二节　设计思路

放射性测量盘储存装置，能够实现多维度组合摆放，可以作如下设计：设计至少由两个条形存储架镜像并联组成一组，条形存储架由顶板、底板、挡片和背板构成。顶板和底板呈上下平行放置，挡片连接在顶板和底板之间的两端，背板设置在顶板和底板的背侧，在顶板、底板、挡片和背板之间形成存储区。存储区前侧敞口，存储区内用于放置样品测量盘，并且在顶板和/或底板上设置有横向连接机构，横向连接机构将两个条形存储架镜像并联连接固定。

存储区内放置有存放盒，存放盒包括下圆盒和上圆盖，且上圆盖放置于下圆盒内。存放盒的高度与存储区的净高度一致或略小于存储区的净高度，其用于放置样品测量盘。横向连接机构为在顶板的上表面和底板的下表面相同位置开设有两条条形槽，条形槽内绑紧有弹性紧固带。

在顶板上设置有纵向连接机构，纵向连接机构将镜像并联的两个条形存储架在纵向上串联连接多组。纵向连接机构包括设置于顶板上表面一端的固定机构和设置于顶板上表面另一端的插接机构，插接机构与固定机构插接固定，在纵向上串联连接多组测量盘存储架。

固定机构具有一固定盒，固定盒固定设置在顶板上表面的一端，固定盒一侧开设有连通固定盒外部的插孔，固定盒内转动连接有两个卡杆。两个卡杆的自由端伸出至固定盒另一侧的外部，两个卡杆的卡接端位于固定盒内部。卡接端内侧具有卡勾，卡接端外侧与固定盒内壁之间设置有卡接弹簧。

插接机构具有一插块，插块固定设置在顶板上表面的另一端，插块前端的左右两侧均开凿有一卡槽，插接固定时两个卡杆的卡勾分别卡接在两个卡槽内。靠近两个卡杆的卡接端连接有一限位块，限位块位于两个卡杆之间，插接固定时插块前端面恰好抵接限位块。

底板下部设置有底座，底座上分别开设有一插接机构放置槽和固定机构放置槽，或者底板底部分别开设有一插接机构放置槽和固定机构放置槽。插接机构放置槽和固定机构放置槽分别用于测量盘存储架上下叠放时容纳插接机构和固定机构，形成多层测量盘存储架。插接机构放置槽和固定机构放置槽的形状、位置分别与插接机构和固定机构相对应，或者插接机构放置槽和固定机构放置槽为大开槽设计，槽的宽度接近底板或底座的宽度。

第三节　构造精讲

为了更清楚地说明如何实施，本节结合较佳的实施方案对本装置进行详细描述。所绘制结构、比例、大小等，均仅用以配合本章所揭示的内容，供专业技术人员阅读和参考。

如图 3-1、图 3-2、图 3-3、图 3-4、图 3-5、图 3-6、图 3-7 所示，一种测量盘存储架，至少由两个条形存储架镜像并联组成一组，条形存储架由顶板 1、底板 2、挡片 3 和背板 12 构成。顶板 1 和底板 2 呈上下平行放置，挡片 3 连接在顶板 1 和底板 2 之间的两端，背板 12 设置在顶板 1 和底板 2 之间的背侧，在顶板 1、底板 2、挡片 3 和背板 12 之间形成存储区。存储区的上、下、左、右及后侧围挡，前侧敞口，实验人员通过前侧敞口能够方便地将样品测量盘放入条形存储架内，样品测量盘为空盘或暂时存放有实验样品，如此能够对实验样品妥善存放和保管。

如图 3-2 所示，可在存储区内放置一存放盒 4，存放盒 4 包括下圆盒 401 和上圆盖 402，且上圆盖 402 放置于下圆盒 401 内，存放盒 4 的高度与存储区的净高度一致或略小于存储区的净高度。实验人员通过前侧敞口将存放盒 4 放入条形存储架内，存放盒 4 用于放置试验中所用到的样品测量盘并对实验样品妥善保管。如此将样品测量盘放置在存放盒 4 内，存放盒 4 封闭，尤其适用于存放实验中所用到的放射性测量盘。

为了确保整个测量盘存储架能够妥善存放和保管样品测量盘，在顶板 1 和/或底板 2 上设置有横向连接机构，横向连接机构将两个条形存储架镜像并联连接固定。借助横向连接机构的连接固定，使得两个条形存储架镜像并联组成一组，样品测量盘或存放盒被两侧的两个条形存储架夹持在中间，保证在整个存储架进行转移搬运过程中样品测量盘或存放盒不会从存储区滑落。

如图 3-1 所示，横向连接机构为在顶板 1 的上表面和底板 2 的下表面开设的条形槽 11，上下表面的条形槽 11 位置相同，如开设在距两端各 1/3 处。两个条形存储架镜像并联组成一组时，上下表面的条形槽 11 连通，在条形槽 11 内勒紧皮筋固定。这种紧固方式结构简单，连接和拆卸时操作方便，无需对条形存储架增设额外的复杂结构。

在顶板 1 上设置有纵向连接机构，纵向连接机构将镜像并联的两个条形存储架在纵向上串联连接多组，如图 3-8 所示。通过将镜像并联的两个条形存储架继续在纵向上串联，在长度方向上拓展了测量盘存储架的延伸规模，实际使用中可以根据需要组装多组。需要说明的是，纵向上串联不宜太多，否则总长度过长会导致整体性不好，不易搬运且容易导致结构损坏。

纵向连接机构的具体结构不做具体限制，能够使得两个条形存储架在纵向上串联连接即可，如图 3-4 所示。

考虑到连接和拆卸的操作方便性，纵向连接机构包括设置于顶板 1 上表面一端的固定机构和设置于顶板 1 上表面另一端的插接机构，插接机构与固定机构插接固定，在纵向上串联连接多组测量盘存储架。插接连接的方式操作简单，单人单手即可完成。

如图 3-4、图 3-5 所示，本装置提供一种具体的纵向连接机构，固定机构具有一固定盒 5，固定盒 5 固定设置在顶板 1 上表面的一端。本装置中为左端，固定盒 5 一侧开设有连通固定盒 5 外部的插孔 501，固定盒 5 内转动连接有两个卡杆 502，两个卡杆 502 以销轴固定在固定盒 5 内，并能够以销轴为支点在平面内转动。两个卡杆 502 的自由端伸出至固定盒 5 另一侧的外部，两个卡杆 502 的卡接端位于固定盒 5 内部，卡接端内侧具有卡勾，卡接端外侧与固定盒 5 内壁之间设置有卡接弹簧 503。本装置还在两个卡杆 502 的自由端均设置有一按压块 504，使用时用手捏紧两个按压块 504，两个卡杆 502 以销轴为支点在平面内转动，卡接端克服卡接弹簧 503 的阻力做张开运动。盒体结构的固定机构将各部件隐藏在盒子内，防止实验环境对各部件尤其是弹簧的腐蚀，也能够兼顾结构的外观美感。

如图 3-6 所示，插接机构具有一插块 6，插块 6 固定设置在顶板 1 上表面的另一端。本装置中为右端，插块 6 前端的左右两侧均开凿有一卡槽 601，插接固定时两个卡杆 502 的卡勾分别卡接在两个卡槽 601 内，实现插接机构与固定机构之间的插接固定，从而将纵向上的两个条形存储架（如图 3-4 所示）或两组测量盘存储架连接固定（如图 3-9 所示）。

如图 3-5、图 3-6 所示，在两个卡杆 502 之间连接有一限位块 7，限位块 7 具体位于靠近两个卡杆 502 的卡接端处。插接固定时一个条形存储架的插块 6 从另一个条形存储架的固定盒 5 的插孔 501 插入固定盒 5 内，插块 6 的前端面恰好抵接限位块 7，此时两个卡杆 502 的卡勾正好分别卡接在插块 6 的两个卡槽 601 内。借助限位块 7 对插块 6 的限位，确保插块 6 与固定盒 5 的精确插接固定，防止在盒内由于无法直接目测而卡接不到位。

如图 3-7 所示，底板 2 下部设置有底座 9，底座 9 上分别开设有一插接机构放置槽 8 和固定机构放置槽 10，或者底板 2 的厚度足够厚，直接在其底部分别开设有一插接机构放置槽 8 和固定机构放置槽 10。插接机构放置槽 8 用于测量盘存储架上下叠放时容纳插接机构，即容纳插块 6。固定机构放置槽 10 用于容纳固定机构，即容纳固定盒 5。如此，单个的条形存储架或者由条形存储架构成的测量盘存储架能够根据需要实现上下叠放，叠放后能够形成多层存储装置，进一步扩展了存储装置的存储容量，能够容纳数十个样品测量盘，减少对实验区域或储存区域的占用，且多层叠放后层与层之间的插块 6、固定盒 5 分别被隐藏在插接机构放置槽 8 和固定机构放置槽 10 内，层间紧密贴合，多层存储装置外形规整，如图 3-10 所示。

插接机构放置槽 8 和固定机构放置槽 10 的形状与插块 6、固定盒 5 匹配，位置与插块 6、固定盒 5 相对应，插块 6、固定盒 5 能够恰好卡在插接机构放置槽 8 和固定机构放置槽 10 内，这也能够一定程度上增强多层叠放的稳固性。

进一步设置插接机构放置槽 8 和固定机构放置槽 10 为大开槽设计，槽的宽度接近底板 2 或底座 9 的宽度，如图 3-8 所示。此种情况下，插块 6、固定盒 5 容纳在插接机构放置槽 8 和固定机构放置槽 10 内后，不再受限于槽的宽度限制，能够在槽内宽度方向即横向上活动一定距离。如此，对存放盒 4 的放置更多样，多层叠放时每一层测量盘存储架可以为不同的宽度，即同一层的两个条形存储架之间可以拉开不同的距离。通过拉开不同的距离获得不同宽度的存储区，从而能够放置不同直径大小的存放盒 4，使得多层叠放时每一层可以存放不同直径的存放盒 4，存储功能更开放、更实用。

条形存储架内两个挡片 3 的距离略大于存放盒 4 的外径。

存放盒 4 包括下圆盒 401 和上圆盖 402，且上圆盖 402 放置于下圆盒 401 内，存放盒 4 的高度与存储区的净高度一致。存放盒 4 通过下圆盒 401 和上圆盖 402 能够对样品测量盘进行保护存放，本装置通过存放盒 4 对样品测量盘进行保护，由于存放盒 4 的高度与存储区的净高度基本一致，存放盒 4 能够卡接于条形存储架内可以使样品测量盘的放置更加稳定。

背板 12 起到围挡存放盒 4 防止其从后侧滑落的作用，背板 12 可以是镂空背板，能够防止存放盒 4 滑落即可，也可以是全封闭背板，如图 3-3 所示。使用中可以根据需要在背板上挂接标签袋，标签袋为透明材质，其内可以放置一些与存放盒 4 内样品相对应的标签，方便对存放盒 4 的选取。当然，也可以不增设标签袋，直接在背板上用油性笔书写与样品有关的信息、编号。

下圆盒 401 和上圆盖 402 均为透明树脂材质，下圆盒 401 的内径、外径和高度分别为 6.4 cm、6.5 cm 和 0.5 cm，上圆盖 402 的内径、外径和高度分别为 6.2 cm、6.3 cm 和 0.8 cm。当然，还有其他直径更大或者更小的圆盒。

下圆盒 401 和上圆盖 402 为透明树脂材质，可以使工作人员观察到其内部样品的情况。

条形存储架的长宽高分别为 8.5 cm、1 cm 和 1 cm。

顶板 1、底板 2、背板 12 优选采用透明的塑料或者树脂材料，也可采用聚四氟乙烯材质，能够耐酸碱。顶板、底板、背板的厚度可选择为 0.1 cm、0.2 cm 厚，需要时，底板 2 可设计得更厚，如 0.5 cm 甚至 1 cm 以上，以具有足够的厚度在其上开设插接机构放置槽 8 和固定机构放置槽 10。

本装置中条形存储架的宽度 1 cm，也可设计得更宽，如宽度为所要使用的存放盒 4 直径的一半。如此，左右两个条形存储架并联对接后，正好将存放盒 4 完全容纳在存储区内，两个条形存储架紧密对接，两个条形存储架之间不留缝隙。当然，条形存储架的宽度也可设计为稍小，如本装置中设计为 1 cm、2 cm 或者 3 cm。如此，两个条形存储架合并后的总宽度仍小于存放盒 4 的直径，在左右两个条形存储架并联对接后，在两个条形存储架之间存在一定宽度的缝隙。相对于两个条形存储架紧密对接而将存放盒 4 完全包围在存储区内的情形，这对于存储及搬运是更为有利的，实验人员能够借此缝隙观察存放盒 4 中的情况。

每一组存储装置的四个挡片 3 均采用塑料材质，且其长度、高度和厚度分别为 1 cm、1 cm 和 0.1 cm。具体的，四个挡片 3 具有一定的弹性，从而竖直的分别卡接在条形存储架顶板 1、底板 2 的限位槽内，并能够拆卸。

工作原理：两个条形存储架并联连接成一组，存储装置周边围挡。从左右两侧将存放盒 4 卡接在内，存放和搬运过程中不会滑落。通过插接机构与固定机构连接条形存储架，并且可以根据需要继续向外扩展连接，存放盒 4 通过下圆盒 401 和上圆盖 402 能够对样品测量盘进行保护存放。本装置通过存放盒 4 对样品测量盘进行保护，存放盒 4 卡接于条形存储架内可以使样品测量盘的放置更加稳定。多个存放盒 4 和样品测量盘能够进行整齐的放置，条形存储架连接后便于多个样品测量盘的组合摆放和样品测量盘的查找复测，有效地防止样品测量盘叠加沾染样品。

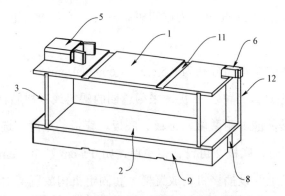

图 3-1　条形存储架主视图（未示出圆盒）

1—顶板；2—底板；3—挡片；5—固定盒；6—插块；

8—插接机构放置槽；9—底座；11—条形槽；12—背板

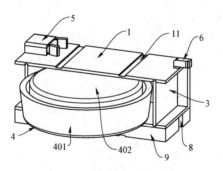

图 3-2　条形存储架主视图

1—顶板；3—挡片；4—存放盒；401—下圆盒；402—上圆盖；

5—固定盒；6—插块；8—插接机构放置槽；9—底座；11—条形槽

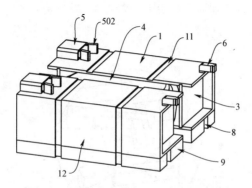

图 3-3　测量盘存储架（一组）主视图

1. 顶板；3—挡片；4—存放；5—固定盒；502—卡杆压块；6—插块；

8—插接机构放置槽；9—底座；11—条形槽；12—背板

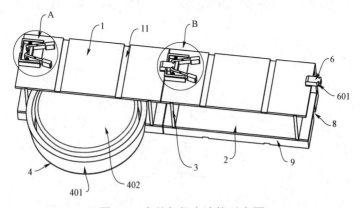

图 3-4　存储架纵向连接示意图

1—顶板；2—底板；3—挡片；4—存放盒；401—下圆盒；402—上圆盖；6—插块；

601—卡槽；8—插接机构放置槽；9—底座；11—条形槽；A—固定盒；B—固定盒

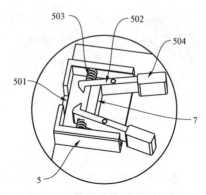

图 3-5　图 3-4 的 A 处放大图

5—固定盒；501—插孔；502—卡杆；503—卡接弹簧；504—按压块；7—限位块

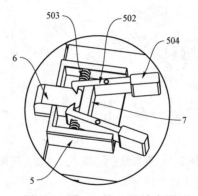

图 3-6　图 3-4 的 B 处放大图

5—固定盒；6—插块；7—限压块；502—卡杆；503—卡接弹簧；504—按压块

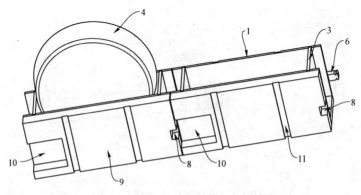

图 3-7　一种实施方式的条形存储架仰视示意图

1. 顶板；3—挡片；4—存放盒；6—插块；8—插接机构放置槽；
9—底座；10—固定机构放置槽；11—条形槽

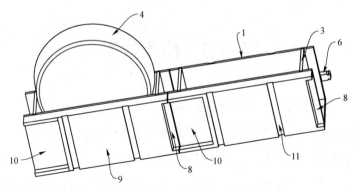

图 3-8　另一种实施方式的条形存储架仰视示意图

1—顶板；3—挡片；4—存放盒，6—插块；8—插接机构放置槽；
9—底座；10—固定机构放置槽；11—条形槽

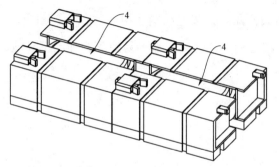

图 3-9　测量盘存储架（单层多组）示意图

4—存放盒

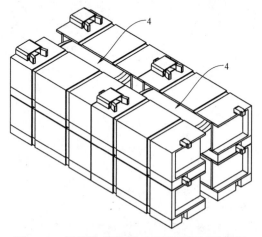

图 3-10　测量盘存储架（多层多组）示意图

4—存放盒

第四节 应用效果

通过巧妙的优化设计，可取得如下应用效果：

本装置中两个条形存储架并联连接成一组，存放盒存放和搬运过程中不会滑落，通过插接机构和固定机构使相邻条形存储架之间能够进行串联连接，并且还可以继续向外串联扩展，多个存放盒和样品测量盘能够整齐放置。条形存储架连接后还可以上下叠放多层，能够实现多维度组合摆放，摆放整齐、稳固，减少对存放空间的占用，方便样品测量盘的查找复测，有效地防止样品测量盘叠加沾染样品。该装置结构实用，体积小，重量轻，方便单人搬运转移，且搬运转移过程中样品测量盘不易滑落、样品不易被震出。

第四章　色层柱架

本章详细介绍一种色层柱架，该装置既能够竖向随意放置、不易倾倒、稳定性好，而且能够满足试验全过程的需求并具有保护作用。本章从基本概况、设计思路、构造精讲和应用效果四方面对该装置进行详细全面介绍，以方便读者更加深入地了解本装置。

第一节　基本概况

HDEHP-kel-F 色层柱即用于 HDEHP 萃取色层法快速分离和测定水和生物灰中锶-90 的层析柱。使用色层柱前，需要将色层柱放置在某一支架上，色层柱的下部用玻璃棉填充，关紧活塞，将 HDEHP 萃淋树脂用一定浓度的硝酸移入柱内。打开活塞，让树脂自然下沉，在柱细管内保持一定的液面高度，用玻璃棉封住液面后，依次加入相应试剂和样品。下方放置的烧杯可以盛接废液，经过淋洗和解析作用后，萃取分离得到钇-90，待测液流到下方预先放置好的烧杯中。在使用完成色层柱后，通常将色层柱放在实验桌上的一角，色层柱并不从支架上拿下来，继续分离第二批样品，或者待试验结束后清洗。

由于色层柱主体为有机玻璃管，直接放置很容易导致内部液体和树脂流出等问题，并且一旦被碰到落地色层柱就会粉碎，影响到后续研究的结果数据，整个试验过程中用于摆放色层柱的支架显得尤为重要。

现有的色层柱支架结构复杂，不便于在实验桌或试验台上摆放，要么放置不方便，要么易于倾倒，要么尺寸过大。因此需要一种大小适宜、功能合理的支架，能够方便、安全地放置色层柱，使用前可存放柱子，使用中可用于萃取分离，方便废液收集，使用后可暂时存放柱子。柱子清洗烘干后可以放在上面供下次使用，并具备一定保护能力，以满足试验全过程的需求。

第二节 设计思路

色层支架，能够满足试验全过程的需求，可以作如下设计：设计两个侧支板，侧支板为梯形结构，两个侧支板之间的下部和上部分别设有下底座板和上支架板。下底座板两端连接两个侧支板的下部，上支架板两端连接两个侧支板的上部，上支架板上设有若干个均匀分布的盛放孔。盛放孔包括从后至前依次设置的圆导孔和缺口，圆导孔前端同缺口连通，缺口的宽度小于圆导孔的直径。

下底座板和上支架板两端同侧支板之间均通过两个螺栓连接固定，下底座板下端中间的位置设有加强竖板。该色层柱架整体长 59 cm，上顶宽 9 cm，下底宽 15 cm，高 32 cm。下底座板和上支架板长度均为 57 cm，宽度均为 8.7 cm，厚度均为 0.8 cm。侧支板上边长为 9 cm，下边长为 15 cm，厚度为 0.8 cm。盛放孔设置有 6 个。盛放孔设置有 6 个。圆导孔 6 的直径为 3.1 cm，圆导孔 6 的边沿距上支架板 3 的侧边 3 cm。缺口 7 的长度为 2.6 cm，缺口 7 之间的净距为 8 cm。

第三节 构造精讲

为了更清楚地说明如何实施，本节结合较佳的实施方案对本装置进行详细描述。所绘制结构、比例、大小等，均仅用以配合本章所揭示的内容，供专业技术人员阅读和参考。

如图 4-1、图 4-2、图 4-3、图 4-4、图 4-5 所示，一种色层柱架包括两个梯形结构的侧支板 1，侧支板 1 之间的位置下端和上端分别设有下底座板 2 和上支架板 3，下底座板 2 和上支架板 3 两侧同侧支板 1 之间前后端均通过设有螺栓 4 固定连接。上支架板 3 上前端设有六个均匀分布的盛放孔 5，盛放孔 5 包括从后至前依次设有的圆导孔 6 和缺口 7，圆导孔 6 前端同缺口 7 连通，缺口的宽度小于圆导孔的直径。

梯形结构的侧支板 1 能够使得整个色层柱架放置更稳定，不易倾倒。螺栓连接便于拆卸维护、清洗，便于组装和转运。

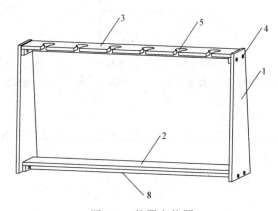

图 4-1 装置立体图

1—侧支板，2—下底座板，3—上支架板，4—螺栓，5—盛放孔，8—加强竖板

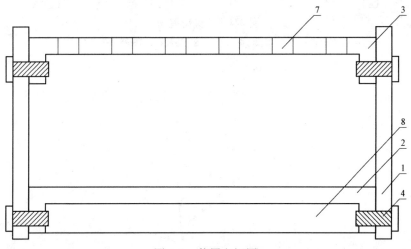

图 4-2 装置主视图

1—侧支板，2—下底座板，3—上支架板，4—螺栓，7—缺口，8—加强竖板

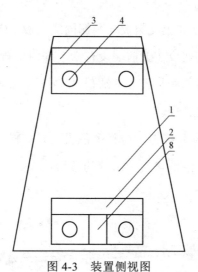

图 4-3　装置侧视图

1—侧支板，2—下底座板，3—上支架板，4—螺栓，8—加强竖板

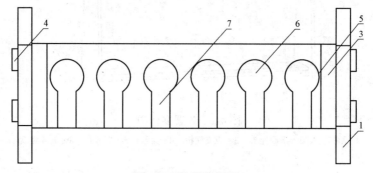

图 4-4　装置俯视图

1. 侧支板，3—上支架板，4—螺栓，5—盛放孔，6—圆导孔，7—缺口

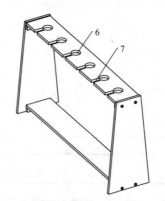

图 4-5　装置另一视角的立体图

6—圆导孔，7—缺口

缺口 7 便于色层柱放入，将其宽度设计为小于圆导孔的直径，从横向放入色层柱，然后色层柱支撑在圆导孔 6 中，不易掉落或滑出。下底座板 2 下端中间的位置设有加强竖板 8 使得下底座板 2 不至于过度承重而折断。

本装置的色层柱架整体长 59 cm，上顶宽 9 cm，下底宽 15 cm，高 32 cm。

下底座板 2 和上支架板 3 长度均为 57 cm，下底座板 2 和上支架板 3 宽度均为 8.7 cm，下底座板 2 和上支架板 3 厚度均为 0.8 cm。

侧支板 1 上边长为 9 cm，侧支板 1 下边长为 15 cm，侧支板 1 厚度为 0.8 cm。

圆导孔 6 的直径为 3.1 cm，圆导孔 6 的边沿距上支架板 3 的侧边 3 cm。缺口 7 的长度为 2.6 cm。缺口 7 之间的净距为 8 cm，如此在各个圆导孔 6 中便于放置色层柱而不相互干扰。以上尺寸设计综合考虑实验室设备尺寸结构，同时考虑功能需求，既能够放置色层柱，又不会过多占用设备空间。

工作原理：使用色层柱时，将柱子放到本支架上，色层柱的下部用玻璃棉填充，关紧活塞，将 HDEHP 萃淋树脂用一定浓度的硝酸移入柱内。打开活塞，让树脂自然下沉，在柱细管内保持一定的液面高度，用玻璃棉封住液面后，依次加入相应试剂和样品。下方放置的烧杯可以承接废液，经过淋洗和解析作用后，萃取分离得到钇-90，待测液流到下方预先放置好的烧杯中。用完后，柱子不拿下来，继续分离第二批样品，或者待试验结束后清洗。本装置设置于两侧的圆导孔 6 距离侧支板的距离为 3 cm，缺口 7 的宽度要小于圆导孔 6，这样能够配合色层柱上端为粗管下端为细管的结构。在使用时，主需要将色层柱抬高，然后将细管处对准缺口 7 然后将色层柱放入直到到达圆导孔处，然后缓慢松手直到粗管底面接触到圆导孔 6 并且被圆导孔 6 阻挡固定住即可实现色层柱的放置。本支架盛放安全、方便，结构牢固，稳定性好，可贯穿应用于试验全过程，即使用前可存放柱子，使用中可用于萃取分离，方便废液收集，使用后可暂时存放，柱子清洗烘干后可以放在上面供下次使用，完全适用于色层柱的放置要求。

第四节　应用效果

通过巧妙的优化设计，可取得如下应用效果：

1. 本装置采用侧支板、下底座板和上支架板构成一个稳定的结构，并且设置的盛放孔能够用来竖向放置色层柱，取拿方便，有效避免其出现漏液问题，并具备一定保护能力。因为侧支板、下底座板和上支架板固定，结构牢固，稳定性好，不容易被误碰到，可减少跌落的概率。同时色层柱插接在上支架板上的，上支架板能够对其起到一定的保护作用。

2. 本装置使用前可存放柱子，使用中可用于萃取分离，方便废液收集，使用后可暂时存放柱子，柱子清洗烘干后可以放在上面供下次使用。本装置高度适中，盛放色层柱后，色层柱下方有放置至少 100 mL 烧杯的高度余量，色层柱可用于萃取分离，烧杯方便废液收集，完全适用于色层柱的放置要求。

第五章　多孔位陶瓷高温灰化固定装置

本章详细介绍一种多孔位陶瓷高温灰化固定装置，该装置能够防止陶瓷蒸发皿直接接触马弗炉壁，避免了称量误差，提高了准确性。本章从基本概况、设计思路、构造精讲和应用效果四方面对该装置进行详细全面介绍，以方便读者更加深入地了解本装置。

第一节　基本概况

在对水中总放射性进行检测时，需要精确称出水样残渣灰化后的质量。此步骤需通过马弗炉进行，大致步骤为：先放一个空陶瓷蒸发皿到马弗炉中350 ℃高温至恒重，记录质量，水样残渣用电热板蒸干后，放入马弗炉中350 ℃高温灰化，记录总质量，两者质量之差即为水样的灰样质量。为了保证称量准确，需要确保马弗炉炉腔内洁净无污染，而一般的马弗炉中，里面沉积的灰分较多，陶瓷蒸发皿直接接触马弗炉壁的话，容易沾染这些灰分。此外，高温时上壁的灰分容易飘落沉积至陶瓷蒸发皿内，导致称量误差。

第二节　设计思路

一种多孔位陶瓷高温灰化固定装置，能够防止陶瓷蒸发皿直接接触马弗炉壁，可以作如下设计：设计陶瓷腔体，陶瓷腔体由四周侧壁围合形成，陶瓷腔体的顶部连接有陶瓷上盖，陶瓷腔体的底部具有耐热底板，陶瓷腔体内侧壁上开设有限位槽。限位槽内安装有耐热隔板，耐热隔板位于耐热底板的上方并距耐热底板一定距离，耐热隔板上开设有若干个均匀分布的放置孔。

陶瓷上盖上开有手提孔，陶瓷腔体的至少相对两侧的侧壁顶部具有弧形凹槽。陶瓷腔体相对两侧的侧壁上对称开设有手握条形槽，手握条形槽横向设置。陶瓷腔体相对另外两侧侧壁的至少其中一侧壁上开设有安装槽，安装槽内嵌设有温度计，安装槽竖向设置。

陶瓷上盖的四周连接有四个第一连接件，陶瓷腔体顶部四周连接有四个第二连接件，四个第一连接件与四个第二连接件对应并能够通过四个紧固螺钉螺纹连接。耐热底板的底部四角设置有四个均匀分布的定位柱，陶瓷上盖的上表面四角开设有四个均匀分布的定位孔，四个定位柱与四个定位孔对应并相匹配，放置孔在耐热隔板上均匀开设四个。

第三节　构造精讲

为了更清楚地说明如何实施，本节结合较佳的实施方案对本装置进行详细描述。所绘制结构、比例、大小等，均仅用以配合本章所揭示的内容，供专业技术人员阅读和参考。

如图 5-1、图 5-2、图 5-3、图 5-4 所示，一种多孔位陶瓷高温灰化固定装置，包括陶瓷腔体 1，陶瓷腔体 1 设置有陶瓷上盖 8，陶瓷腔体 1 内固定连接有耐热底板 2，陶瓷腔体 1 内开设有限位槽 16，限位槽 16 内安装有耐热隔板 3。耐热隔板 3 位于耐热底板 2 的上方，耐热隔板 3 的表面开设有四个均匀分布的放置孔 4。陶瓷腔体 1 的前后两端均开设有弧形凹槽 7，陶瓷腔体 1 的左右两端均开设有手握条形槽 14。

例如，首先将紧固螺钉从第一连接件 11 和第二连接件 12 中拧出，其次将陶瓷上盖 8 拿起放置在桌面，然后将陶瓷蒸发皿直接放入放置孔 4 内，再次将桌面上的陶瓷上盖 8 放在陶瓷腔体 1 上，最后将紧固螺钉 13 螺纹连接进第一连接件 11 和第二连接件 12 内即可。其中弧形凹槽 7 是为了便于散热，手握条形槽 14 是为了便于搬运陶瓷腔体 1。

陶瓷腔体 1 的上侧设置有陶瓷上盖 8，陶瓷上盖 8 的上端开有手提孔 9，陶瓷上盖 8 是为了防止灰尘落入，手提孔 9 的开设是为了便于拿起陶瓷上盖 8。

陶瓷腔体 1 的表面固定连接有四个第二连接件 12，陶瓷上盖 8 的表面固定连接有四个第一连接件 11，四个第一连接件 11 与四个第二连接件 12 之间通过四个紧固螺钉 13 螺纹连接。

陶瓷腔体 1 的前端开设有安装槽 5，安装槽 5 内嵌设有温度计 6，安装槽 5 是为了便于安装温度计 6，温度计 6 是为了测量陶瓷腔体 1 内温度。高温灰化结束后，放置在大型防潮箱中，可观测温度，待降至室温时可开盖取出样品。

安装槽 5 竖向设置，使得便于竖向安装的温度计 6 测量陶瓷腔体 1 内温度和读数。

陶瓷腔体 1 的下端固定连接有四个均匀分布的定位柱 15，陶瓷上盖 8 的上端开设有四个均匀分布的定位孔 10，四个定位柱 15 与四个定位孔 10 均相匹配。

四个定位柱 15 和四个定位孔 10 的相互配合是为了方便多个装置叠放在一起，以节省空间，也不互相干扰。

两个手握条形槽 14 内均设置为弧面，且手握条形槽 14 与手指相契合，是为了便于搬动陶瓷腔体 1。

工作原理：当需要使用本装置时，首先将紧固螺钉从第一连接件 11 和第二连接件 12 中拧出，然后将陶瓷上盖 8 拿起放置在桌面，将陶瓷蒸发皿直接放入放置孔 4 内。最后将桌面上的陶瓷上盖 8 放在陶瓷腔体 1 上，再将紧固螺钉 13 螺纹连接进第一连接件 11 和第二连接件 12 内。最终可以实现防止陶瓷蒸发皿直接接触马弗炉壁，从而避免灰尘飘落在陶瓷蒸发皿内及陶瓷蒸发皿直接接触马弗炉底部，进而避免了称重出现误差。

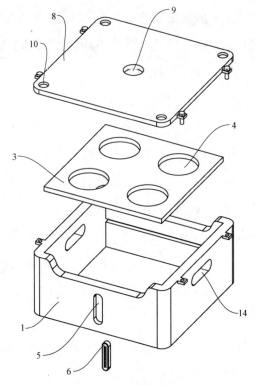

图 5-1　装置爆炸图

1—陶瓷腔体；3—耐热隔板；4—放置孔；5—安装槽；6—温度计；

8—陶瓷上盖；9—手提孔；10—定位孔；14—手握条形槽

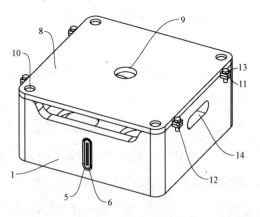

图 5-2　装置主视图

1—陶瓷腔体；5—安装槽；6—温度计；8—陶瓷上盖；9—手提孔；10—定位孔；

11—第一连接件；12—第二连接件；13—紧固螺钉；14—手握条形槽

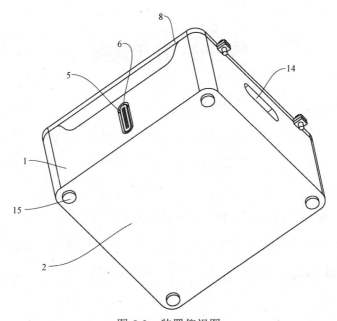

图 5-3 装置仰视图

1—陶瓷腔体；2—耐热底板；5—安装槽；6—温度计；

8—陶瓷上盖；14—手握条形槽；15—定位柱

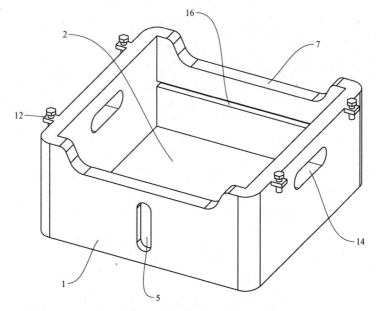

图 5-4 装置陶瓷腔体的结构图

1—陶瓷腔体；2—耐热底板；5—安装槽；7—弧形凹槽；

12—第二连接件；14—手握条形槽；16—限位槽

第四节　应用效果

通过巧妙的优化设计，可取得如下应用效果：

1. 陶瓷蒸发皿放置在耐热底板上，可以防止陶瓷蒸发皿直接接触马弗炉壁，从而避免灰尘飘落在陶瓷蒸发皿内以及陶瓷蒸发皿直接接触马弗炉底部，进而避免了称重出现误差。

2. 陶瓷腔体开设有安装槽，安装槽内嵌设有温度计，安装槽便于安装温度计。温度计能够测量陶瓷腔体内温度，高温灰化结束后，放置在大型防潮箱中，可观测温度，待降至室温时可开盖取出样品。

第六章　大容量烧杯旋转固定架

本章详细介绍一种大容量烧杯旋转固定架，该装置能够固定烧杯，自由升降两端支架，便于操作，可明显提高转动效率。本章从基本概况、设计思路、构造精讲和应用效果四方面对该装置进行详细全面介绍，以方便读者更加深入地了解本装置。

第一节　基本概况

烧杯是指一种常见的实验室玻璃器皿，由玻璃、塑料，或者耐热玻璃制成。烧杯呈圆柱形，顶部的一侧开有一个槽口，便于倾倒液体，烧杯广泛用于化学试剂的加热、溶解、混合、煮沸、熔融、蒸发浓缩、稀释及沉淀澄清等。

进行水中总 α、总 β 放射性检测时，因为水样放射性水平极低，所以需要 2 L 的大烧杯来浓缩富集。一般需要将 2 L 水样蒸发浓缩至 100 mL，再转移至蒸发皿中做进一步处理。2 L 烧杯转移至蒸发皿前，浓缩液需要用硝酸溶液（1+1）不停冲洗内壁；转出至蒸发皿的过程中，需要一边用手让烧杯以不同倾斜角度缓慢向下转，一边用手不停缓慢转动烧杯，以让滞留在 2 L 的大烧杯内壁的放射性核素被硝酸溶液溶解后完全聚成一股水流转入蒸发皿中。这个过程难度较大，对实验人员要求较高，一方面是因为 2 L 的大烧杯直径太大，不好抓取，容易脱手，且两个操作过程较难同步；一方面是批量处理时，手不断地悬停在空中旋转大烧杯，边旋转边将液体按照环状路线缓缓流出烧杯，容易导致胳膊酸、手发抖，或是硝酸溶液没有流经覆盖到所有地方甚至倾斜角度突然过大导致液体直接流出出现转移不完全等误差，另外就是硝酸存在安全隐患。

第二节 设计思路

一种大容量烧杯旋转固定架，能够固定烧杯，自由升降两端支架，可以作如下设计：设计底座，底座上设置有左右两支撑板，两支撑板平行相对设置，两支撑板上部分别连接有一夹持板。其中右侧夹持板向两夹持板之间伸出一第一转轴，左侧夹持板向两夹持板之间伸出一第二转轴，第一转轴、第二转轴轴线共线且分别与一圆筒外壁固定连接，第一转轴外端连接有一转动驱动机构。

转动驱动机构为转动把手或转动驱动电机，转动把手或转动驱动电机与第一转轴驱动连接。左侧夹持板开设有圆孔，圆孔内安装一伸缩杆，伸缩杆与第二转轴连接，且伸缩杆外壁设置一圈周向均匀间隔分布的第一限位块，左侧夹持板上设置有两个第二限位块。两个第二限位块之间的距离与第一限位块匹配，使得第一限位块恰好能够被卡在两个第二限位块之间。

两个第二限位块通过一固定板安装在左侧夹持板的内壁，两夹持板分别内嵌在相应支撑板内并能够在相应支撑板内上下移动，且左支撑板内设置有升降驱动机构。升降驱动机构包括设置在支撑板内的螺纹杆，螺纹杆上安装一活动板，活动板上连接一支撑杆，螺纹杆下端连接一齿轮，齿轮啮合连接一升降驱动电机。

支撑杆竖向设置，其顶端与相应夹持板的底部固定连接，右支撑板内壁设置有滑道，右侧夹持板与滑道活动连接。升降驱动电机设置在左支撑板的外部，圆筒内壁设置有吸水海绵。圆筒为透明塑料材质，大容量烧杯为至少 2 L 的容量。

第三节 构造精讲

为了更清楚地说明如何实施，本节结合较佳的实施方案对本装置进行详细描述。所绘制结构、比例、大小等，均仅用以配合本章所揭示的内容，供专业技术人员阅读和参考。

如图6-1、图6-2、图6-3、图6-4所示，一种大容量烧杯旋转固定架，包括底座1，底座1上设置有左右两支撑板2，两支撑板2平行相对设置，两支撑板2上部分别连接有一夹持板3。其中右侧夹持板3向两夹持板之间伸出一第一转轴5，左侧夹持板3向两夹持板之间伸出一第二转轴7，第一转轴5、第二转轴7轴线共线且分别与一圆筒6外壁固定连接，且第一转轴5外端连接有一转动驱动机构4。

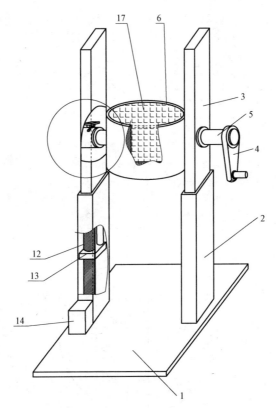

图 6-1　装置示例结构示意图

1—底座；2—支撑板；3—夹持板；4—转动驱动机构；5—第一转轴；6—圆筒；
12—螺纹杆；13—活动板；14—升降驱动电机；17—吸水海绵

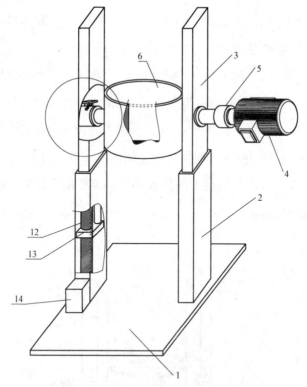

图6-2 装置另一种示例结构示意图

1—底座；2—支撑板；3—夹持板；4—转动驱动机构；5—第一转轴；

6—圆筒；12—螺纹杆；13—活动板；14—升降驱动电机

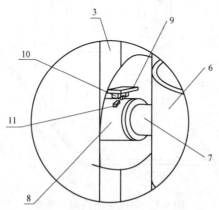

图6-3 局部剖视放大结构示意图

3—夹持板；6—圆筒；7—第二转轴；8—伸缩杆；

9—固定板；10—第二限位块；11—第一限位块

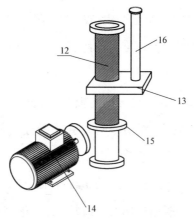

图 6-4 升降驱动机构结构示意图

12—螺纹杆；13—活动板；14—升降驱动电机；15—齿轮；16—支撑杆

两组支撑板 2 结合夹持板 3 用于对圆筒 6 进行夹持，圆筒 6 内放置大容量烧杯。通过转动驱动机构对第一转轴 5 施加转动，带动圆筒 6 及圆筒 6 内的大容量烧杯旋转，实现大容量烧杯旋转以倾倒其中液体的目的。

转动驱动机构 4 为转动把手或转动驱动电机，转动把手或转动驱动电机与第一转轴 5 驱动连接，如图 6-1、图 6-2 所示。转动把手为现有技术，主要用于手动握起时更加适配手的用力，减轻转动时的耗力。

当采用转动驱动电机作为转动驱动机构 4 时，转动驱动电机为现有技术，可采用微型电机，主要用以驱动烧杯转动，来调整适宜操作的角度。转动驱动电机设置一个倒车键，按下缓缓往回转，松开即停可以实现微动回调，使操作更加灵活自如、人性化。需要注意的是，电动调节转动速度不可过快，应当缓缓转动。

左侧夹持板 3 开设有圆孔，圆孔内安装一伸缩杆 8，伸缩杆 8 与第二转轴 7 连接，且伸缩杆 8 外壁设置一圈周向均匀间隔分布的第一限位块 11。左侧夹持板 3 上设置有两个第二限位块 10，两个第二限位块 10 之间的距离与第一限位块 11 匹配，使得第一限位块 11 恰好能够被卡在两个第二限位块 10 之间。

当需要将烧杯固定在一特定位置从而使其保持一特定倾斜角度时，通过手动推动伸缩杆 8 伸缩，或者手动推动圆筒 6 带动伸缩杆 8 伸缩，使得两个第二限位块 10 夹持相应的一个第一限位块 11，限制第二转轴 7 的转动，从而将圆筒 6 保持在一特定的倾斜角度。伸缩杆 8 可延伸至左侧夹持板 3 外，也可安装在左侧夹持板 3 内部。

上述两个第二限位块 10 通过一固定板 9 安装在左侧夹持板 3 的内壁，如此能够保持夹持板外部结构的整洁。两夹持板 3 分别内嵌在相应支撑板 2 内并能够在相应支撑板 2 内上下移动，且左支撑板 2 内设置有升降驱动机构。升降驱动机构包括设置在支撑板 2 内的螺纹杆 12，螺纹杆 12 上安装一活动板 13，活动板 13 上连接一支撑杆 16，螺纹杆 12 下端连接一齿轮 15，齿轮 15 啮合连接一升降驱动电机 14。

支撑杆 16 竖向设置，其顶端与相应夹持板 3 的底部固定连接，右支撑板 2 内壁设置有滑道，右侧夹持板 3 与滑道活动连接。

螺纹杆 12 下端的齿轮 15 通过电机 14 带动使活动板 13 进行上下升降，活动板 13 上的支撑杆 16 与左侧夹持板 3 底部固定，从而带动左侧夹持板 3 做上下升降活动。同时由于右支撑板 2 内壁设置有滑道，右侧夹持板 3 与滑道活动连接，右侧夹持板 3 同步在右支撑板 2 内做上下升降活动。通过自由调节升降，实验者能够调整适合自己高度的位置，减轻了实验过程中由于烧杯高度固定不可调导致使用者不适的问题。

升降驱动电机 14 设置在左支撑板 2 的外部，以便检修。

圆筒 6 内壁设置有吸水海绵 17，如图 6-1 所示。吸水海绵 17 为现有技术，可增加与烧杯的摩擦力，防止烧杯倾斜过程中脱落，还能及时吸附烧杯外壁洒出的液体。

圆筒 6 最好是采用透明塑料材质，方便实验人员观察里面液体的转动情况。大容量烧杯为至少 2 L 的容量，以满足本装置特定的使用需求。

使用时，通过第一转轴 5 与第二转轴 7 固定连接圆筒 6 两侧。第一转轴 5 与转动把手或转动驱动电机连接，通过操作转动把手或转动驱动电机，带动第一转轴 5 转动同时圆筒 6 跟随转动。该装置解决了手不断地悬停在空中旋转大烧杯，边旋转边将液体按照环状路线缓缓流出烧杯，容易导致胳膊酸、手发抖，液体直接倒出导致转移不完全的问题，同时减轻了手转动的频率，提高了转动效率。通过伸缩杆 8 能够进行推动与拉伸，当推动第一转轴 5 时带动第二转轴 7 推动伸缩杆 8 使伸缩杆 8 上的第一限位块 11 在若干组第二限位块 10 之间进行卡接固定，防止转动烧杯结束后，无法固定导致实验产生失误。通过升降驱动电机 14 转动带动与电机前端啮合连接的齿轮 15 同步转动，使螺纹杆 12 转动，当螺纹杆 12 转动时带动活动板 13 进行升降移动，支撑杆 16 顶部与左侧夹持板 3 固定连接。当支撑杆 16 上升时带动夹持板 3 上升，通过自由调节升降，来使实验者能够调整适合自己高度的位置，减轻了实验过程中由于烧杯高度不可调导致身体过于疲惫的问题。

第四节　应用效果

通过巧妙的优化设计，可取得如下应用效果：

1. 该 2 L 容量烧杯旋转固定架，通过第一转轴与第二转轴固定连接圆筒两侧，转动第一转轴同时圆筒跟随转动，解决了手不断地悬停在空中旋转大烧杯，容易导致胳膊酸、手发抖，液体直接倒出导致转移不完全的问题，同时减少了手转动的频率，提高了转动效率。

2. 通过伸缩杆能够进行推动与拉伸，推动伸缩杆使伸缩杆上的第一限位块在若干组第二限位块之间进行卡接固定，防止转动烧杯结束后，无法固定导致实验产生失误。

3. 该大容量烧杯旋转固定架，在使用时通过启动升降驱动电机转动带动与电机前端啮合连接的齿轮同步转动，使螺纹杆转动。当螺纹杆转动时带动活动板在夹持板内升降移动，支撑杆顶部与左侧夹持板固定连接。当支撑杆上升时带动整体夹持板进行上升，通过自由调节升降，实验者能够调整适合自己高度的位置，减轻了实验过程中由于烧杯高度固定导致身体过于疲惫的问题。

第七章　托底式高温钳

本章详细介绍一种托底式高温钳，该装置能够有效地防止样品被污染，稳定性好，实用性高。本章从基本概况、设计思路、构造精讲和应用效果四方面对该装置进行详细全面介绍，以方便读者更加深入地了解本装置。

第一节　基本概况

在马弗炉或者电热板上加热的器皿，无论是陶瓷蒸发皿还是烧杯，温度太高时取出需要使用高温夹。目前常见的高温钳是长杆夹，通过长杆和夹持部配合将陶瓷蒸发皿或者烧杯夹住，高温钳使夹住陶瓷蒸发皿或烧杯移动至合适的位置，便于样品加热后的取出。

目前，现有的大部分高温钳主要是夹住陶瓷蒸发皿壁或者烧杯壁，容易污染样品，并且在实际操作过程中，由于被夹物品和高温钳具有一定的重量，会出现夹不稳的情况，且夹烧杯时，若力度控制不当容易出现夹碎裂情况。

第二节　设计思路

一种托底式高温钳，能够有效的防止样品被污染，可以作如下设计：设计两个通过第一铰轴活动铰接的钳体，在两个钳体下方第一铰轴底端连接有固定杆。固定杆的底端连接有引导框，引导框内滑动设置有托底板。两个钳体通过一推拉机构连接托底板，推拉机构用于从引导框中推进和拉回托底板。

两个钳体均包括手柄和夹钳，两个手柄分别连接两个夹钳。两个手柄远离两个夹钳的一端均设置有折弯把手，两个折弯把手的外表面均做光滑打磨处理。两个夹钳均为弧形结构，夹钳的弧形内表面均设置有防护垫条，防护垫条的内表面均刻有防滑纹。

推拉机构包括两个连杆和两个转杆，两个连杆的一端均通过第二铰轴活动铰接于托底板的一端，两个转杆的顶端分别固定连接于两个钳体的底部，且两个转杆的底端分别通过第三铰轴活动铰接于两个连杆的另一端。

两个转杆的顶端分别固定连接于两个手柄的底部。托底板远离两个连杆的一端连接有楔形铲头，且楔形铲头与两个夹钳相对应。托底板为矩形结构，楔形铲头设置在矩形长边方向的前端。

第三节　构造精讲

为了更清楚地说明如何实施，本节结合较佳的实施方案对本装置进行详细描述。所绘制结构、比例、大小等，均仅用以配合本章所揭示的内容，供专业技术人员阅读和参考。

如图7-1、图7-2、图7-3、图7-4所示，一种托底式高温钳，包括两个钳体1，两个钳体1之间通过第一铰轴10活动铰接。两个钳体1下方第一铰轴10底端连接有固定杆，固定杆3的底端连接有引导框4，引导框4内滑动设置有托底板2。两个钳体1与托底板2之间设置有推拉机构，推拉机构用于推动托底板2，使得托底板2能够随着两个钳体1的打开和闭合从而能够在引导框4中向前和向后滑动。

固定杆3用于连接两个钳体1和引导框4，在夹持陶瓷蒸发皿或烧杯时，首先展开两个钳体1，两个钳体1通过推拉机构使托底板2在引导框4内回缩滑动。然后通过两个钳体1将陶瓷蒸发皿或烧杯夹住，两个钳体1使陶瓷蒸发皿或烧杯固定，同时托底板2插入陶瓷蒸发皿或烧杯的底部，对陶瓷蒸发皿或烧杯进行支撑。

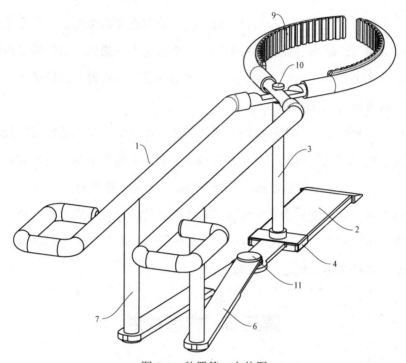

图 7-1　装置第一立体图

1—钳体；2—托底板；3—固定杆；4—引导框；6—连杆；7—转杆；

9—防护垫条；10—第一铰轴；11—第二铰轴

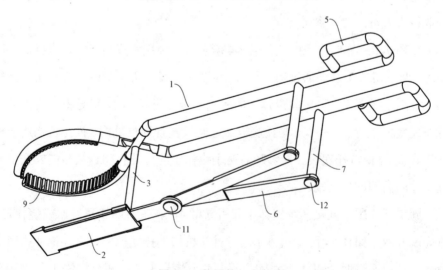

图 7-2　装置第二立体图

1. 钳体；2—托底板；3—固定杆；5—折弯把手；6—连杆；7—转杆；

9—防护垫条；11—第二铰轴；12—第三铰轴

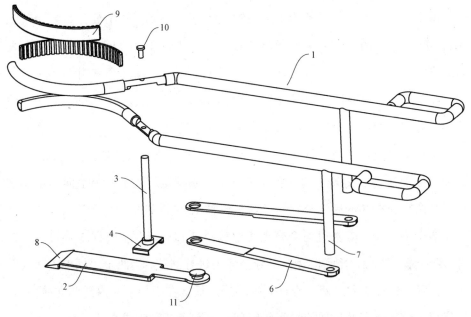

图 7-3　装置爆炸图

1—钳体；2—托底板；3—固定杆；4—引导框；6—连杆；7—转杆；
8—楔形铲头；9—防护垫条；10—第一铰轴；11—第二铰轴

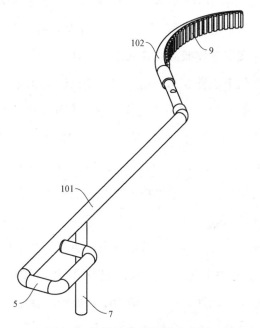

图 7-4　装置部分结构的立体图

101—手柄；102—夹钳；5—折弯把手；7—转杆；9—防护垫条

两个钳体 1 均包括手柄 101 和夹钳 102，两个手柄 101 分别连接两个夹钳 102。第一铰轴 10 连接在两个手柄 101 和两个夹钳 102 之间，在对陶瓷蒸发皿或烧杯夹持时，通过铰轴转动两个手柄 101 展开，使两个夹钳 102 能够打开，陶瓷蒸发皿或烧杯对应在两个夹钳 102 之间，通过铰轴转动两个手柄 101 关闭，能够实现两个夹钳 102 对陶瓷蒸发皿或烧杯进行夹持。

推拉机构包括两个连杆 6 和两个转杆 7，两个连杆 6 均通过第二铰轴 11 活动铰接于托底板 2 的一端，两个转杆 7 分别固定连接于两个手柄 101 的底部，且两个转杆 7 的底端分别通过第三铰轴 12 活动铰接于两个连杆 6。

两个手柄 101 在展开时会带动两个转杆 7 移动，两个转杆 7 通过两个连杆 6 拉回托底板 2，托底板 2 在引导框 4 内进行回缩。当两个手柄 101 转动关闭时，两个转杆 7 通过两个连杆 6 推动托底板 2 在引导框 4 内滑动向前伸出，托底板 2 铲入陶瓷蒸发皿或烧杯的底部，对陶瓷蒸发皿或烧杯支撑。

两个手柄 101 远离两个夹钳 102 的一端均固定连接有折弯把手 5，两个折弯把手 5 的形状与人手指形状匹配，且两个折弯把手 5 的外表面均做光滑打磨处理。通过两个折弯把手 5 能够使两个手柄 101 的展开与关闭更加方便，使两个夹钳 102 对陶瓷蒸发皿或烧杯稳定的夹持。

托底板 2 远离两个连杆 6 的一端连接有楔形铲头 8，且楔形铲头 8 与两个夹钳 102 相对应。楔形铲头 8 设置为楔形状，方便托底板 2 向陶瓷蒸发皿或烧杯的底部进行插入。两个夹钳 102 的内表面均固定连接有防护垫条 9，两个防护垫条 9 的内表面均刻有防滑纹。两个防护垫条 9 对陶瓷蒸发皿或烧杯进行保护，通过防滑纹保持一定的摩擦力，在增加两个夹钳 102 对陶瓷蒸发皿或烧杯夹持稳定性的同时起到一定的防护作用。

工作原理：在夹持陶瓷蒸发皿或烧杯时，首先两个手柄 101 通过第一铰轴 10 转动使两个手柄 101 展开，使两个夹钳 102 能够打开，陶瓷蒸发皿或烧杯对应在两个夹钳 102 之间。两个手柄 101 在展开时会带动两个转杆 7 移动，两个转杆 7 通过两个连杆 6 拉回托底板 2，托底板 2 在引导框 4 内进行回缩。然后通过第一铰轴 10 转动使两个手柄 101 关闭，能够实现两个夹钳 102 对陶瓷蒸发皿或烧杯进行夹持。同时两个转杆 7 通过两个连杆 6 推动托底板 2 在引导框 4 内向前滑动，托底板 2 铲入陶瓷蒸发皿或烧杯的底部，对陶瓷蒸发皿或烧杯支撑。

第四节　应用效果

通过巧妙的优化设计，可取得如下应用效果：

固定杆用于连接两个钳体和引导框，在夹持陶瓷蒸发皿或烧杯时，首先展开两个钳体，两个钳体通过推拉机构使托底板在引导框内回缩滑动，然后通过两个钳体将陶瓷蒸发皿或烧杯夹住。两个钳体使陶瓷蒸发皿或烧杯固定，同时托底板插入陶瓷蒸发皿或烧杯的底部，对陶瓷蒸发皿或烧杯进行支撑。本装置中，通过两个手柄和两个夹钳将陶瓷蒸发皿或烧杯的外表面夹住固定，有效的防止样品被污染，同时推拉机构将托底板插入陶瓷蒸发皿或烧杯的底部进行支撑，使高温钳夹住后移动更加稳定，不需要太过用力的夹持烧杯，防止烧杯损坏。

第八章　陶瓷蒸发皿防飞溅遮盖装置

本章详细介绍一种陶瓷蒸发皿防飞溅遮盖装置，该装置能够防止硫酸溅射，也能够防止有害物质污染环境，提高了实验的准确性。本章从基本概况、设计思路、构造精讲和应用效果四方面对该装置进行详细全面介绍，以方便读者更加深入地了解本装置。

第一节　基本概况

在开展水中总 α、总 β 检测时，水样被浓缩至 100 mL 左右时，需要将其转入陶瓷蒸发皿中，加入 1 mL 浓硫酸，然后置于电热板加热蒸干，再放入马弗炉中灰化。但是在高温状态下，硫酸会受热飞溅至陶瓷蒸发皿外，导致实验损失，而这一步是整个检测过程中较为关键的一步，也是待测物质损失较大的一步，因此需要通过陶瓷蒸发皿防飞溅遮盖装置防止硫酸飞溅。

目前，一般通过降低电热板的温度来减少液体飞溅，这样无疑会增加实验时间。常用的防飞溅装置大部分是一个简易的盖子，拿握不方便，飞溅的物体黏附在盖子上，难以清理，同样也会造成损失。盖子下附着定量滤纸，也会因难以固定而脱落，导致气体蒸发至空气中污染环境，并且蒸发皿中水样的总质量容易损失。

第二节　设计思路

一种陶瓷蒸发皿防飞溅遮盖装置，能够防止硫酸溅射且防止有害物质污染环境，可以作如下设计：设计防溅盖和定量滤纸，防溅盖为矩形或方形板体，板体上均匀分布有多个散温孔，并且板体的其中一侧安装有把手。板体的另外相对两侧底边缘设置有向内开口的 C 型槽，两 C 型槽开口对置，两 C 型槽的间距与定量滤纸的尺寸匹配，两 C 型槽中插入定量滤纸。

C 型槽与板体一体成型，或者板体的另外相对两侧底边缘安装一 L 型固定条，L 型固定条与板体之间形成 C 型槽。防溅盖上设置有夹紧机构，夹紧机构用于夹紧定量滤纸。夹紧机构包括整体呈工字形的固定架，固定架的连接条位于防溅盖上方，且连接条上安装有顶紧销和弹簧用于向防溅盖施加顶紧力。板体的另外相对两侧底边缘开设有连通 C 型槽的夹紧槽，固定架的两端嵌入夹紧槽中对定量滤纸进行夹紧。

连接条的中心形成有一插孔，顶紧销从上向下插入该插孔中，弹簧套设于顶紧销上并位于连接条下表面与防溅盖上表面之间。固定架的两端向内弯折有夹紧段，夹紧段从下方卡入夹紧槽中并能够夹紧定量滤纸。夹紧槽在板体底边缘开各设有两个，夹紧段在固定架的两端分别对应设置有两个。C 型槽的高和宽均为 0.5 cm，散温孔在板体上呈纵横向阵列布设。把手与板体螺纹连接，且表面刻有防滑纹。

第三节　构造精讲

为了更清楚地说明如何实施，本节结合较佳的实施方案对本装置进行详细描述。所绘制结构、比例、大小等，均仅用以配合本章所揭示的内容，供专业技术人员阅读和参考。

试验中，防飞溅遮盖装置配合定量滤纸使用，飞溅出的物质会附着在定量滤纸上，待液体蒸干后，将定量滤纸一同放入蒸发皿中置于马弗炉中灰化。定量滤纸灰化后会挥发出二氧化碳和水蒸气，上面的残留物质会留在蒸发皿中，从而避免损失。基于此，本装置设计一种陶瓷蒸发皿防飞溅遮盖装置，如图 8-1、图 8-2、图 8-3 所示，主要包括防溅盖 1 和定量滤纸 2。

防溅盖 1 为矩形或方形板体，板体上均匀分布有多个散温孔 12，散温孔 12 能够在使用时便于下方遮盖的陶瓷蒸发皿中的热气顺利散出。板体的其中一侧安装有把手 11，如板体的后端，便于使用时操作人员拿握。

板体的另外相对两侧底边缘设置有向内开口的 C 型槽 3，另外平行两侧不设槽。另外相对两侧即板体的不同于把手 11 所在的侧，如图中所示即板体的左右两侧。两 C 型槽 3 开口对置，两 C 型槽 3 的间距与定量滤纸 4 的尺寸匹配，两 C 型槽 3 中插入定量滤纸 4。

使用时，将裁剪好的矩形或方型定量滤纸沿着 C 型槽插入至盖子下，将铺有定量滤纸的盖子盖在蒸发皿上，飞溅出来的硫酸会附着在滤纸上。待陶瓷蒸发皿中溶液完全蒸干后，取出定量滤纸，折叠放入陶瓷蒸发皿中，一起放入马弗炉灰化。如此能够防止高温状态下硫酸受热飞溅至陶瓷蒸发皿外，造成人员危险或试验事故，也能够避免蒸发皿中的总质量损失。

实际试验中，使用的定量滤纸其成分为碳和氢，在灰化的过程中，完全变成二氧化碳和水蒸气散掉，不影响蒸发皿中的总质量。

C 型槽 3 与板体可以一体成型，板体可以是陶瓷、金属板、塑料板或木板等加工而成，在加工制作板体时即一体形成 C 型槽 3。

或者，板体的另外相对两侧底边缘安装一 L 型固定条 2，L 型固定条 2 与板体之间形成 C 型槽。L 型固定条 2 可以采用焊接或黏接、插接等方式连接固定于板体的另外相对两侧底边缘。

如图 8-4、图 8-5、图 8-6 所示，本装置提供另外一种陶瓷蒸发皿防飞溅遮盖装置，与前述装置的不同在于，防溅盖 1 上设置有夹紧机构，夹紧机构用于夹紧定量滤纸 4。通过使用夹紧机构，对滤纸夹紧固定，使滤纸即使被打湿软化也能够保持良好的稳定性，防止在拿起遮盖装置时滤纸脱落。

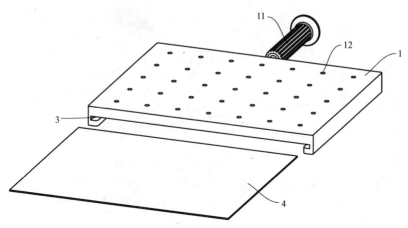

图 8-1 一种实施方式的立体图

1—防溅盖；3—C 型槽；4—定量滤纸；11—把手；12—散温孔

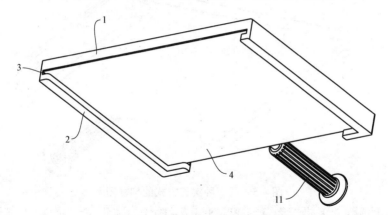

图 8-2 一种实施方式的仰视图

1—防溅盖；2—L 型固定条；3—C 型槽；4—定量滤纸；11—把手

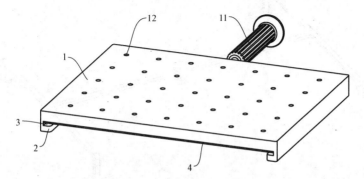

图 8-3 一种实施方式的爆炸图

1—防溅盖；2—L 型固定条；3—C 型槽；4—定量滤纸；11—把手；12—散温孔

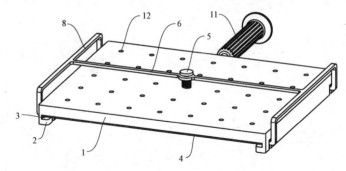

图 8-4　另一种实施方式的立体图

1—防溅盖；2—L 型固定条；3—C 型槽；4—定量滤纸；5—顶紧销；

6—连接条；8—固定架；11—把手；12—散温孔

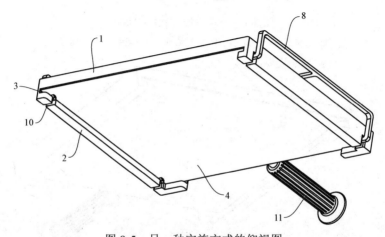

图 8-5　另一种实施方式的仰视图

1—防溅盖；2—L 型固定条；3—C 型槽；4—定量滤纸；8—固定架；10—夹紧槽；11—把手

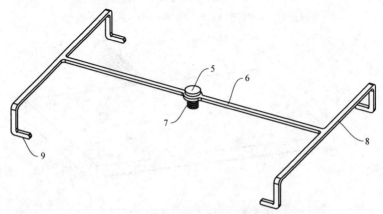

图 8-6　另一种实施方式的夹紧机构示意图

5—顶紧销；6—连接条；7—弹簧；8—固定架；9—夹紧段

夹紧机构包括整体呈工字形的固定架 8，固定架 8 在使用时安装在防溅盖 1 上，固定架 8 中间的连接条 6 位于防溅盖 1 上方，且连接条 6 上安装有顶紧销 5 和弹簧 7 用于向防溅盖 1 施加顶紧力。板体的另外相对两侧底边缘开设有连通 C 型槽 3 的夹紧槽 10，固定架 8 的两端嵌入夹紧槽 10 中从下方对定量滤纸 4 进行夹紧。

固定架 8 的两端向内弯折有夹紧段 9，夹紧段 9 从下方卡入夹紧槽 10 中并能够夹紧定量滤纸 4。夹紧段 9 的厚度（即高度）大于夹紧槽 10 的深度，以便于在卡入夹紧槽 10 中后能够接触到定量滤纸 4 并施加夹紧力。也可在夹紧段 9 上表面粘贴有顶紧垫，顶紧垫可采用软胶材质，顶紧垫与定量滤纸 4 接触，将定量滤纸 4 顶住固定。

连接条 6 的中心形成有一插孔，顶紧销 5 从上向下插入该插孔中，弹簧 7 套设于顶紧销 5 上并位于连接条 6 下表面与防溅盖 1 上表面之间。弹簧 7 周向套设于顶紧销 5 的销柱上，当放置定量滤纸 4 时，将定量滤纸 4 从侧面插入 C 型槽 3 中，然后放置固定架 8。固定架 8 杆件具有一定弹性，将固定架 8 的两端从板体的两端对齐向下按压，按压到位后两端的夹紧段 9 会分别对应卡入夹紧槽 10 中，此时固定架 8 安装完成。前述下压过程中弹簧 7 被压缩，安装完成后弹簧 7 对连接条 6 施加一个向上的顶紧力，进而由整个固定架 8 的夹紧段 9 对盖子下方的定量滤纸 4 进行夹紧，从而使得定量滤纸 4 稳固被保持在两个 C 型槽 3 内。

夹紧槽 10 在板体底边缘开各设有两个，夹紧段 9 在固定架 8 的两端分别对应设置有两个，从定量滤纸 4 的四个角部进行稳定地夹紧。本装置 C 型槽 3 的高和宽均为 0.5 cm，如此可满足试验中大部分定量滤纸 4 的厚度要求。

本装置板体为矩形或方形结构，其长宽要大于陶瓷蒸发皿的直径，散温孔 12 在板体上呈纵横向阵列布设，均匀的阵列布设散温孔确保整个陶瓷蒸发皿区域内都能够有效散热。

本装置把手 11 与板体螺纹连接，如板体边缘开设有螺纹孔，如此便于拆卸和收纳，把手 11 表面刻有防滑纹防止转移拿握时脱落。

本领域技术人员容易理解的是，在不冲突的前提下，上述各优选方案可以自由组合、叠加。

第四节　应用效果

通过巧妙的优化设计，可取得如下应用效果：

在防止陶瓷蒸发皿内硫酸加热飞溅时，将滤纸插入板体的两个 C 型槽中，将防溅盖盖在陶瓷蒸发皿上，防止硫酸溅射；同时定量滤纸对水样产生的蒸汽进行过滤，防止有害物质污染环境，并且可以有效地减少蒸发皿中水样的总质量流失，确保试验的准确性。待液体蒸干后，将定量滤纸一同放入蒸发皿中置于马弗炉中灰化，定量滤纸灰化后会挥发出二氧化碳和水蒸气，上面的残留物质会留在蒸发皿中，从而避免了损失。针对使用环境设计夹紧机构，通过打开夹紧机构，对滤纸夹紧固定，滤纸即使被打湿软化也能够保持良好的稳定性，防止滤纸脱落。

第九章　剂量元件固定装置

本章详细介绍一种剂量元件固定装置，用于将元件本体固定于承载物上，该装置具有防盗的效果，克服了现有技术的不足，提高安装时的安全性和安装效率。本章从基本概况、设计思路、构造精讲和应用效果四方面对该装置进行详细全面介绍，以方便读者更加深入地了解本装置。

第一节　基本概况

环境外照射剂量元件是一种可以吸收自然环境中 γ 射线的热释光元件，其布放于外界环境中，每个季度采集一次，采集后通过实验室检测，可以获得这一个季度该处的 γ 射线累积剂量，是测量环境中辐射水平常用方法。按其布放要求，元件需要每隔一段距离就要布放一个，且放置在人体呼吸带高度。以三门核电站为例，核电站周围 30 km 内，设置了 60 个元件布放点，常固定于道路两旁的树干上，定时收集。

现实操作中剂量元件的固定装置为一个小瓶子，装上元件，然后通过锤子将钉子钉在树干上，如图 9-8 所示。上述安装方式进行安装时具有一定的危险性，不小心会将装有元件的小瓶子砸破，造成元件的损坏，降低了对元件进行安装时的效果。同时上述安装方式防盗效果较差，易被人简单地取下，造成元件的丢失和采集数据的失败。

因此，本领域亟须对剂量元件固定装置作出改进，从而解决现有技术的缺陷。

第二节　设计思路

　　一种剂量元件固定装置，用于将元件本体固定于承载物上，可以作如下设计：设计安装座，安装座上穿设有安装件，安装座通过安装件固定在承载物表面，元件本体插接在安装座上。安装座上插接有透明罩，透明罩与安装座之间设有第一防盗单元，安装件与安装座之间设有第二防盗单元。第一防盗单元包括外置磁铁，安装座内开设有第一空腔。第一空腔内活动连接有与外置磁铁适配的第一磁铁，透明罩侧面开设有与第一磁铁端部适配的插接口。第一空腔内侧壁固定连接有第一导向柱，第一导向柱一端贯穿第一磁铁，第一导向柱上套设有第一弹性件。

　　第二防盗单元包括与外置磁铁适配的第二磁铁，安装件端部侧面开设有若干限位槽。安装座内开设有第二空腔，第二空腔内活动连接有限位板，限位板的一端与限位槽适配，第二磁铁固定连接在限位板远离限位槽的一端，第二磁铁远离限位板的侧面紧贴有第二弹性件。第二空腔远离限位板内侧壁固定连接有第二导向柱，限位板开设有与第二导向柱适配的让位槽，第二弹性件套设在第二导向柱上。

　　外置磁铁为 U 型结构，安装座对称侧面开设有与外置磁铁适配的卡接槽。安装座正面开设有与安装件适配的阶梯孔，阶梯孔内螺纹连接有防护块。安装座背面固定连接有弧形板，弧形板的弧度与承载物表面形状匹配。透明罩为圆筒形结构，安装座上开设有与透明罩形状和大小适配的圆形凹槽。安装件为自攻螺钉，承载物为树干。

第三节　构造精讲

　　为了更清楚地说明如何实施，本节结合较佳的实施方案对本装置进行详细描述。所绘制结构、比例、大小等，均仅用以配合本章所揭示的内容，供专业技术人员阅读和参考。

如图 9-2、图 9-3、图 9-4、图 9-5、图 9-6、图 9-7、图 9-8 所示，一种剂量元件固定装置，包括元件本体 1，还包括安装座 2 和承载物 5，安装座 2 上穿设有安装件 3，安装座 2 通过安装件 3 固定在承载物 5 侧面。元件本体 1 插接在安装座 2 上侧面，安装座 2 上侧面插接有透明罩 4，透明罩 4 与安装座 2 之间设有第一防盗单元，安装件 3 与安装座 2 之间设有第二防盗单元。第一防盗单元包括外置磁铁 11，安装座 2 内开设有第一空腔 6，第一空腔 6 内活动连接有与外置磁铁 11 适配的第一磁铁 7，透明罩 4 侧面开设有与第一磁铁 7 端部适配的插接口 8。第一空腔 6 内侧壁固定连接有第一导向柱 9，第一导向柱 9 一端贯穿第一磁铁 7，第一导向柱 9 侧面套设有第一弹性件 10。

本实施例中的元件本体 1 结构与现有的剂量元件结构类似，元件本体 1 通过插接的方式安装在安装座 2 上，安装座 2 上侧面开设有与元件本体 1 适配的插接槽。外置磁铁 11 置于安装座 2 外侧，外置磁铁 11 与第一磁铁 7 相互吸附，第一磁铁 7 在第一空腔 6 内向外置磁铁 11 方向移动，第一弹性件 10 受到压缩，第一磁铁 7 完全进入至第一空腔 6 内。第一磁铁 7 上开设有与第一导向柱 9 适配的穿插孔，第一磁铁 7 移动时，第一导向柱 9 在穿插孔内移动，防止第一弹性件 10 出现形变。透明罩 4 插接在安装座 2 上开设的插接槽内，插接口 8 位置与第一空腔 6 位置对准。取下外置磁铁 11，第一磁铁 7 所受到的吸附力消失，第一磁铁 7 受到第一弹性件 10 的张力移动，第一弹性件 10 为弹簧，第一磁铁 7 的一端插入至插接口 8 内对透明罩 4 进行限位，需要将透明罩 4 取下时需要依靠外置磁铁 11 的配合，达到防盗的效果。同时，安装件 3 为自攻螺丝，承载物 5 为树木，安装座 2 安装在远离行人道的侧面，安装座 2 的安装高度为离地面 170 cm 左右，通过电动扳手对安装件 3 进行安装，提高安装时的安全性和安装效率。

如图 9-6、图 9-8 所示，第二防盗单元包括与外置磁铁 11 适配的第二磁铁

15。安装件 3 端部侧面开设有若干限位槽 12，安装座 2 内开设有第二空腔 14，第二空腔 14 内活动连接有限位板 13，限位板 13 的一端与限位槽 12 适配。第二磁铁 15 固定连接在限位板 13 远离限位槽 12 的一端，第二磁铁 15 远离限位板 13 的侧面紧贴有第二弹性件 16。

对安装件 3 进行安装时，通过外置磁铁 11 紧贴在安装座 2 的外侧，第二磁铁 15 受到外置磁铁 11 的吸附，在第二空腔 14 内往远离安装件 3 的方向移动。拧紧安装件 3 后，移走外置磁铁 11，第二磁铁 15 受到第二弹性件 16 的张力移动，第二弹性件 16 可以是弹簧，限位板 13 随之移动。限位板 13 的一端插接在限位槽 12 内，对安装件 3 进行限位，需要对安装件 3 进行拆卸时，需要配合外置磁铁 11，达到防盗的效果。

如图 9-8 所示，第二空腔 14 远离限位板 13 内侧壁固定连接有第二导向柱 17，限位板 13 开设有与第二导向柱 17 适配的让位槽 18。第二弹性件 16 套设在第二导向柱 17 侧面，第二弹性件 16 为弹簧。第二导向柱 17 对第二弹性件 16 起到防形变作用，防止第二弹性件 16 出现形变，第二导向柱 17 在让位槽 18 内移动。

如图 9-3 所示，安装座 2 对称侧面开设有与外置磁铁 11 适配的卡接槽 19，外置磁铁 11 插接在卡接槽 19 内对第一磁铁 7 和第二磁铁 15 刚好产生吸附作用，进一步地提高防盗效果。

如图 9-3 所示，安装座 2 侧面开设有与安装件 3 适配的阶梯孔 21，阶梯孔 21 一端螺纹连接有防护块 22，防护块 22 对安装件 3 防护，同时对阶梯孔 21 防护。

如图 9-3 所示，安装座 2 侧面固定连接有弧形板 20，弧形板 20 具有对安装座 2 进行限位的效果，便于安装于特定形状的树干上。

图 9-1　现有技术中剂量原件固定示意图

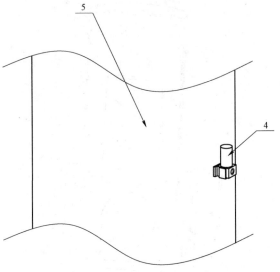

图 9-2　整体结构示意图

4—透明罩；5—承载物

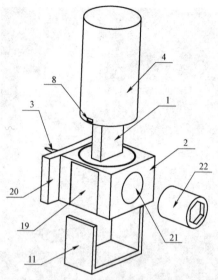

图 9-3 安装座与透明罩等分离的结构示意图

1—元件本体；2—安装座；3—安装件；4—透明罩；8—插接口；

11—外置磁铁；19—卡接槽；20—弧形板；21—阶梯孔；22—防护块

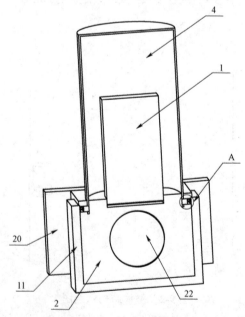

图 9-4 安装座第一空腔位置剖视的结构示意图

1—元件本体；2—安装座；4—透明罩；11—外置磁铁；20—弧形板；22—防护块；A—安装件

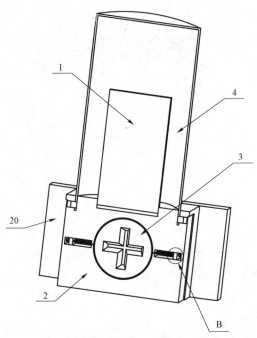

图 9-5　安装座第二空腔位置剖视的结构示意图

1—元件本体；2—安装座；3—安装件；4—透明罩；20—弧形板；B—安装件

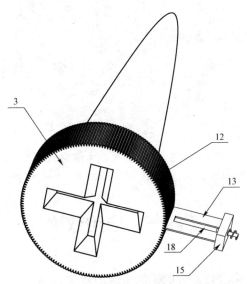

图 9-6　安装件与限位板的结构示意图

3—安装件；12—限位槽；13—限位板；15—第二磁铁；18—让位槽

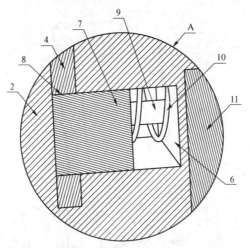

图 9-7 图 9-3 中 A 处放大结构示意图

2—安装座；4—透明罩；6—第一空腔；7—第一磁铁；8—插接口；

9—第一导向柱；10—第一弹性件；11—外置磁铁

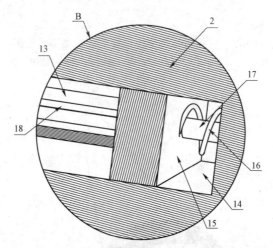

图 9-8 图 9-5 中 B 处放大结构示意图

2—安装座；13—限位板；14—第二空腔；15—第二磁铁；16—第二弹性件；17—第二导向柱；18—让位槽

第四节 应用效果

通过巧妙的优化设计，可取得如下应用效果：

1. 通过设置安装座，元件本体通过插接的方式安装在安装座上。外置磁铁置于安装座外侧，外置磁铁与第一磁铁相互吸附，第一磁铁在第一空腔内向外置磁铁方向移动，受到压缩后完全进入至第一空腔内，透明罩插接在安装座上开设的插接槽内。插接口位置与第一空腔位置对准。取下外置磁铁，第一磁铁所受到的吸附力消失，第一磁铁受到第一弹性件的张力移动，第一磁铁的一端插入至插接口内对透明罩进行限位，需要将透明罩取下时需要依靠外置磁铁的配合，达到防盗的效果。同时，通过电动扳手对安装件进行安装，提高安装时的安全性和安装效率。

2. 设置第二防盗单元，对安装件进行安装时，通过外置磁铁紧贴在安装座的外侧，第二磁铁受到外置磁铁的吸附，第二磁铁在第二空腔内往远离安装件的方向移动。拧紧安装件后，移走外置磁铁，第二磁铁受到第二弹性件的张力移动，限位板随之移动。限位板的一端插接在限位槽内，对安装件进行限位，需要对安装件进行拆卸时，需要配合外置磁铁，达到防盗的效果。

第十章　树脂预处理装置

本章详细介绍一种树脂预处理装置，该装置适用于离子交换树脂预处理或其他柱分离实验，节约时间，操作简便，实用性高。本章从基本概况、设计思路、构造精讲和应用效果四方面对该装置进行详细全面介绍，以方便读者更加深入地了解本装置。

第一节　基本概况

在检测离子交换树脂的各项性能之前，先用水进行反洗，除去机械杂质，再通过规定的酸、碱溶液除去可溶物，同时将树脂转化为具有下列离子形式的试样：强酸性阳离子交换树脂为钠型；弱酸性阳离子交换树脂为氢型；强碱性阴离子交换树脂为氯型；弱碱性阴离子交换树脂为游离胺型。其操作步骤为：阳离子树脂：水洗→酸洗→水洗→碱洗→水洗→酸洗成 H 型→水洗至中性；阴离子树脂：水洗→碱洗→水洗→酸洗→水洗→碱洗成 OH 型→水洗至中性。在整个预处理过程中，需滴加的溶液种类多、次数多，并且液面需高出离子交换树脂层 10 mm，保证离子交换树脂层中无气泡。就目前的装置而言，只能将洗涤溶液放于一个分液漏斗中，换液时操作繁琐，耗时长，为此我们提出了一种改进型的树脂预处理装置。

第二节　设计思路

一种树脂预处理装置，适用于离子交换树脂预处理或其他柱分离实验，可以作如下设计：设计滴液装置，滴液装置由三个分液漏斗和一个三叉戟连接管组成。三个分液漏斗的顶部具有进液口，底部分别连接三叉戟连接管顶部的三个进液管，并且在连接处均设置有滴液活塞，三叉戟连接管底部的出液管连接刻度交换柱。刻度交换柱的顶部用于插入三叉戟连接管底部的出液管，底部设置有聚四氟乙烯活塞，并且三个分液漏斗的侧面均设置有第一刻度，刻度交换柱的侧面设置有第二刻度。

分液漏斗为圆柱形，分液漏斗的进液口高度为 2.5 cm，内径为 2.0 cm，外径为 2.7 cm。分液漏斗的主体高度为 20 cm，外径为 3.0 cm。刻度交换柱的顶部设置有磨砂塞口，磨砂塞口的内径与三叉戟连接管底部的出液管外径相适配，用于插入三叉戟连接管底部的出液管。磨砂塞口高度为 2.5 cm，内径为 2.0 cm，外径为 2.7 cm。刻度交换柱的主体高度为 20 cm，外径为 3.0 cm。滴液活塞为聚四氟乙烯活塞，分液漏斗与三叉戟连接管为一体结构，第一刻度和第二刻度均不小于 100 mL。

第三节　构造精讲

为了更清楚地说明如何实施，本节结合较佳的实施方案对本装置进行详细描述。所绘制结构、比例、大小等，均仅用以配合本章所揭示的内容，供专业技术人员阅读和参考。

如图 10-1、图 10-2、图 10-3、图 10-4 所示，一种树脂预处理装置，包括滴液装置 1，滴液装置 1 由三个分液漏斗 11 和一个三叉戟连接管 12 组成。三个分液漏斗 11 的顶部具有进液口 13，底部分别连接三叉戟连接管 12 顶部的三个进液管，并且在连接处均设置有滴液活塞 14，三叉戟连接管 12 底部的出液管连接刻度交换柱 2。刻度交换柱 2 的顶部用于插入三叉戟连接管 12 底部的出液管，底部设置有聚四氟乙烯活塞 21。

通过采用"三叉戟"形式的滴液装置，"三叉戟"由三个相连的滴液漏斗组成。将洗涤溶液配制完成后，同时将洗涤溶液加入不同的分液漏斗中，待一种洗涤溶液滴加洗涤完成时关闭相应的滴液活塞，打开下一个滴液活塞，进行下一环节洗涤。整个过程中无需进行很多的繁琐操作，节约时间，操作简便。

通过在刻度交换柱 2 的底部采用聚四氟乙烯活塞，因聚四氟乙烯耐用，不易损坏，防漏效果好，可保证刻度交换柱 2 底部的密封防漏性，防止刻度交换柱 2 内溶液渗漏影响树脂处理效果。

三个分液漏斗 11 对其底部的密封防漏性要求不如刻度交换柱 2 严格，因此滴液活塞 14 可采用普通的磨口玻璃活塞，也可采用聚四氟乙烯活塞。

如图 10-1 所示，三个分液漏斗 11 的侧面均设置有第一刻度 15。刻度交换柱 2 的侧面设置有第二刻度 22，由第一刻度 15 能够实时掌握每种洗涤溶液的滴加量，由第二刻度 22 掌握加入树脂的量，确定树脂在交换柱中的高度，进行平行实验时控制单一变量。

在一些实施例中，分液漏斗 11 为圆柱形，符合实验室常规实验处理的使用需求。

如图 10-1 和图 10-4 所示，在一些实施例中，圆柱形的分液漏斗 11 顶部的进液口 13 高度为 2.5 cm，内径为 2.0 cm，外径为 2.7 cm，满足实验室常规实验处理的使用需求。进液口 13 上边缘形成向外凸出的环形边，增强插口的局部强度，也能便于操作人员用手把持插接上部的容器。

分液漏斗 11 的主体高度为 20 cm，外径为 3.0 cm。

如图 10-1、图 10-3 所示，刻度交换柱 2 的顶部设置有磨砂塞口 23，磨砂塞口 23 的内径与三叉戟连接管 12 底部的出液管外径相适配，用于插入三叉戟连接管 12 底部的出液管。通过设置成磨砂塞口，以提升密封性和防滑性能。

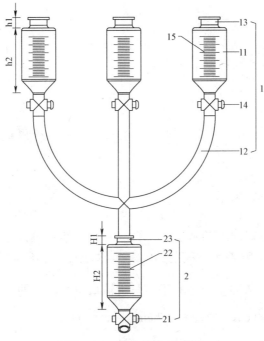

图 10-1 整体结构示意图

1—滴液装置；11—分液漏斗；12—三叉戟连接管；13—进液口；14—滴液活塞；15—第一刻度；

2—刻度交换柱；21—聚四氟乙烯活塞；22—第二刻度；23—磨砂塞口

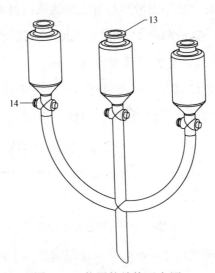

图 10-2 装置的结构示意图

13—进液口；14—滴液活塞

图 10-3　刻度交换柱的结构示意图

21—聚四氟乙烯活塞；23—磨砂塞口

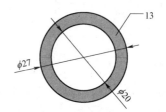

图 10-4　进液口俯视示意图

13. 进液口

本实施例中，磨砂塞口 23 采用与进液口 13 一致的形状尺寸，高度为 2.5 cm，内径为 2.0 cm，外径为 2.7 cm。

同样，刻度交换柱 2 采用与分液漏斗 11 一致的形状尺寸，主体高度为 20 cm，外径为 3.0 cm。

在一些实施例中，优选分液漏斗 11 与三叉戟连接管 12 为一体结构，使用时无需插接，直接盛装洗涤溶液后拧开相应滴液活塞即可。

在一些实施例中，第一刻度 15 和第二刻度 22 可以相同或不同。

第一刻度 15 和第二刻度 22 均不小于 100 mL。

离子交换树脂预处理原理：在检测离子交换树脂的各项性能之前，先用水进行反洗，除去机械杂质，再通过规定的酸、碱溶液除去可溶物，其操作步骤为：阳离子树脂：水洗→酸洗→水洗→碱洗→水洗→酸洗成 H 型→水洗至中性；阴离子树脂：水洗→碱洗→水洗→酸洗→水洗→碱洗成 OH 型→水洗至中性。

工作过程：滴液装置 1 由三个通过三叉戟连接管 12 相连的分液漏斗 11 组成，将洗涤溶液配制完成后，同时将洗涤溶液加入不同的分液漏斗 11 中。洗涤时根据洗涤工艺的要求打开其中一个分液漏斗 11 下方的滴液活塞 14，使得分液漏斗 11 内的洗涤溶液通过三叉戟连接管 12 进入到刻度交换柱 2 中。

待一种洗涤溶液滴加洗涤完成时关闭其下方的滴液活塞14，打开另一个分液漏斗11下方的滴液活塞14，进行下一工序洗涤。如此循环对树脂进行预处理，简化了操作工序，该装置具有节约时间、操作简便的优点，且能提高实验效率。

第四节 应用效果

通过巧妙的优化设计，可取得如下应用效果：

滴液装置由三个通过三叉载连接管相连的分液漏斗组成，将洗涤溶液配制完成后，同时将洗涤溶液加入不同的分液漏斗中，待一种洗涤溶液滴加洗涤完成时关闭其下方的滴液活塞，打开下一个分液漏斗下方的滴液活塞进行洗涤。如此循环对树脂进行预处理，另外刻度交换柱上端设置有磨砂塞口，可与三叉载连接管紧密连接。该装置适用于离子交换树脂预处理或其他柱分离实验，具有节约时间、操作简便的优点，结构简单，且有很好的实用性。

第十一章 液闪计数瓶存储柜

本章详细介绍一种液闪计数瓶存储柜，该装置能够夹持定位不同规格尺寸的液闪计数瓶，保证液闪计数瓶的安全存放，提高了适用性。本章从基本概况、设计思路、构造精讲和应用效果四方面对该装置进行详细全面介绍，以方便读者更加深入地了解本装置。

第一节 基本概况

氚和碳-14 等样品在检测前，需存放在液闪计数瓶内，并将其在暗室中静置一段时间，但现如今并没有专用于存放计数瓶且具备良好避光性能的装置，而现有的储物柜中，适于存放液闪计数瓶的存储装置为抽屉式储物柜。因为抽屉式储物柜不仅可以起到遮光避光的作用，还可以将不同型号或装有不同样品的液闪计数瓶分类存放，以便于实验室管理。抽屉式储物柜虽然在存放液闪计数瓶时起到了一定的积极效果，但在使用时仍存在一些问题。特别是当单个抽屉内存放的液闪计数瓶数量有限且难以将抽屉空间填满时，在抽拉抽屉，取放计数瓶的过程中很可能会发生瓶身倾倒的情况，所以需要设计一种可防瓶身倾倒的液闪计数瓶存储柜以解决上述问题。

第二节 设计思路

一种液闪计数瓶存储柜，能够夹持定位不同规格尺寸的液闪计数瓶，可以作如下设计：设计柜体，其上以若干层和若干列构造有若干个抽屉槽。抽屉设置在抽屉槽内，抽屉中设有用于放置液闪计数瓶的放置件。放置件包括设置在抽屉中的板件，板件上构造有若干放置槽，放置件上构造有若干放置槽，放置槽的内部设有用于固定液闪计数瓶的定位组件（存放部、夹持部）。存放部设置在放置槽内，且内部构造有用于放置液闪计数瓶的内腔。夹持部设置在内腔中，用于固定液闪计数瓶。

夹持部包括至少两个以对置方式设置在内腔中的夹持件，夹持件的一端设置于线性槽内，夹持件的另一端设有用于与液闪计数瓶周侧顶触配合的抵持件。夹持部还包括转动件、驱动件、第一弹性件。

转动件上构造有若干个供夹持件穿过且用于驱动夹持件在线性槽内线性移动的驱动槽，每一个驱动槽仅供一个夹持件穿过，转动件的转动中心处设有轴套，轴套内构造有螺旋槽。驱动件的一端插接于轴套内，且驱动件的周侧构造有与螺旋槽配合的主动螺旋。第一弹性件设置在轴套内，且第一弹性件位于轴套内底壁和驱动件之间，第一弹性件为驱动件提供沿其轴线方向的弹力。

夹持件包括夹持杆和设置在夹持杆一端驱动轴，驱动轴上设有导轮和定位块，线性槽中构造有供导轮移动的导轮槽和供定位块移动的定位槽，导轮的周侧与导轮槽的内壁顶触配合，定位块的侧面与定位槽的内壁顶触配合。

抵持件包括抵块，抵块的一侧设有定位轴，定位轴的一端延伸至夹持杆外部，且定位轴位于夹持杆外部的一端设有用于限制定位轴移动范围的限制件。定位轴上设有第二弹性件，第二弹性件设于抵块与夹持杆之间，为抵块提供沿定位轴轴线方向的弹力。

夹持杆的一端构造有用于容纳抵块的滑动槽，抵块部分设于滑动槽中。柜体外表面涂敷有反射涂层，柜体为长 1.8 m×高 1.6 m×深 0.8 m 的立式柜，抽屉尺寸为宽 0.22 m×高 0.15 m×深 0.75 m。

第三节　构造精讲

为了更清楚地说明如何实施，本节结合较佳的实施方案对装置进行详细描述。所绘制结构、比例、大小等，均仅用以配合本章所揭示的内容，供专业技术人员阅读和参考。

如图 11-1、图 11-2 所示，一种液闪计数瓶存储柜，包括柜体 1，柜体 1 一侧构造有若干抽屉槽，每个抽屉槽内均设有可抽拉的抽屉 2（以柜体 1 的长度方向为 X 轴向，以柜体 1 的宽度方向为 Y 轴向，以柜体 1 的高度方向为 Z 轴向）。

柜体 1 的形状优选为长方体，为长 1.8 m×高 1.6 m×深 0.8 m 的立式柜，其内部空心，柜体 1 在 X 轴与 Z 轴组成的 XZ 平面上构造有若干个抽屉槽。每个抽屉槽内均安装有抽屉 2，抽屉 2 为空心长方体，且该长方体在沿 Z 轴方向的顶部未封闭。抽屉 2 的尺寸被构造成与抽屉槽相适应，具体可优选为每格抽屉为宽 0.22 m×高 0.15 m×深 0.75 m。每一个抽屉槽内容纳一个抽屉 2，抽屉 2 和抽屉槽内壁之间通过滑轨连接，以便于抽屉 2 抽出或推入抽屉槽。

如图 11-2、图 11-3 所示，抽屉 2 中设有用于放置液闪计数瓶的放置件 3。

放置件 3 优选为板件，板件 3 在沿自身厚度方向构造有若干放置液闪计数瓶的放置槽，板件 3 的厚度方向沿 Z 轴方向，板件上与 XY 面平行的平面的边缘处构造有支板。当板件 3 放置在抽屉 2 中时，支板的底部与抽屉 2 的底部接触，可增大板件距抽屉 2 底面的距离，从而形成放置液闪计数瓶的容置空间。

如图 11-3、图 11-4 所示，在放置件 3 的放置槽内设置用于固定液闪计数瓶的定位组件，定位组件包括存放部 4，设置在放置槽内，且内部构造有用于放置液闪计数瓶的内腔，内腔的底部构造有线性槽 411。夹持部 5 设置在内腔中，用于固定液闪计数瓶。

存放部 4 优选为一端封闭的筒体 410,筒体 410 的外径小于放置槽的内径。在筒体 410 未封闭的一端的周侧构造有定位裙边 420,定位裙边 420 的外直径大于放置槽的内径。当筒体 410 被放置在放置槽中后,定位裙边 420 会搭接在放置件 3 顶部,以实现存放部 4 的安装。线性槽 411 的数量优选为两个,两个线性槽 411 呈十字交叉设置,两个线性槽 411 内部相连通。

在放置件 3 顶部与定位裙边 420 的搭接部分还构造有与定位裙边 420 适配的嵌槽,当定位裙边 420 嵌合于嵌槽内后,进一步增强了存放部 4 与放置件 3 的连接稳定性。

如图 11-5、图 11-6、图 11-7、图 11-8、图 11-9、图 11-10 所示,夹持部 5 包括绕自身中心转动的转动件 510,至少有两个且以对置方式设置在内腔中的夹持件 550 和用于驱动转动件 510 旋转的驱动件 520。

夹持件 550 包括夹持杆 551 和设置在夹持杆 551 一端的驱动轴 552。驱动轴 552 远离夹持杆 551 的一端深入线性槽 411 中,驱动轴 552 上套设有可绕驱动轴 552 转动的导轮 553,驱动轴 552 的端部还设有定位块 554,定位块 554 优选为横截面为矩形的块体。线性槽 411 的内部沿线性槽 411 延伸方向构造有用于限制导轮 553 移动方向的导轮槽 4111 和用于限制定位块 554 移动方向的定位槽 4112。在导轮槽 4111 和定位槽 4112 的共同作用下,夹持件 550 仅能在线性槽 411 内做直线移动。

转动件 510 包括转盘 511,转盘 511 的中心处构造有轴套 513,轴套 513 上沿自身轴向构造有插接槽,插接槽内壁周侧构造有螺旋槽 5131。转盘 511 的顶部在沿自身厚度方向还构造有供驱动轴 552 穿过的驱动槽 512,且每一个驱动槽 512 仅供一个驱动轴 552 穿过,驱动槽 512 优选为弧形槽。当转动件 510 转动后,驱动轴 552 的周侧会与驱动槽 512 的内壁抵持,但又因为驱动轴 552 上的导轮 553 和定位块 554 被分别限制在导轮槽 4111 和定位槽 4112 中,所以驱动轴 552 仅能在线性槽 411 内线性移动,形成相对靠近或相向远离的趋势。

驱动件 520 包括驱动杆 521,驱动杆 521 的一端插接在插接槽内,驱动杆

521 的另一端构造有托盘 540，驱动杆 521 周侧构造有与螺旋槽 5131 适配的主动螺旋 522。当驱动杆 521 一端插接于插接槽内时，主动螺旋 522 也与螺旋槽 5131 配合连接。当使用者迫使驱动杆 521 沿着自身轴向移动时，主动螺旋 522 与螺旋槽 5131 的顶触配合可迫使轴套 513 转动。轴套 513 的转动带动转盘 511 转动，转盘 511 转动带动驱动轴 552 在线性槽 411 内线性移动，从而为夹持件 550 的移动提供驱动力。

还包括第一弹性件 530，优选为弹簧。弹簧设置在插接槽内，且弹簧应设于插接槽内底壁和驱动件 520 之间。当驱动杆 521 未受到液闪计数瓶的重力挤压时，第一弹性件 530 可为推杆提供足够的弹力，以迫使转动件 510 旋转，令各夹持件 550 回到原位，但需注意的是第一弹性件 530 的弹力不可过大。当驱动杆 521 不受液闪计数瓶重力压迫时，第一弹性件 530 的弹力应只能使驱动杆 521 回移至初始位置，一旦驱动杆 521 端部受到液闪计数瓶的挤压，驱动杆 521 便会下移，直至各夹持件 550 完成液闪计数瓶的固定夹持。

驱动杆 521 只需在液闪计数瓶的重力挤压下稍稍向下移动，带动转动件 510 产生一微小的转动即可，从而带动各夹持件 550 向内靠近一微小的距离，对液闪计数瓶产生一定的抵持夹紧力，该抵持夹紧力无需过大。另外，为了确保驱动杆 521 能够正常带动转动件 510 旋转，可在主动螺旋 522 与螺旋槽 5131 之间涂抹润滑剂，以降低摩擦阻力。

夹持杆 551 的另一端设有用于与液闪计数瓶周侧顶触配合的抵持件，抵持件包括抵块 558，抵块 558 的一侧设有定位轴 556。夹持杆 551 的一端构造有用于容纳抵块 558 的滑动槽 555，抵块 558 部分设于滑动槽 555 中，滑动槽 555 中与抵块 558 相对一侧的内壁构造有用于限制定位轴 556 移动方向的定位槽，使得抵块 558 只能沿着定位轴 556 的轴向移动。定位轴 556 的一端穿过定位槽并延伸至夹持杆 551 的外部，且定位轴 556 位于夹持杆 551 外部的一端设有用于限制定位轴 556 移动范围的限制件 557，以避免抵块 558 与夹持杆 551 分离。定位轴 556 上设有第二弹性件 5510，第二弹性件 5510 优选为弹簧。该弹簧应设于抵块 558 与夹持杆 551 之间，从而为抵块 558 提供沿定位轴 556

轴线方向的弹力，使得抵持件具有一定的自适应能力，而且还可以避免液闪计数瓶瓶身因夹持力过大而发生损坏。

其中，抵块558背离夹持杆551的一侧被构造为弧形面，以更好与液闪计数瓶的周侧贴合，同时该侧还可安装柔性垫层559，以起到缓冲和增强夹持力传递的作用。为了减少透光，提高暗室效果，可进一步在柜体外表面涂反射涂层。

图 11-1　装置结构示意图

1—柜体；2—抽屉

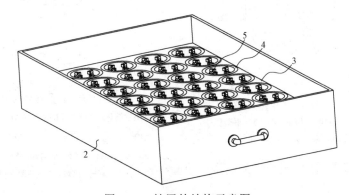

图 11-2　抽屉的结构示意图

2—抽屉；3—放置件；4—存放部；5—夹持部

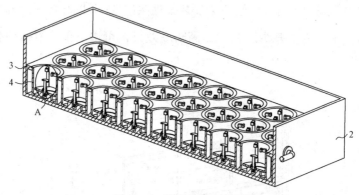

图 11-3　抽屉的侧剖视图

2—抽屉；3—放置件；4—存放部

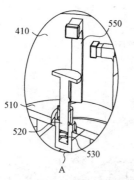

图 11-4　图 11-3 中 A 处的放大图

410—筒体；510—转动件；520—驱动件；

530—第一弹性件；550—夹持件

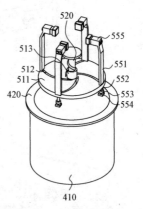

图 11-5　装置爆炸视图

410—筒体；420—定位裙边；511—转盘；

512—驱动槽；513—轴套；520—驱动件；

551—夹持杆；552—驱动轴；553—导轮；

554—定位块；555—滑动槽

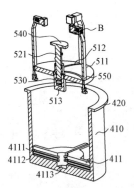

图 11-6　爆炸视图的侧剖视图

410—筒体；411—线性槽；4111—导轮槽；

4112—定位槽；420—定位裙边；511—转盘；

512—驱动槽；521—驱动杆；530—第一弹

性件；540—托盘；550—夹持件

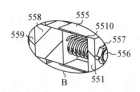

图 11-7　图 11-6 中 B 处的放大图

551—夹持杆；556—定位轴；557—限制件；558—抵块；

559—柔性垫层；5510—第二弹性件

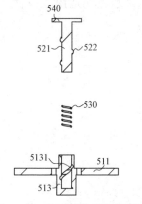

图 11-8　夹持部的正剖视图

511—转盘；513—轴套；5131—螺旋槽；

521—驱动杆；522—主动螺旋；540—托盘

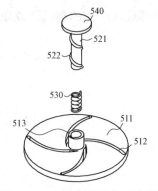

图 11-9　夹持部的结构示意图

511—转盘；512—驱动槽；513—轴套；521—驱动杆；

522—主动螺旋；530—第一弹性件；540—托盘

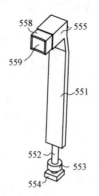

图 11-10　夹持件的结构示意图

551—夹持杆；552—驱动轴；553—导轮；554—定位块；555—滑动槽；558—抵块；559—柔性垫层

第四节　应用效果

通过巧妙的优化设计，可取得如下应用效果：

通过在抽屉内设置带有放置槽的板件可以降低液闪计数瓶倾倒的可能性，在放置槽内设置定位组件则可以实现对液闪计数瓶的侧面夹持，使得放置槽内的液闪计数瓶与板件相对固定，进一步保证了液闪计数瓶的安全存放。而且定位装置通过使夹持件可线性移动增强了该装置的适用性，使定位组件可对不同规格尺寸的液闪计数瓶进行夹持定位。

第十二章 用于旋涡振荡器的
样品架组件

本章详细介绍一种用于旋涡振荡器的样品架组件，该装置既能够快速固定样品瓶，又能够将样品架固定在不同型号的振荡器上，克服了现有技术的不足，实用性强，适用范围广。本章从基本概况、设计思路、构造精讲和应用效果四方面对该装置进行详细全面介绍，以方便读者更加深入地了解本装置。

第一节 基本概况

旋涡振荡器主要适用于医学、生物工程、化学、医药等研究领域，是生物实验室对各种试剂、溶液、化学物质进行固定、振荡、混匀处理的必备常规仪器。工作场所空气检测中，经固体吸附管吸附的有机化学毒物通常需要使用溶剂进行解吸，将采过样的固体吸附剂倒入 2 mL 的样品瓶中，加入解吸液进行解吸。通常需要振摇进行解吸，通常振摇都是通过人工进行的，当样品数量多的时候，人工振摇非常费时费力。

为此我们会采用将样品固定后，使用旋涡振荡器来对样品进行振摇的方式。目前由于市面上的振荡器型号各式各样，如图 12-1 所示，同一放置架难以固定在不同的振荡器上，采购多种型号的振荡器又会浪费资源。

因此有必要对现有的样品架提出改进，以满足试验过程中的使用需求。

第二节　设计思路

一种用于旋涡振荡器的样品架组件，能够快速固定样品瓶并将样品架固定在不同型号的振荡器上，可以作如下设计：设计样品架单元，样品架单元中心开设有安装孔，在安装孔的外围，样品架单元上开设有多组容置孔，容置孔用于放置盛放样品的样品瓶。固定组件设置于安装孔中，用于将样品架单元挤压固定在旋涡振荡器上，并且固定组件的厚度能够调节。

样品架单元为圆环形结构，圆环形结构的直径为 23 cm，厚度为 3 cm，安装孔的内径为 10.8 cm。容置孔在安装孔的外围沿周向开设有两圈，外侧一圈为 40 个，内侧一圈为 30 个。固定组件包括开设于样品架单元底部的多组限位槽，其中两组限位槽中滑动连接有第一限位块，两组第一限位块共同固定连接有第一固定圈，另外两组限位槽中滑动连接有第二限位块，两组第二限位块的一端皆贯穿第一固定圈共同固定连接有第二固定圈。

第一限位块中开设有第一滑槽，第一滑槽中滑动连接有第三限位块，第三限位块的一端贯穿第一固定圈固定连接有第三固定圈。第二限位块中开设有第二滑槽，第二滑槽中滑动连接有第四限位块，第四限位块的一端贯穿第二固定圈与第三固定圈固定连接有第四固定圈。

第三限位块中开设有第三滑槽，第三滑槽中滑动连接有第五限位块，第五限位块的一端贯穿第三固定圈与第四固定圈固定连接有第五固定圈。第一固定圈、第二固定圈、第三固定圈、第四固定圈、第五固定圈均为泡沫海绵圈，泡沫海绵圈的厚度为 0.2 cm。样品架单元为泡沫海绵材料制成，容置孔的内径略小于样品瓶的外径。

第三节　构造精讲

为了更清楚地说明如何实施，本节结合较佳的实施方案对装置进行详细描述。所绘制结构、比例、大小等，均仅用以配合本章所揭示的内容，供专业技术人员阅读和参考。

如图 12-2、图 12-3、图 12-4 所示，本装置提出的一种样品架组件，用于旋涡振荡器，主要包括样品架单元 1 和固定组件 3。通过样品架单元 1 容置样品瓶 2，通过固定组件 3 将其牢固固定在旋涡振荡器上。

样品架单元 1 中心开设有安装孔 12，样品架单元 1 上在安装孔 12 外围开设有多组容置孔 11。以样品架单元 1 为圆环形结构为例，圆环形结构的直径为 23 cm，厚度为 3 cm，安装孔 12 的内径为 10.8 cm。

容置孔 11 开设有两圈，外侧一圈为 40 个，内侧一圈为 30 个。容置孔 11 的内径为 1.05 cm，深度为 2.5 cm。样品架单元 1 为泡沫海绵材料制成，强度高同时具有一定弹性。

用于盛放样品的样品瓶 2 放置于容置孔 11 中，容置孔 11 内径略小于样品瓶 2 外径。样品瓶 2 的外径为 1.15 cm，高度为 3.0 cm，用于样品瓶 2 塞入容置孔 11 中后由于样品架单元 1 的弹力而固定牢固。

固定组件 3 用于将样品架单元 1 挤压固定在旋涡振荡器上，固定组件 3 设置于安装孔 12 中，固定组件 3 的厚度可以调节。

固定组件 3 包括开设于样品架单元 1 底部的四组限位槽 301，其中两组限位槽 301 中滑动连接有第一限位块 302，两组第一限位块 302 共同固定连接有第一固定圈 303，第一限位块 302 用于固定第一固定圈 303 的内侧。在受到向上的力时，第一固定圈 303 由于第一限位块 302 的限位作用不会向上移动。另外两组限位槽 301 中滑动连接有第二限位块 304，两组第二限位块 304 的一端皆贯穿第一固定圈 303，共同固定连接有第二固定圈 305，第二限位块 304 用于固定第二固定圈 305 的内侧。在受到向上的力时，第二固定圈 305 由于第二限位块 304 的限位作用不会向上移动。

第一限位块 302 中开设有第一滑槽 306，第一滑槽 306 中滑动连接有第三限位块 307，第三限位块 307 的一端贯穿第一固定圈 303 固定连接有第三固定圈 308，第三限位块 307 用于固定第三固定圈 308 的内侧，在受到向上的力时，第三固定圈 308 由于第三限位块 307 的限位作用不会向上移动。第二限位块 304 中开设有第二滑槽 309，第二滑槽 309 中滑动连接有第四限位块 310，第四限位块 310 的一端贯穿第二固定圈 305 与第三固定圈 308 固定连接有第四固定圈 311，第四限位块 310 用于固定第四固定圈 311 的内侧。在受到向上的力时，第四固定圈 311 由于第四限位块 310 的限位作用不会向上移动。第三限位块 307 中开设有第三滑槽 312，第三滑槽 312 中滑动连接有第五限位块 313，第五限位块 313 的一端贯穿第三固定圈 308 与第四固定圈 311 固定连接有第五固定圈 314，第五限位块 313 用于固定第五固定圈 314 的内侧。在受到向上的力时，第五固定圈 314 由于第五限位块 313 的限位作用不会向上移动。第一固定圈 303、第二固定圈 305、第三固定圈 308、第四固定圈 311、第五固定圈 314 皆为泡沫海绵材料制成，具体为泡沫海绵圈，泡沫海绵圈的厚度为 0.2 cm，用于下压后套在振荡器外侧，通过自身的弹力固定在振荡器上，便于进行振荡操作。

第一限位块 302、第二限位块 304、第三限位块 307、第四限位块 310、第五限位块 313 与其外侧其他部件过盈连接，从而防止在重力的影响下掉落。

例如，首先将样品放在样品瓶 2 中，由于样品架单元 1 为泡沫海绵材料制成，容置孔 11 内径略小于样品瓶 2 的外径。此时可以将样品瓶 2 塞入到容置孔 11 中，并通过样品架单元 1 的弹性对样品瓶 2 进行固定。此时可以调整固定组件 3 的厚度，即依次取下第一固定圈 303、第二固定圈 305、第三固定圈 308、第四固定圈 311、第五固定圈 314 直到内径略大于振荡器的外径，将固定组件 3 放置于振荡器顶部并下压。由于同样使用的泡沫材料，可以通过自身的弹性牢牢固定在振荡器上。同时在向下移动时，第一固定圈 303、第二固定圈 305、第三固定圈 308、第四固定圈 311、第五固定圈 314 会受到向上的摩擦力，从而具有带动他们向上移动的趋势。但是通过第一限位块 302、第二限位块 304、第三限位块 307、第四限位块 310、第五限位块 313 的限位无法向上移动，从而固定组件 3 固定稳固，便于启动振荡器进行振荡操作。

根据不同振荡器的规格，可以灵活更换叠套不同数量的固定圈，以满足尺寸要求，如此对于市售不同规格的振荡器均能够使用。

图 12-1　现有旋涡振荡器示意图

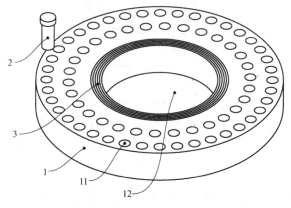

图 12-2　样品架组件的主视图

1—样品架单元；11—容置孔；12—安装孔；2—样品瓶；3—固定组件

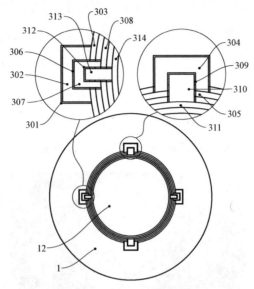

图 12-3　图 12-2 的仰视图

1—样品架单元；12—安装孔；301—限位槽；302—第一限位块；303—第一固定圈；

304—第二限位块；305—第二固定圈；306—第一滑槽；307—第三限位块；

308—第三固定圈；309—第二滑槽；310—第四限位块；311—第四固定圈；

312—第三滑槽；313—第五限位块；314—第五固定圈

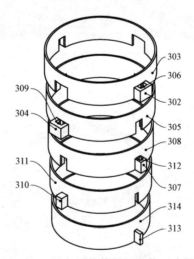

图 12-4　固定组件的拆解结构示意图

302—第一限位块；303—第一固定圈；304—第二限位块；305—第二固定圈；306—第一滑槽；

307—第三限位块；308—第三固定圈；309—第二滑槽；310—第四限位块；311—第四固定圈；

312—第三滑槽；313—第五限位块；314—第五固定圈

第四节　应用效果

通过巧妙的优化设计，可取得如下应用效果：

通过样品架的材质带有的弹性，将样品瓶固定牢固，以及利用固定组件中设置的多组固定圈，可以选择合适的厚度以便于适用不同型号的振荡器。配合适配的多组限位块的设置，可以使得样品架在自上而下安装到振荡器上时，固定组件不会散开，并且更加牢固的通过弹力固定在振荡器上。本装置还可以快速地对样品瓶进行固定，同时样品架可以固定在不同型号的振荡器上，简单实用。

第十三章　电动搅拌反应容器

本章详细介绍一种电动搅拌反应容器，该装置既能够检测不同容量的水样，也能够实现对水样的自动搅拌，克服了现有技术的不足，提高了检测效率。本章从基本概况、设计思路、构造精讲和应用效果四方面对该装置进行详细全面介绍，以方便读者更加深入地了解本装置。

第一节　基本概况

在对水中的放射性核素铯-137 进行检测时，需要选取 1～100 L 的水样，加入硝酸调节 pH<3，加入 1.00 mL 饱和载体溶液，并按照每 5 L 水样 1 g 的比例加入磷钼酸铵，搅拌 30 min，放置澄清 12 h 以上，然而上述步骤，不仅存在对不同总量的水样进行检测，且需要根据水样的总量对所使用的容器进行调整。

但是现有的检测设备通常其内部容积是固定的，导致在实际使用的过程中往往需要对容器进行更换，然而体积越大的容器在搬运实际安装的过程中越繁琐，容易延误检测的效率，并且搅拌机是固定的，搅拌完成后，需要将其抱起来脱离液面后清洗，较为复杂。虹吸弃去上清液，需要手工握住管子置于沉淀上方，保持住姿势，然后使用泵抽取，泵也较难固定，实验人员长时间保持这种姿势会出现较大误差，极其不方便。同时，剩余溶液倒出桶时，需要将桶倒过来，用 1.0 mol/L 硝酸多次冲洗才能转移完全，费时费力，影响实验效率。

第二节　设计思路

一种电动搅拌反应容器，可检测不同容量的水样，可以作如下设计：设计连接桶和伸缩桶，连接桶与伸缩桶固定连接。伸缩桶固定在底座上，底座上的其中一侧设置有第一推杆，第一推杆顶端固定连接有支架组件，支架组件固定于连接桶的边缘。支架组件上设置有第二推杆，第二推杆顶端转动连接一安装架，安装架横向伸至连接桶上方，安装架上设置有电机，电机下方固定连接一转杆，转杆伸入至伸缩桶内，并且转杆的底端设置有搅拌桨。

连接桶上卡接有两个盖板，且两个盖板下方均开设有两个限位滑槽。连接桶上边缘设置有四个限位块，盖板通过限位滑槽滑动卡接在限位块上，两个盖板上均开设有对接槽。转杆外卡接有对接组件，对接组件包括对接盘，对接盘套接在转杆外，对接盘的形状与对接槽的形状相适配，对接盘能够卡接在对接槽中。

对接盘下方设置有若干个对接卡块，两个对接槽内均开设有若干个限位槽，转杆通过对接组件的对接卡块与盖板上的限位槽相互卡接。支架组件包括辅助支架，辅助支架与第一推杆的顶端固定连接，辅助支架上设置第二推杆，辅助支架下固定连接有加固支架，加固支架固定连接在第一推杆上。

底座上的另一侧设置有伸缩杆，伸缩杆的顶端与连接板固定连接，连接板与连接桶固定连接，伸缩杆能够跟随第一推杆同步伸缩。底座上还设置有第一方桶、第二方桶和第三方桶，第一方桶、第二方桶和第三方桶上均设置有水泵，三个水泵均连接有次输送管。

转杆上通过轴承转动套接有一进液盘，进液盘与安装架固定连接，位于进液盘内转杆的外表面开设有进液孔，进液盘外连接有主输送管，三个次输送管与主输送管连通。三个次输送管上均设置有第一电磁阀，次输送管通过对应的第一电磁阀与主输送管相连通。转杆的底端设置有吸入口，吸入口处设置有第二电磁阀，转杆底端并且位于第二电磁阀周围设置有若干清洗喷头。

第三节　构造精讲

为了更清楚地说明如何实施，本节结合较佳的实施方案对本装置进行详细描述。所绘制结构、比例、大小等，均仅用以配合本章所揭示的内容，供专业技术人员阅读和参考。

如图 13-1、图 13-2、图 13-3、图 13-4、图 13-5、图 13-6、图 13-7 所示，一种电动搅拌反应容器，包括连接桶 1 和伸缩桶 3，连接桶 1 与伸缩桶 3 固定连接，伸缩桶 3 固定在底座 4 上。底座 4 上的其中一侧设置有第一推杆 5，第一推杆 5 顶端固定连接有支架组件 6，支架组件 6 固定于连接桶 1 的边缘。支架组件 6 上设置有第二推杆 7，第二推杆 7 顶端转动连接一安装架 8，安装架 8 横向伸至连接桶 1 上方，安装架 8 上设置有电机 9，电机 9 下方固定连接一转杆 11，转杆 11 伸入至伸缩桶 3 内，并且转杆 11 的底端设置有搅拌桨 12。本装置通过连接桶、伸缩桶、第一推杆的设置，第一推杆 5、第二推杆 7 可采用液压、气压或电动推动实现伸缩。在需要调整该反应容器的容量时，只需启动第一推杆 5。当第一推杆 5 启动时，第一推杆 5 则会带动连接桶 1 向上移动，使得连接桶 1 带动伸缩桶 3 上移，从而拉伸伸缩桶 3 从而扩大该反应容器的容量，使得反应容器容积和高度可调。在检测水样时无需对该反应容器进行更换进行实现对不同容量的水样进行检测的效果，避免因更换反应容器而延误检测效率，进而提高了该反应容器的检测效率。

如图 13-7 所示，支架组件 6 包括辅助支架 61，辅助支架 61 与第一推杆 5 的顶端固定连接，辅助支架 61 上设置第二推杆 7，辅助支架 61 下固定连接有加固支架 62，加固支架 62 固定连接在第一推杆 5 上。通过设置支架组件 6 提升伸缩桶 3，同时能够增强第一推杆 5、第二推杆 7 以及电机 9 的稳定性。

如图 13-2、图 13-6 所示，连接桶 1 上卡接有两个盖板 13，且两个盖板 13 下方均开设有两个限位滑槽 14，连接桶 1 上边缘设置有四个限位块 2，盖板 13 通过限位滑槽 14 滑动卡接在限位块 2 上，两个盖板 13 上均开设有对接槽 15。连接桶 1 与伸缩桶 3 均为圆形桶体，两个盖板 13 均为半圆形盖板，通过限位块 2 与限位滑槽 14 的滑动卡接，方便开合盖板。盖板 13 在移动到过程中会通过限位滑槽 14 和限位块 2 之间的配合从而水平移动，在移动一定的路径后，工作人员即可将水样注入伸缩桶 3 内，使用方便。

如图 13-3、图 13-4、图 13-6 所示，转杆 11 外卡接有对接组件 10，对接组件 10 包括对接盘 101，对接盘 101 套接在转杆 11 外。对接盘 101 的形状与对接槽 15 的形状相适配，能够卡接在对接槽 15 中。通过在转杆 11 外设置对接盘 101，对接盘 101 能够卡接在对接槽 15 中，确保转杆 11 转动过程中保持稳定，避免随意晃动，避免在使用的过程中由于该反应容器内部液体高速流动而导致盖板 13 出现偏移的情况，避免水样溅出。使用完成后只需向上移动对接盘 101，使得对接盘 101 脱离对接槽 15，随后即向外移动两个盖板 13。

对接盘 101 下方设置有若干个对接卡块 102，两个对接槽 15 内均开设有若干个限位槽 16，转杆 11 通过对接组件 10 的对接卡块 102 与盖板 13 上的限位槽 16 相互卡接。通过对接卡块 102 与限位槽 16 的对接卡合，牢固地稳定住整个电机和转杆，保障了盖板 13 闭合的稳定性。

如图 13-2 所示，底座 4 上的另一侧设置有伸缩杆 17，伸缩杆 17 的顶端与连接板 18 固定连接，连接板 18 与连接桶 1 固定连接，伸缩杆 17 能够跟随第一推杆 5 同步伸缩。借助伸缩杆 17，使得第一推杆 5 在上下移动的过程中另一侧的伸缩杆 17 随动，可以避免连接桶 1 单侧受力而出现侧向偏移的情况，在降低了第一推杆 5 受到的侧向压力的同时，提高了连接桶 1 及伸缩桶 3 移动时的稳定性。

如图 13-1 所示，底座 4 上还设置有第一方桶 20、第二方桶 30 和第三方桶 31，第一方桶 20、第二方桶 30 和第三方桶 31 由高密度聚乙烯制成。第一方桶 20 内用于盛放上清液，第二方桶 30 内用于盛放离子水，第三方桶 31 内

用于盛放 1.0 mol/L 硝酸溶液，第一方桶 20、第二方桶 30 和第三方桶 31 上均
设置有水泵 21，三个水泵 21 均连接有次输送管 25。转杆 11 上通过轴承转动
套接有一进液盘 23，进液盘 23 与安装架 8 固定连接，位于进液盘 23 内转杆
11 的外表面开设有进液孔 24。进液盘 23 外连接有主输送管 22，三个次输送
管 25 与主输送管 22 连通。三个次输送管 25 上均设置有第一电磁阀 26，次输
送管 25 通过对应的第一电磁阀 26 与主输送管 22 相连通。当需要将上清液抽
入到第一方桶 20 内时，首先控制第二推杆 7 调节转杆 11 的底端至合适位置，
通过控制对应第一方桶 20 上的水泵 21、第一电磁阀 26 和第二电磁阀 28，水
泵 21 提供吸力，上清液会依次通过第二电磁阀 28、转杆 11、进液盘 23、主
输送管 22、次输送管 25 和水泵 21 最终抽入到第一方桶 20 内部，只需要调节

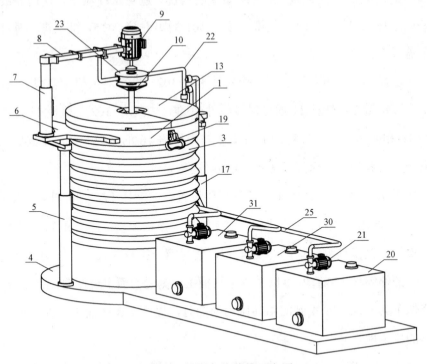

图 13-1　装置立体结构示意图

1—连接桶；3—伸缩桶；4—底座；5—第一推杆；6—支架组件；7—第二推杆；8—安装架；
9—电机；10—对接组件；13—盖板；14—限位滑槽；17—伸缩杆；19—握把；20—第一方桶；
21—水泵；22—主输送管；23—进液盘；25—次输送管；30—第二方桶；31—第三方桶

转杆 11 底端的高度即可。当上清液抽出完成后，将转杆 11 升起旋转至连接桶 1 外侧（次输送管 25 为软管），打开第二电磁阀 28 和对应的第一电磁阀 26，水泵 21 将第二方桶 30 内部的离子水通过次输送管 25、第一电磁阀 26、主输送管 22 和进液盘 23 进入到转杆 11 内部，最后通过转杆 11 底端的吸入口 27 排出，从而对进液盘 23 和转杆 11 内壁的液体残留进行冲洗。

如图 13-5 所示，转杆 11 的底端设置有吸入口 27，吸入口 27 处设置有第二电磁阀 28，转杆 11 底端并且位于第二电磁阀 28 周围设置有若干清洗喷头 29，清洗喷头 29 的倾斜方向不同。需要用 1.0 mol/L 硝酸时，通过控制第三方桶 31 上方的水泵 21 以及对应的第一电磁阀 26。此时第二电磁阀 28 调节为封闭状态，从而将内部的 1.0 mol/L 硝酸传送到转杆 11 内，利用转杆 11 底部设置的清洗喷头 29 将 1.0 mol/L 硝酸喷向伸缩桶 3 内部，对伸缩桶 3 内部进行清洗。

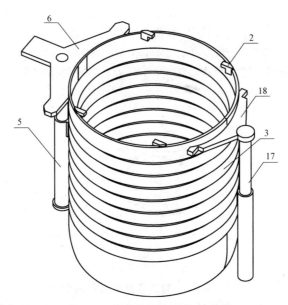

图 13-2　装置伸缩桶结构示意图

2—限位块；3—伸缩桶；5—第一推杆；6—支架组件；17—伸缩杆；18—连接板

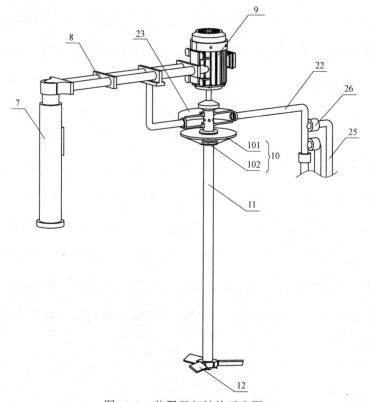

图 13-3　装置局部结构示意图

7—第二推杆；8—安装架；9—电机；10—对接组件；101—对接盘；102—对接卡块；11—转杆；

12—搅拌桨；22—主输送管；23—进液盘；25—次输送管；26—第一电磁阀

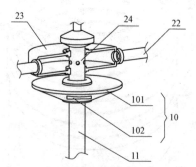

图 13-4　装置进液盘结构示意图

10—对接组件；101—对接盘；102—对接卡块；11—转杆；22—主输送管；

23—进液盘；24—进液孔

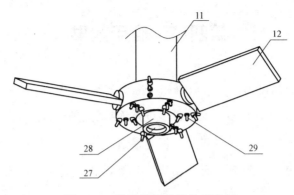

图 13-5 装置搅拌桨结构示意图

11—转杆；12—搅拌桨；27—吸入口；28—第二电磁阀；29—清洗喷头

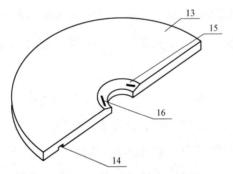

图 13-6 装置盖板结构示意图

13—盖板；14—限位滑槽；15—对接槽；16—限位槽

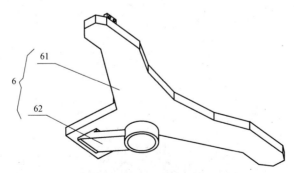

图 13-7 装置支架组件结构示意图

6—支架组件；61—辅助支架；62—加固支架

第四节　应用效果

通过巧妙的优化设计，可取得如下应用效果：

1. 该反应容器具有多用途，通过设置连接桶、伸缩桶、第一推杆和盖板，在检测水样时无需对该反应容器进行更换进行实现对不同的水样进行检测的效果，避免因更换反应容器而延误检测效率，进而提高了该反应容器的检测效率。

2. 该反应容器通过设置第一推杆和第二推杆，在使用该反应容器的过程中可以通过调整搅拌桨的高度从而完成对该反应容器内部水样的均匀搅拌，避免该反应容器的高度发生变化而影响该反应容器内部水样的搅拌及检测效率。搅拌桨可升降旋转，搅拌完成后，无需将其抱起来脱离液面后清洗，降低了实验的复杂程度。

3. 该反应容器通过设置第一方桶、水泵、第一电磁阀、吸入口和第二电磁阀，无需实验人员手持管子置于沉淀上方保持住姿势，降低抽取上清液工作的烦琐程度，可对进液盘和转杆的内壁的液体残留进行冲洗，避免交叉污染。该反应容器可对伸缩桶的内壁进行清洗，降低了清洗难度，进一步提高了实验效率。

第十四章　提高回收率的过滤装置

本章详细介绍一种提高回收率的过滤装置，该装置能缩短使用小孔径滤膜的时间，减少使用大孔径滤膜的重复过滤次数，快速、高效过滤沉淀，效率高。本章从基本概况、设计思路、构造精讲和应用效果四方面对该装置进行详细全面介绍，以方便读者更加深入地了解本装置。

第一节　基本概况

随着核技术的发展，对碳-14 的研究也在逐渐增加。碳-14 样品制备方法有直接吸收法、$CaCO_3$ 悬浮法、苯合成法和石墨法四种。其中 $CaCO_3$ 悬浮法和直接吸收法需要使用氢氧化钠溶液吸收二氧化碳，加氯化铵调节 pH 后，再加饱和氯化钙生成碳酸钙沉淀，之后对碳酸钙颗粒的沉淀进行过滤、洗涤和烘干。

在碳酸钙沉淀进行过滤时，由于碳酸钙粒径较小，单独使用小孔径过滤漏斗需要较长的过滤时间，如果使用大孔径过滤漏斗则会影响样品的回收率。所以需要设计一种多级过滤装置，以实现快速、高效的过滤沉淀，提高样品的回收率。

第二节　设计思路

一种提高回收率的过滤装置，能缩短使用小孔径滤膜的时间，可以作如下设计：设计包括用于承接滤液的第一容器，以及与第一容器进口连接的漏斗。漏斗的进液端设有过滤组件，过滤组件由若干个第二容器组成，各第二容器均设有进口和出口，两个相邻第二容器连接时，其中一个第二容器的进口与另一个第二容器的出口相对接。

漏斗的内部和第二容器的内部均设有滤网，第二容器中滤网允许通过颗粒物粒径的大小沿着过滤组件指向漏斗的方向依次递减，漏斗中滤网允许通过的颗粒物的粒径小于第二容器中滤网允许通过的颗粒物的粒径。各相邻第二容器连接处的两个连接端均设有顶触配合的磨砂圈，且漏斗与相邻第二容器连接处的两个连接端均同样设有顶触配合的磨砂圈。

各相邻第二容器连接处及漏斗与相邻第二容器的连接端均设有用于使相邻磨砂圈顶触配合的接口夹。接口夹包括第一夹板和第二夹板，第一夹板通过轴件连接第二夹板，轴件上套设有为第一夹板和第二夹板提供回弹力的扭簧，使第一夹板和第二夹板的相对侧分别与接口夹持处的两个相邻磨砂圈顶触配合，令相邻磨砂圈抵持。

同一接口夹中第一夹板和第二夹板的相背侧均设有可移动的弧形杆件，弧形杆件的侧面与磨砂圈的侧面顶触配合。同一接口夹中的第一夹板和第二夹板的相背侧均成对设有用于限制弧形杆件移动轨迹的限位件，使得弧形杆件的两端均与同一对限位件插接时，弧形杆件的轴线在基准面内移动。

弧形杆件侧面还设有用于限制弧形杆件相对接口夹移动范围的凸起，凸起使得弧形杆件不能与接口夹分离。漏斗的内壁和各第二容器的内壁均水平地延伸出用于搭接滤网的凸台，滤网的边缘设有密封圈，用于密封滤网边缘与漏斗内壁或第二容器内壁间的缝隙。

上述漏斗的底部延伸设有与漏斗嘴部同轴设置的套管，套管与第一容器的进口插接，且套管侧面与第一容器的内壁顶触配合，套管与第一容器的两个连接面均设有磨砂面，套管的侧面设有抽气管。套管套设在漏斗嘴部的外侧，漏斗嘴部外表面与套管内壁之间留有间隙。

第三节　构造精讲

为了更清楚地说明如何实施，本节结合较佳的实施方案对本装置进行详细描述。所绘制结构、比例、大小等，均仅用以配合本章所揭示的内容，供专业技术人员阅读和参考。

如图 14-1、图 14-2、图 14-3、图 14-4、图 14-6 和图 14-7 所示，本装置提供了一种提高回收率的过滤装置，该装置包括用于承接滤液的第一容器 1 和与第一容器 1 进口连接的漏斗 2。其中第一容器 1 是纵剖面呈三角形状的锥形瓶，锥形瓶的进口沿轴线方向向外延伸出外扩的喇叭状的承接口，承接口与锥形瓶同轴设置。漏斗 2 的嘴部插接于承接口中时，漏斗 2 嘴部的外表面与承接口的内壁顶触配合，提高了漏斗 2 与第一容器 1 之间的密封性能。

漏斗 2 嘴部及与嘴部顶触配合的承接口的内壁均进行了磨砂处理，嘴部外表面的磨砂面 8 与承接口内壁的磨砂面 8 紧密配合，增强了两者间的气密性。

漏斗 2 为布氏漏斗，在漏斗 2 底部沿自身轴线延伸出与嘴部同轴设置的套管 15，套管 15 设在漏斗 2 嘴部的外侧。漏斗 2 嘴部外表面与套管 15 内壁之间留有间隙，且在套管 15 的外部同样进行磨砂处理，以保证套管 15 在插入同样经过磨砂处理的承接口后两者间具有良好的气密性。套管 15 侧面向外延伸出与套管 15 内部连通的抽气管 7，当套管 15 与承接口插接后，套管 15 的内部与第一容器 1 的内部连通。此时抽气管 7 的内部也与第一容器 1 的内部连通，当抽气管 7 通过管件与抽气泵连接后，第一容器 1 内的空气通过抽气管 7 被抽走，第一容器 1 为持续的负压环境，漏斗 2 内的液体会被抽进第一容器 1 中。

漏斗 2 的顶部设有过滤组件，过滤组件由若干个同轴设置的第二容器 3

组成，第二容器 3 上同样开设有进口和出口。第二容器 3 常见的形状为短管状，其两端均为敞开设置，其中一端为进口而另一端为出口。第二容器 3 的进口与相邻的第二容器 3 的出口之间顶触配合，且相邻的第二容器 3 的接触端面均设有磨砂圈 6。当两个磨砂圈 6 顶触配合后，两个相邻第二容器 3 的连接端间的气密性得到提高，进一步两个相邻第二容器 3 的连接端处还设有用于固定相邻第二容器 3 的接口夹 5，漏斗 2 和各第二容器 3 中均设置有滤网 4。滤网 4 通常为砂芯滤件，砂芯滤件是一种提高回收率的过滤装置，由细砂组成的细砂滤网，它可以阻止大颗粒物进入，而小颗粒物则可以通过砂芯滤件。砂芯滤件可以根据实际需要进行调整，以确保砂芯滤件可以有效地过滤出指定大小的颗粒物。漏斗 2 中的滤网 4 允许通过的颗粒物粒径最小，第二容器 3 中的滤网 4 允许通过的颗粒物粒径大小将沿着重力方向依次递减。该方向为过滤组件指向漏斗 2 的方向，当待过滤液体进入过滤组件后，滤液会依次通过过滤组件中的各滤网 4 直至进入第一容器 1 内，之后不同粒径大小的颗粒物会滞留在对应的滤网 4 上，在提高了回收率的同时，还可以避免进行二次重复过滤，缩短了过滤时长，提高过滤效率。

漏斗 2 与相邻第二容器 3 相接的连接端同样设有磨砂圈 6，用于保证与相邻第二容器 3 的气密性，而过滤组件中距离漏斗 2 最远的第二容器 3 的进口则可以不设置磨砂圈 6。该第二容器 3 用于对液体的初步过滤，且该第二容器 3 中滤网 4 的允许通过的颗粒物粒径最大。

漏斗 2 或第二容器 3 的内壁水平地延伸出凸台 13，滤网 4 边缘套设有可耐强酸碱溶液的密封圈 12。滤网 4 搭接在凸台 13 上时，密封圈 12 被夹在滤网 4 和凸台 13 之间发生变形，在将密封圈 12 固定在凸台 13 表面的同时，实现对滤网 4 边缘的密封，防止滤液从滤网 4 边缘渗下。

如图 14-1、图 14-8 和图 14-9 所示，接口夹 5 包括第一夹板 501 和第二夹板 502。第一夹板 501 和第二夹板 502 之间通过轴件连接，轴件上套设有扭转弹簧。扭转弹簧的两端均延伸出端杆，两个端杆分别与第一夹板 501 和第二夹板 502 顶触配合，从而为第一夹板 501 和第二夹板 502 提供回弹力，使接口夹 5 在无外力作用的情况下，第一夹板 501 和第二夹板 502 相互闭合抵触。第一夹板 501 和第二夹板 502 的相对侧的边缘处均延伸有边缘侧板，边缘侧板与第一夹板 501 的厚度方向或第二夹板 502 的厚度方向垂直。当接口夹 5 夹持在两个相邻第二容器 3 的连接端时，第一夹板 501 和第二夹板 502 会分别与两个第二容器 3 上的磨砂圈 6 的顶部和底部顶触配合。第一夹板 501 上的边缘侧板和第二夹板 502 上的边缘侧板则会分别与两个磨砂圈 6 侧面顶触配合，在保证了两个相邻的第二容器 3 连接强度的同时，还进一步使相邻的第二容器 3 的磨砂圈 6 紧密抵持，增强了两者间的气密性。

其中第一夹板 501 和第二夹板 502 为了与第二容器 3 的形状相适配，第一夹板 501 和第二夹板 502 的边侧均开设有与第二容器 3 外侧形状相适配的内凹槽。当接口夹 5 夹持在第二容器 3 上后，第一夹板 501 上的内凹槽和第二夹板 502 上的内凹槽会与对应的第二容器 3 的侧表面耦合，以保证接口夹 5 与第二容器 3 的连接的紧密性。

在边缘侧板靠近第二容器 3 的一侧设置填料层 14。当接口夹 5 夹持第二容器 3 或漏斗 2 上后，边缘侧板的侧面设置的填料层 14 会与磨砂圈 6 的侧面顶触配合，使得接口夹 5 的夹持力在经过填料层 14 的分散后再将夹持力传递给磨砂圈 6，进一步增强了第一夹板 501 和第二夹板 502 与磨砂圈 6 的贴合度。

如图 14-4、图 14-5、图 14-8 和图 14-9 所示，第一夹板 501 和第二夹板 502 的相背侧均设有可移动的弧形杆件 10，与弧形杆件 10 的轴线共面的平面为该弧形杆件 10 的基准面。该基准面与第一夹板 501 或第二夹板 502 存在夹角，不与第一夹板 501 或第二夹板 502 平行。当接口夹 5 夹持在过滤组件上后，该夹角使得第一夹板 501 上的弧形杆件 10 和第二夹板 502 上的弧形杆件 10 与对应第二容器 3 上的磨砂圈 6 顶触配合，使相邻的两个磨砂圈 6 的连接端具有相互靠近的趋势，进一步增强了漏斗 2 与第二容器 3 的连接端间或两个相邻第二容器 3 的连接端间的气密性。

同一接口夹 5 中的第一夹板 501 和第二夹板 502 的相背侧均成对设有用于限制弧形杆件 10 移动轨迹的限位件 9。当弧形杆件 10 的两端均与同一对限位件 9 插接时，弧形杆件 10 的轴线只能在基准面内移动，且弧形杆件 10 侧面还设有用于限制弧形杆件 10 相对接口夹 5 移动范围的凸起 11。凸起 11 使得弧形杆件 10 无法完全穿过限位件 9，从而使弧形杆件 10 无法与接口夹 5 分离。

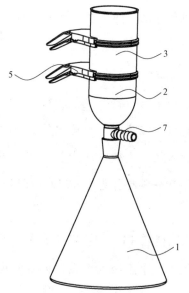

图 14-1　整体结构示意图
1—第一容器；2—漏斗；3—第二容器；
5—接口夹；7—抽气管

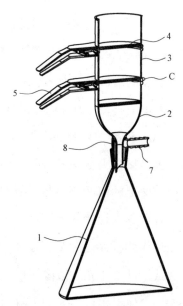

图 14-2　实施例的正剖视图
1—第一容器；2—漏斗；3—第二容器；4—滤网；
5—接口夹；7—抽气管；8—磨砂面

在使用时，先将漏斗 2 的嘴部插入第一容器 1 的进口，使套管 15 侧面的磨砂面 8 与承接口内侧的磨砂面 8 顶触配合，实现套管 15 与承接口之间的接触贴合。然后通过接口夹 5 将过滤组件安装在漏斗 2 的进口处，使漏斗 2 进口处的磨砂圈 6 与相连接的第二容器 3 出口处的磨砂圈 6 顶触配合，以保证漏斗 2 与相连接的第二容器 3 之间具有良好的气密性。而在过滤组件中各相邻的第二容器 3 之间同样用接口夹 5 连接，使两个相邻第二容器 3 对接处的两个磨砂圈 6 顶触配合，以保证相连接的第二容器 3 之间具有良好的气密性。

在所有接口夹 5 安装完成后，可通过凸起 11 带动弧形杆件 10 移动，使同一接口夹 5 上的两个弧形杆件 10 分别与同一个连接端处的两个相邻磨砂圈 6 的侧面顶触配合，即使该连接处两个磨砂圈 6 具有相互靠近的趋势，进一步增强该连接端的气密性。之后，通过导管将抽气管 7 与抽气泵相连接。在启动抽气泵后，将含沉淀的碳酸钙颗粒的滤液倒入位于最高处的第二容器 3 的进口中，滤液便会在负压力的作用下依次经过各滤网 4 并最终流入第一容器 1 内。最后，将各接口夹 5 拆下，对漏斗 2 与各第二容器 3 中的滤网 4 进行冲洗，使碳酸钙颗与滤网 4 分离，并将含有碳酸钙颗粒的液体烘干，便可得到对应的碳酸钙颗粒。

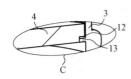

图 14-3　图 13-2 中 C 处的放大图

3—第二容器；4—滤网；

12—密封圈；13—凸台

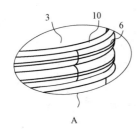

图 14-5　图 13-4 中 A 处的放大图

3—第二容器；6—磨砂圈；

10—弧形杆件

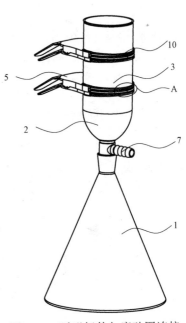

图 14-4　弧形杆件与磨砂圈连接状态的结构示意图

1—第一容器；2—漏斗；3—第二容器；

5—接口夹；7—抽气管；10—弧形杆件

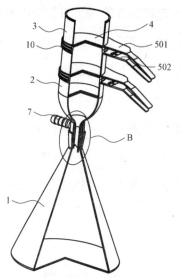

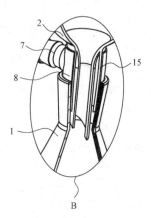

图 14-6　弧形杆件与接口夹连接
状态的局部剖视图

1—第一容器；2—漏斗；3—第二容器；4—滤网；

501—第一夹板；502—第二夹板；7—抽气管；

10—弧形杆件

图 14-7　图 14-6 中 B 处的放大图

1—第一容器；2—漏斗；7—抽气管；8—磨砂面；

15—套管

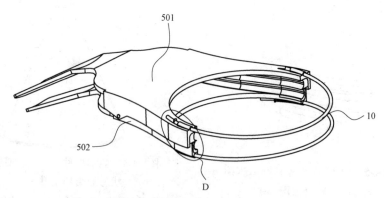

图 14-8　弧形杆件与接口夹连接状态的结构示意图

501—第一夹板；502—第二夹板；10—弧形杆件

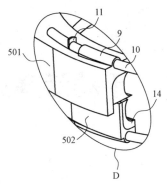

图 14-9　图 14-8 中 D 处的放大图

9—限位件；10—弧形杆件；11—凸起；14—填料层；

501—第一夹板；502—第二夹板

第四节　应用效果

通过巧妙的优化设计，可取得如下应用效果：

通过在漏斗上设置可实现多级过滤的过滤组件，使待过滤的含碳酸钙颗粒沉淀的滤液在流经过滤组件时，不同粒径的颗粒物可分别被不同的对应过滤系数的滤网滤除。即使用大孔径滤网过滤大粒径颗粒物的同时还利用小孔径滤网对小粒径颗粒物进行滤除，不仅提高了碳酸钙颗粒的回收率，还因为过滤组件的分级过滤而缩短了过滤时长。本装置能缩短使用小孔径滤膜的时间，减少使用大孔径滤膜的重复过滤次数，快速、高效过滤沉淀，提高样品回收率，回收率提高的同时可以避免进行二次重复过滤，可缩短过滤时间，提高效率。

第十五章　手动活塞式过滤器

本章详细介绍一种手动活塞式过滤器，该装置能够初步过滤提纯水样及初步下降水样电导率，操作简单，稳定性好，清洗更换方便，提高了水样处理效率。本章从基本概况、设计思路、构造精讲和应用效果四方面对该装置进行详细全面介绍，以方便读者更加深入地了解本装置。

第一节　基本概况

水处理的方式包括物理处理、化学处理和生物处理。物理方法包括利用各种孔径大小不同的滤材，利用吸附或阻隔方式，将水中的杂质排除在外。吸附方式中较重要者为以活性炭进行吸附，阻隔方法则是将水通过滤材，让体积较大的杂质无法通过，进而获得较为干净的水。

在淡化海水等水样处理时，通常需要通过活性炭、滤膜、树脂等多种过滤处理方式，对水样进行净化等处理。在目前的水样处理方法中，是将水样通过不同装置进行逐步净化，如水样通过活性炭、树脂等固体进行杂质吸附时需要填充装置，在使用滤膜降低水样电导率时需要使用溶剂过滤器等。由于无法在同一设备中进行多类型的过滤处理，导致水样处理时步骤十分复杂，同时也导致水样处理的效率降低。

第二节 设计思路

一种手动活塞式过滤器，能够初步过滤提纯水样及初步下降水样电导率，可以作如下设计：设计第一过滤筒，第一过滤筒内滑动设置有活塞筒，活塞筒的底部开设有多个过滤孔。第一过滤筒下方连接有第二过滤筒，第一过滤筒和第二过滤筒之间活动卡接有法兰夹，第一过滤筒和第二过滤筒的底部均设置有过滤网，第一过滤筒和第二过滤筒之间连接处设置有滤膜。

第一过滤筒顶部内壁与活塞筒外壁之间设置有密封圈，第一过滤筒的下部和第二过滤筒的上部一定长度范围内的外壁设置有磨砂层，滤膜下方设置有一玻璃托板。第一过滤筒的底面和第二过滤筒的顶面设置有磨砂层，玻璃托板周圈与第一过滤筒的底面和第二过滤筒的顶面对应位置为磨砂层，玻璃托板中间部分为砂芯。

过滤网的底部设置有限位机构，用于固定过滤网。限位机构包含限位环、多个限位槽和多个限位块，两个限位环分别与第一过滤筒和第二过滤筒的内壁固定连接，限位槽开设于限位环上，限位块设置于限位槽内并与过滤网的下表面连接。限位块呈 Y 型结构，限位块的底部滑动穿插于限位槽内，限位块的顶部与过滤网的下表面连接。多个限位槽呈环形阵列开设于限位环上，过滤网的筛孔尺寸为 200 目。

第三节 构造精讲

为了更清楚地说明如何实施，本节结合较佳的实施方案对本装置进行详细描述。所绘制结构、比例、大小等，均仅用以配合本章所揭示的内容，供专业技术人员阅读和参考。

如图 15-1、图 15-2、图 15-3、图 15-4 所示，一种手动活塞式过滤器，包括第一过滤筒 1，第一过滤筒 1 的下方设置有第二过滤筒 2，第一过滤筒 1 和第二过滤筒 2 均为针筒状结构。第一过滤筒 1 的顶部滑动套接有活塞筒 3，活塞筒 3 的底部开设有多个过滤孔 10，便于对水样中的大颗粒进行过滤。第一过滤筒 1 顶部的内壁固定连接有密封圈 4，密封圈 4 为橡胶材质，便于提高第一过滤筒 1 与活塞筒 3 连接的稳定性。第一过滤筒 1 和第二过滤筒 2 之间活动卡接有法兰夹 5，便于对第一过滤筒 1 和第二过滤筒 2 的夹持，使第一过滤筒 1 和第二过滤筒 2 贴合紧密。第一过滤筒 1 的底部和第二过滤筒 2 的顶部设置有磨砂层 6，磨砂层 6 为磨砂颗粒组成，磨砂颗粒便于提高第一过滤筒 1 和第二过滤筒 2 之间连接的摩擦力，同时使法兰夹 5 的夹持更加稳定。第一过滤筒 1 和第二过滤筒 2 的底部均设置有过滤网 7，过滤网 7 由环形框架和沙网组成，便于对活性炭、抛光混合树脂的放置。第一过滤筒 1 和第二过滤筒 2 之间设置有滤膜 8，便于降低水样的电导率。第二过滤筒 2 的底部设置有出水口 11，水样经处理后，由此处流出收集。过滤网 7 的底部设置有限位机构 9，便于对过滤网 7 的位置限定。

滤膜 8 下方设置有一玻璃托板 12，第一过滤筒 1 的底面和第二过滤筒 2 的顶面设置有磨砂层。玻璃托板 12 周圈与第一过滤筒 1 的底面和第二过滤筒 2 的顶面对应位置为磨砂层 6，玻璃托板 12 中间部分为砂芯。玻璃托板 12 周圈磨砂层 6 可与第一过滤筒 1 底面和第二过滤筒 2 顶面的磨砂层完美贴合，中间部分为砂芯，如此可防止压力增大导致滤膜 8 破损。

限位机构 9 包含限位环 901、多个限位槽 902 和多个限位块 903，限位环 901 为圆形环状结构，限位槽 902 的内壁两侧呈弧形结构，限位块 903 的两侧呈弧形结构。两个限位环 901 分别与第一过滤筒 1 和第二过滤筒 2 的内壁固定连接，便于对两个过滤网 7 的位置支撑。多个限位槽 902 呈环形阵列开设于限位环 901 的上表面，多个限位块 903 的顶端呈环形阵列与过滤网 7 的下表面固定连接。限位块 903 呈 Y 型结构，限位块 903 的底部与限位槽 902 的内腔滑动穿插连接，便于通过限位块 903 卡接在限位槽 902 的内腔，使过滤网 7 的位置更加稳定。同时通过手动对限位块 903 底部的按压，使限位块 903 的中部能合并，使限位块 903 能脱离限位槽 902 的内腔，便于提高装置的可拆卸性。

过滤网 7 的筛孔尺寸为 200 目，便于对活性炭、抛光混合树脂和水的隔离。过滤网 7 的外壁固定连接有橡胶圈，两个橡胶圈分别与第一过滤筒 1 和第二过滤筒 2 的内壁贴合连接，便于提高橡胶圈位置的稳定性。

在使用时，可根据需要在该装置装填不同的过滤材料，通过向第一过滤筒 1 内腔底部的过滤网 7 铺放活性炭、石英砂等固体颗粒，向第二过滤筒 2 内腔底部的过滤网 7 中铺放抛光混合树脂等离子交换材料，将滤膜 8 放置在第一过滤筒 1 和第二过滤筒 2 之间。通过法兰夹 5 及磨砂层 6，使滤膜 8 稳定的位于第一过滤筒 1 和第二过滤筒 2 之间。通过将活塞筒 3 与第一过滤筒 1 顶部内腔的滑动穿插，使活塞筒 3 的外壁与密封圈 4 的内壁贴合紧密，使活塞筒 3 稳定的套接在第一过滤筒 1 的内腔。通过向活塞筒 3 内腔注入需处理的水样，使水样能分别通过第一过滤筒 1 底部的过滤网 7 上的活性炭、石英砂等固体颗粒、滤膜 8 和第二过滤筒 2 底部的过滤网 7 上抛光混合树脂等离子交换材料，使水样能快速进行纯化。同时可通过手压活塞筒 3 的顶部，增加压力，加快滤液流出。

最后，使水中杂质进行初步过滤、水样一级纯化和水样二级纯化，处理水样通过第一过滤筒 1 内腔底部的过滤网 7 铺放活性炭、石英砂等固体颗粒，达到初步过滤提纯效果。初步过滤提纯的水样通过中间滤膜 8 纯化，使水样的电导率得到初步下降，使水样能进行一级纯化。一级纯化的水样通过第二过滤筒 2 内腔底部的过滤网 7 中铺放抛光混合树脂等离子交换材料，实现水样电导率的大幅下降，使水样能进行二级纯化。水样整体纯化效果可通过吸附材料的用量自由调节，简化了操作过程，减少了过滤器的使用，提高了水样处理效率。

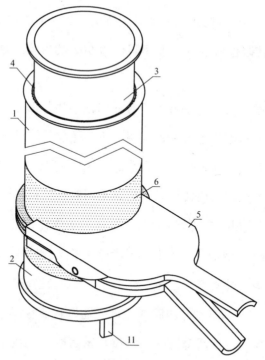

图 15-1　整体结构示意图

1—第一过滤筒；2—第二过滤筒；3—活塞筒；4—密封圈；5—法兰夹；6—磨砂层；11—出水口

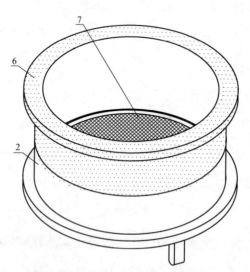

图 15-2　第二过滤筒结构示意图

2—第二过滤筒；6—磨砂层；7—过滤网

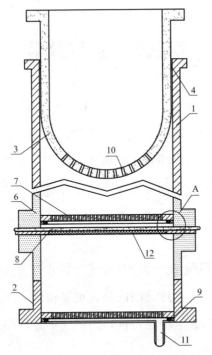

图 15-3　第一过滤筒结构示意图

1—第一过滤筒；2—第二过滤筒；3—活塞筒；4—密封圈；6—磨砂层；7—过滤网；

8—滤膜；9—限位机构；10—过滤孔；11—出水口；12—玻璃托板

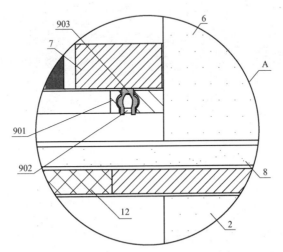

图 15-4　图 15-3 中 A 处局部放大结构示意图

2—第二过滤筒；6—磨砂层；7—过滤网；8—滤膜；9—限位机构；901—限位环；902—限位槽；

903—限位块；12—玻璃托板

第四节 应用效果

本装置通过巧妙的优化设计，可取得如下应用效果：

1. 利用两个过滤网、滤膜、法兰夹和磨砂层相配合的设置方式，便于分别放置活性炭、石英砂等固体颗粒，通过滤膜纯化及铺放抛光混合树脂等离子交换材料，水样能初步过滤提纯及水样电导率可初步下降，实现水样电导率的大幅下降等过滤效果，简化了操作过程，减少了过滤器的使用，提高了水样处理效率；

2. 利用限位环、限位槽与限位块相配合的设置方式，通过限位环，便于对过滤网进行位置支撑，使过滤网的位置更加稳定。通过限位块与限位槽的连接，便于提高过滤网位置的稳定性，同时便于过滤网的拆卸，使过滤网的更换和清洗更加方便。

第十六章　放射性核素抽滤用滤纸裁剪装置

本章详细介绍一种放射性核素抽滤用滤纸裁剪装置，该装置能够裁剪出预定规格的滤纸，克服了现有技术的不足，可明显提高精度和效率。本章从基本概况、设计思路、构造精讲和应用效果四方面对该装置进行详细全面介绍，以方便读者更加深入地了解本装置。

第一节　基本概况

在用放射化学法检测水、沉降灰和生物样品中的放射性核素锶和铯时，需要将待测物通过抽滤装置抽滤至滤纸上，滤纸再粘贴到圆形放射性测量盘上，放入仪器检测。

常用的放射性测量盘面积为 15.896 cm^2，也就是说需要裁剪面积为 15.8 cm^2（半径大约为 2.2 cm）的滤纸，才能放入圆形放射性测量盘。目前现有技术中，常规的做法是取出滤纸后，用圆规画好圆形，用剪刀沿着路径裁剪。人工裁剪存在圆形不圆的问题，且裁剪量较多时，费时费力，还会造成滤纸数量的浪费。因此，针对上述问题提出一种放射性核素抽滤用滤纸裁剪装置。

第二节　设计思路

一种放射性核素抽滤用滤纸裁剪装置，能够裁剪出预定规格的滤纸，可以作如下设计：设计壳体，其下部用于放置在滤纸上以压住滤纸。壳体的上部开设有通孔，通孔内滑动连接有按压杆，按压杆能够通过通孔在壳体内上下自由移动，并且按压杆的底部连接有裁刀，用于裁剪出预定规格的滤纸。

按压杆上部径向连接固定有第一导向部，按压杆下部穿过第二导向部，且第一导向部的外端与壳体的内壁接触，第二导向部与壳体的内壁连接固定，第一导向部与第二导向部之间设置有弹簧。第一导向部为导杆，且导杆在按压杆上对称设置两个。第二导向部为圆形导板，按压杆的顶部设置有握把，握把的表面成型为凹陷结构或设有防滑纹。

裁刀通过螺钉或插接连接在按压杆的底部，裁刀为圆环形，刀锋为内斜坡状，半径为 2.6 cm、2.2 cm 或 1.5 cm。壳体整体呈钟形，包括圆台形的钟顶、圆柱形的钟身以及圆台形的钟底座，裁刀位于钟底座内。钟顶、钟身及钟底座为螺纹连接的可拆卸结构，壳体的底部设有摩擦垫，且为环形状。

第三节　构造精讲

为了更清楚地说明如何实施，本节结合较佳的实施方案对本装置进行详细描述。所绘制结构、比例、大小等，均仅用以配合本章所揭示的内容，供专业技术人员阅读和参考。

如图 16-1、图 16-2、图 16-3、图 16-4 所示，一种放射性核素抽滤用滤纸裁剪装置，包括壳体 1，壳体 1 的下部放置在滤纸上，壳体的上部开设有通孔。通孔内滑动连接有按压杆 21，按压杆 21 能够通过通孔在壳体内上下自由移动。按压杆 21 的底部连接固定有裁刀 23，用于裁剪出具有一定规格的滤纸。

该滤纸裁剪装置分为内外两层，壳体 1 的内部形状呈钟形，主要功能是对滤纸进行压住固定，防止裁剪时滤纸出现滑动的问题。壳体 1 的内部为按压式握把 22，底部为裁刀 23。在使用时，将壳体 1 放置在一叠滤纸上，用手按压按压杆 21，使得按压杆 21 带动裁刀 23 向下滑动挤压在滤纸的表面，然后裁刀 23 即可裁剪出符合试验要求大小的滤纸，提高了对滤纸裁剪的精度和效率。

按压杆 21 的顶部连接有握把 22，且握把 22 的上表面设有防滑纹，或者成型为凹陷结构，凹陷结构更符合手掌末端发力，长时间按压裁剪时也不至于不舒服。工作时，通过在按压杆 21 的顶部安装有握把 22，便于工作人员进行握持操作。

按压杆 21 上部径向连接固定有第一导向部 31，按压杆 21 下部穿过第二导向部 32。第一导向部 31 外端与壳体 1 的内壁接触，第二导向部 32 与壳体 1 的内壁连接固定，第二导向部 32 中心预留通孔供按压杆 21 穿过，第一导向部 31 与第二导向部 32 之间设置有弹簧 33。通过在壳体 1 内设置第一导向部 31 和第二导向部 32，第一导向部 31 和第二导向部 32 的尺寸与壳体 1 的内径一致。即抵住壳体 1 的内壁，使得按压杆 21 在壳体 1 的内部进行滑动过程中，能够起到定位以及导向的作用，防止按压杆 21 在向下滑动时，出现因手臂晃动而左右歪斜等问题，避免造成对滤纸裁剪的误差。

第一导向部 31 为导杆，且导杆在按压杆 21 上对称设置了两个，即在按压杆 21 同一直径的两侧对称向外伸出，如图 16-2 所示，导杆长度与壳体 1 内径一致，使得导杆外端抵接壳体 1 内壁。

第二导向部 32 为导板，且导板为圆形板，如图 16-2 所示。圆形板的直径与壳体 1 内径一致，圆形板外边缘与壳体 1 内壁连接，使得圆形板外边缘抵接壳体 1 内壁。

工作时，当按压杆 21 带动裁刀 23 向底部滑动时，带动导杆向下滑动，使得裁刀 23 接触滤纸对滤纸进行裁剪。此过程中导杆挤压弹簧 33 向下压缩，裁剪完毕时，松开握把 22，弹簧 33 回弹推动导杆向上滑动，导杆向上滑动时带动按压杆 21 向上滑动，来自动进行复位。

当推动握把 22 向下滑动时，带动裁刀 23 向下滑动，裁刀 23 贴合在滤纸的表面进行裁剪。过程中可以通过旋转握把 22，使得裁刀 23 进行旋转，来将滤纸裁剪掉，确保裁剪得彻底些。

裁刀 23 通过螺钉或插接连接在按压杆 21 的底部，放射性核素试验中常用的滤纸规格为半径 2.6 cm、2.2 cm 或 1.5 cm。如此方便根据试验要求选择安装不同规格的裁刀，通过配备多种规格的裁刀，一套裁剪装置即可裁剪出多种规格的滤纸。

裁刀 23 为圆环形刀片，刀锋为内斜坡状，如图 16-3 所示，裁刀 23 的半径优选为 2.2 cm，更加接近常用放射性测量盘 15.896 cm^2 的面积。

如图 16-1、图 16-2 所示，壳体 1 的外部呈钟形，裁刀 23 等结构统一容纳在钟形的壳体 1 内部，钟形结构在裁剪时类似于刻章式按压，能够确保裁剪的精度和准确性。

钟形包括圆台形的钟顶 12、圆柱形的钟身 11 以及圆台形的钟底座 13，裁刀 23 位于钟底座 13 内，钟底座 13 的内径略大于裁刀 23 的直径，确保裁刀 23 能够在其内自由活动且不发生碰触即可。

钟顶 12、钟身 11 以及钟底座 13 为分体式结构，如相互之间采用螺纹连接，如此设计成可拆卸结构，便于内部结构的安装与维修。

如图 16-4 所示，壳体 1 的底部设有摩擦垫 4，且为环形状。工作时，通过在壳体1的底部设置摩擦垫4，来增加壳体1和滤纸表面的摩擦力，避免壳体1在压实滤纸时，滤纸出现左右偏移的问题，影响裁刀23的裁剪精度。

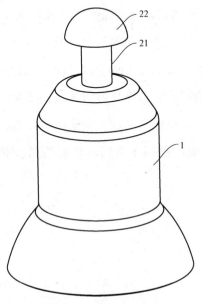

图 16-1　装置立体图

1—壳体；21—按压杆；22—握把

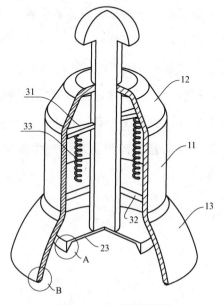

图 16-2　装置剖视图

11—钟身；12—钟顶；13—钟底座；23—裁刀；

31—第一导向部；32—第二导向部；33—弹簧

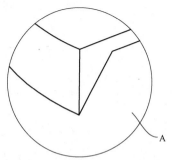

图 16-3　图 16-2 中 A 处放大图

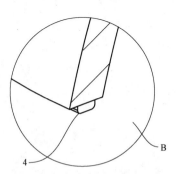

图 16-4　图 16-2 中 B 处放大图

4—摩擦垫

第四节　应用效果

通过巧妙的优化设计，可取得如下应用效果：

通过设计一种按压式裁剪装置，分为内外两层，外部壳体的形状呈钟形，主要是对滤纸进行压住固定，防止裁剪时滤纸出现滑动的问题。壳体的内部为按压式握把，底部可拆卸选择安装半径为 2.6 cm、2.2 cm 或 1.5 cm 的裁刀，能够根据试验要求适应性裁剪出预定规格的滤纸。刀锋呈内斜坡状，在使用时，将壳体放置在一叠滤纸上，用手按压，按压杆带动裁刀向下压在滤纸的表面，然后裁刀即可裁剪出预定规格的滤纸，提高了对滤纸裁剪的精度和效率。

第十七章　水压式抽滤装置

本章详细介绍一种水压式抽滤装置，该装置能够通过调节改变抽滤瓶内液体的抽滤速度，抽滤速度线性、可控、稳定，结构简单，成本低，提高了装置的抽滤效率。本章从基本概况、设计思路、构造精讲和应用效果四方面对该装置进行详细全面介绍，以方便读者更加深入地了解本装置。

第一节　基本概况

抽滤是一个物理术语，又称减压过滤，真空过滤，有双重含义，物理术语中抽滤指利用抽气泵使抽滤瓶中的压强降低，达到固液分离的目的的方法。

现有实验室大多使用电动抽滤装置，这种泵要么造价高，要么抽滤速度不可调，要么速度调节较难实现线性控制。为了调节和控制抽滤速度需要频繁开关抽滤装置，最终导致样品抽滤后的样品不稳定，难以满足实际中的需求。

第二节　设计思路

一种水压式抽滤装置，可以作如下设计：设计抽滤瓶、桃形瓶和引流机构。抽滤瓶与桃形瓶通过一软管连通，抽滤瓶具有抽滤瓶体。桃形瓶具有桃形瓶体，桃形瓶体顶部具有安装部，底部连接一长管，引流机构插入桃形瓶体内并通过安装部安装固定。引流机构的出水嘴位于长管的进水口处，且出水嘴平面略高于长管的进水口平面。

抽滤瓶体的瓶口以密封盖密封，抽滤瓶体上部侧面具有第一连接管，第一连接管连接软管的一端，桃形瓶体上部侧面具有第二连接管，第二连接管连接软管的另一端。安装部为一内螺纹管，内螺纹管与桃形瓶体一体形成。

引流机构由上而下包括连接头、外螺纹管和引流管，连接头用于连接进水管，外螺纹管与内螺纹管螺接在桃形瓶中安装引流机构。引流管为渐缩管，其出水嘴平面略高于长管的进水口平面。连接头为内螺纹管，桃形瓶体最大宽度为 5 cm，长管长 21 cm，直径 1.2 cm。引流管长 6 cm，直径 0.5 cm，抽滤瓶体和桃形瓶体为透明玻璃材质。

第三节　构造精讲

为了更清楚地说明如何实施，本节结合较佳的实施方案对本装置进行详细描述。所绘制结构、比例、大小等，均仅用以配合本章所揭示的内容，供专业技术人员阅读和参考。

如图 17-1、图 17-2、图 17-3 所示，一种水压式抽滤装置，包括抽滤瓶 1、桃形瓶 2 和引流机构 4。抽滤瓶 1 与桃形瓶 2 通过一软管 3 连通，抽滤瓶 1 具有抽滤瓶体 101。桃形瓶 2 具有桃形瓶体 201，桃形瓶体 201 顶部具有安装部 202，底部连接一长管 203。引流机构 4 插入桃形瓶体 201 内并通过安装部 202 安装固定。引流机构 4 的出水嘴位于长管 203 的进水口处，且出水嘴平面略高于长管 203 的进水口平面。

抽滤瓶体 101 的瓶口以密封盖 102 密封，通过密封盖 102 密封抽滤瓶 1，防止抽滤瓶 1 内的液体被污染，也防止抽滤瓶 1 内的液体意外进入到软管 3 内。

抽滤瓶体 101 上部侧面具有第一连接管 103，第一连接管 103 连接软管 3 的一端，桃形瓶体 201 上部侧面具有第二连接管 204，第二连接管 204 连接软管 3 的另一端。

安装部 202 为一内螺纹管，内螺纹管与桃形瓶体 201 一体形成。

引流机构 4 由上而下包括连接头 401、外螺纹管 402 和引流管 403，连接头 401 用于连接进水管，外螺纹管 402 与内螺纹管螺接以在桃形瓶 2 中安装引流机构 4，引流管 403 为渐缩管，其出水嘴平面略高于长管 203 的进水口平面。使用时引流机构 4 插入桃形瓶 2 中，外螺纹管 402 与安装部 202 的内螺纹管螺接，从而将引流机构 4 在桃形瓶 2 中安装固定。

连接头 401 为内螺纹管，内螺纹管可以连接自来水管，以向引流管 403 中通入水流。桃形瓶 2 的总长度不小于 30 cm，桃形瓶 2 尺寸的设置有利于控制桃形瓶内的空气量，提高本装置的抽滤效率。桃形瓶体 201 最大宽度为 5 cm，桃形瓶体 201 与第二连接管 204 在一起的总宽度为 7.5 cm。

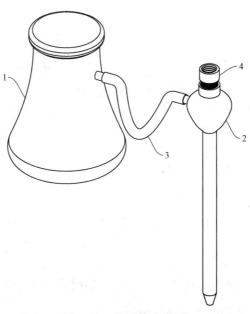

图 17-1　装置的立体图

1—抽滤瓶；2—桃形瓶；3—软管；4—引流机构

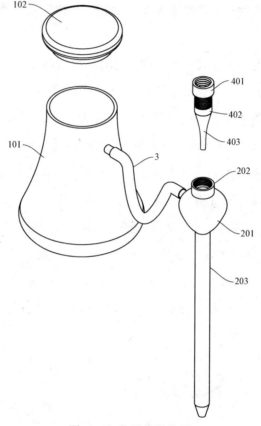

图 17-2 装置的爆炸图

101—抽滤瓶体；102—密封盖；201—桃形瓶体；202—安装部；203—长管；
3—软管；401—连接头；402—外螺纹管；403—引流管

长管 203 长 21 cm，直径 1.2 cm。引流管 403 长 6 cm，直径 0.5 cm。第
一连接管 103、第二连接管 204 直径 1 cm，长 2.5 cm。

经过试验，上述尺寸设计，能够使本装置的水压式抽滤装置达到一个较
佳的抽滤效果。

抽滤瓶体 101、桃形瓶体 201 为透明玻璃材质，透明玻璃材质的设置有利
于观察抽滤瓶 1、桃形瓶 2 内部的情况。

工作原理：在使用时，抽滤瓶 1 上方加一个过滤装置，过滤装置插入布

氏漏斗托中，布氏漏斗托与瓶口紧密连接，吻合密封。将待抽滤的液体（其实是悬浊液）加入至过滤装置中，将连接头 401 通过橡皮管连接水龙头，打开水龙头。水龙头内的水进入到引流管 403 内，然后从下方的出水嘴最终进入到长管 203 内，桃形瓶体 201 内的空气被水流带动向长管 203 内移动。抽滤瓶体 101 内的空气依次通过第一连接管 103、软管 3、第二连接管 204 进入到桃形瓶 2 内。当空气从长管 203 被完全排出后，抽滤瓶 1 内形成负压。在负压作用下，待抽滤的液体从过滤装置进入抽滤瓶内，沉淀留在过滤装置上面铺的一层滤纸上，最后可以将沉淀放到仪器上检测，整个抽滤过程可以通过调节水龙头水流的流速调节抽滤速度。

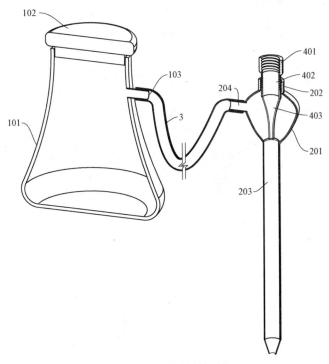

图 17-3　装置的剖视图

101—抽滤瓶体；102—密封盖；103—第一连接管；201—桃形瓶体；202—安装部；203—长管；
204—第二连接管；3—软管；401—连接头；402—外螺纹管；403—引流管

第四节　应用效果

本装置通过巧妙的优化设计，可取得如下应用效果：

1. 在使用时，将安装部的内螺纹管通过橡皮管连接水龙头，完成对抽滤瓶内液体的抽滤，可以通过调节水龙头水流的流速改变抽滤瓶内液体的抽滤速度，抽滤速度线性、可控、稳定。

2. 抽滤瓶密封，防止抽滤瓶内的液体被污染，也防止抽滤瓶内的液体意外进入到软管内。

3. 安装外部螺纹管和内螺纹管之间采用螺纹连接，便于将引流机构取出和更换，提高了本装置的实用性。

第十八章 用于大容量搅拌桶的自动搅拌器

本章详细介绍一种用于大容量搅拌桶的自动搅拌器，该装置既能够调节搅拌机构的高度，又能够实时掌握溶液温度，克服了现有技术的不足，稳定性好。本章从基本概况、设计思路、构造精讲和应用效果四方面对该装置进行详细全面介绍，以方便读者更加深入地了解本装置。

第一节 基本概况

目前，传统的化学实验中，在搅拌溶液时，一般需要使用搅拌器对反应溶液进行搅拌反应，但现有的搅拌器只有普通的搅拌轴和搅拌棒，而且搅拌器都是整体固定的，在确定位置就位后很难再调节搅拌器的方位和高度，或者只能手动调节，不方便对需搅拌溶液进行搅拌，搅拌范围也比较局限，溶解效率低。特别是在放射化学实验中，由于水中放射性处于本底水平，需要增大水的检测用量才能满足实验要求，如检测水中铯-137的实验中，如图18-1所示，需要量取 20 L 水检测，因此需要容量比较大的水桶（如 30 L 的水桶）作为反应桶。在加入特定试剂后搅拌均匀这一步骤中，市售的搅拌机无法满足。

此外，现有的搅拌器在实验过程中不能及时进行温度监测，一般只能增加固定温度计的装置对反应溶液的温度进行监测。若温度计固定的位置不合适，还会被搅拌器的搅拌棒打碎，影响实验的进行。

因此需要设计出一种可满足大容量水桶搅拌，且可调节搅拌高度，并进一步能够实时监测溶液温度的搅拌器。

第二节　设计思路

一种用于大容量搅拌桶的自动搅拌器，能够调节搅拌机构的高度并实时掌握溶液温度，可以作如下设计：设计底座，底座上设置支架，支架的上端连接有横杆，支架上设置有升降机构，用于调节横杆的高度。横杆上设置有控制板，横杆的一端连接支架的上端，另一端设置有搅拌装置。搅拌装置包括搅拌电机和搅拌轴，搅拌轴上端连接搅拌电机，下端带有搅拌叶。底座的一端正对搅拌叶带有开口抱箍，开口抱箍用于抱住放置于搅拌叶下方的大容量搅拌桶。

升降机构包括齿条、齿轮、滑动框和驱动电机，齿条设置在支架表面，齿轮与齿条啮合，滑动框与横杆连接，驱动电机与齿轮驱动连接，驱动电机设置在横杆上。齿条设置在支架外表面一侧，滑动框滑动套设在支架外，齿轮穿过滑动框与齿条啮合。

搅拌轴包括电动伸缩杆，搅拌叶设置在电动伸缩杆的下端。控制板上设有一个搅拌按钮、两个升降按钮、两个伸缩按钮和显示屏，搅拌轴的下端设置有温度传感器。开口抱箍的开口能够扩张和缩小，开口抱箍为半圆形或四分之三圆形橡胶带。底座底面设有橡胶垫，大容量搅拌桶容量不低于 20 L。

第三节　构造精讲

为了更清楚地说明如何实施，本节结合较佳的实施方案对本装置进行详细描述。所绘制结构、比例、大小等，均仅用以配合本章所揭示的内容，供专业技术人员阅读和参考。

图 18-1　常规搅拌器的搅拌作业示意图

如图 18-2、图 18-3、图 18-4 所示，一种用于大容量搅拌桶的自动搅拌器，包括底座 1，底座 1 上设置有支架 9，支架 9 的上端设置有横杆 12，横杆 12 上设置有搅拌装置和控制板 22。其中搅拌装置包括搅拌电机 19、搅拌轴及搅拌叶 21，并可进一步设置温度传感器，搅拌轴上端连接搅拌电机 19，下端带有温度传感器。控制板 22 设置在横杆 12 上，底座 1 上还设置有升降机构，用于调节横杆 12 同时也是搅拌电机 19 的高度。底座 1 的一端正对搅拌叶 21 带有开口抱箍 6，开口抱箍 6 用于抱住放置于搅拌叶 21 下方的大容量搅拌桶。

如图 18-2 和图 18-3 所示，升降机构包括齿条 10、齿轮 14、滑动框 11 和驱动电机 13。齿条 10、齿轮 14 和滑动框 11 设置在支架 9 上，齿条 10 与齿轮 14 啮合连接，驱动电机 13 与齿轮 14 驱动连接。通过齿条 10、齿轮 14、滑动框 11 和驱动电机 13 的联动作用实现搅拌电机 19 的自由升降。

齿条 10 设置在支架 9 外表面一侧，紧贴支架 9 的外壁通长设置，支架 9 的外表面滑动套设有滑动框 11。滑动框 11 套设在齿条 10 外侧，滑动框 11 上与支架 9 相垂直的一侧连接有横杆 12，驱动电机 13 设置在横杆 12 上，驱动电机 13 的输出轴驱动连接有齿轮 14。

底座 1 带有弧形抱箍 6，并且开口可扩张和缩小，圆形的溶液桶可以放在弧形里，从而缩短搅拌器与大型溶液桶的直线距离。上面的横杆也不用设计的太长，溶液桶由弧形抱箍 6 抱住，起到稳定溶液桶的作用。在需要移出大型搅拌桶时，无需再把搅拌器整体抱起，只需操作升降机构升起搅拌叶 21 即可，方便使用。

开口抱箍 6 采用橡胶带结构，为半圆形或四分之三圆形橡胶带。橡胶具有一定的弹性，方便开口扩张和缩小，从而抱住不同直径的溶液桶，并对溶液桶施加一定的抱紧作用。

大容量搅拌桶容量不低于 20 L，如 30 L 圆形桶。

如图 18-2 所示，搅拌电机 19 的输出轴连接有搅拌轴，搅拌轴包括电动伸缩杆 20，搅拌叶 21 设置在电动伸缩杆 20 的下端。

电动伸缩杆 20 材质为聚四氟乙烯，可耐高温、酸碱腐蚀、抗各种有机溶剂，搅拌叶 21 为船锚样式。

温度传感器包括温度探头，设置在搅拌叶 21 的下端面，并能够全部没入搅拌溶液内，对溶液温度进行测量。

升降机构可将搅拌电机 19 进行高度调节，使得搅拌叶 21 能够完全没入搅拌溶液中。

为了保证电动伸缩杆 20 实现小范围的微调，最大伸缩长度不超过 3 cm，温度探头用于实时监测溶液温度。

如图 18-2 和图 18-4 所示，横杆 12 的表面设置有控制板 22，控制板 22 上设有两个升降按钮 15、两个伸缩按钮 18、显示屏 16 和搅拌按钮 17。两个升降按钮 15 均与驱动电机 13 电连接，两个伸缩按钮 18 均与电动伸缩杆 20 电连接，搅拌按钮 17 与搅拌电机 19 电连接。

两个升降按钮 15 控制驱动电机 13 进行升降，两个伸缩按钮 18 控制电动伸缩杆 20 进行小幅度伸缩，搅拌按钮 17 控制搅拌电机 19 进行搅拌，显示屏 16 用于显示温度探头的实时温度。

需要调节搅拌电机 19 的高度时，根据需要分别按动两个升降按钮 15 启动驱动电机 13，驱动电机 13 的输出轴带动齿轮 14 旋转。由于齿轮 14 与齿条

10相互啮合，进而带动滑动框11沿着支架9的方向上下移动，从而完成对横杆12的升降。

旋转卡块3、支架9和横杆12等结构采用的材质均为不锈钢。底座1的下端铺设有橡胶垫，用于增大底座1与台面的摩擦力。

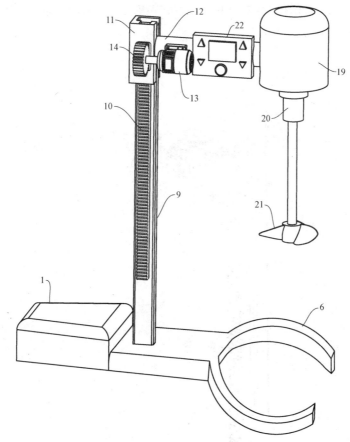

图18-2　装置主视图

1—底座；6—开口抱箍；9—支架；10—齿条；11—滑动框；12—横杆；13—驱动电机；
14—齿轮；19—搅拌电机；20—电动伸缩杆；21—搅拌叶；22—控制板

工作原理：需要调节搅拌电机19的高度时，根据需要分别按动两个升降按钮15启动驱动电机13，驱动电机13的输出轴带动齿轮14旋转。由于齿轮14与齿条10相互啮合，进而带动滑动框11沿着支架9的方向进行上下移动，从而完成对横杆12的升降功能。然后将待搅拌溶液放置在搅拌叶21的下部，按下伸缩按钮 18 启动电动伸缩杆 20。电动伸缩杆 20 带动搅拌叶 21 完全没入溶液中，温度探头检测温度并实时显示在显示屏 16 上。最终按下搅拌按钮 17 启动搅拌电机 19，搅拌电机 19 带动搅拌叶 21 搅拌溶液，从而完成对搅拌溶液的自动搅拌，且搅拌过程中实时显示溶液温度。搅拌完成后，再次按动两个升降按钮 15 启动驱动电机 13，升起搅拌电机 19 和搅拌轴，更换或移走搅拌桶，无需再去抱起搅拌器。

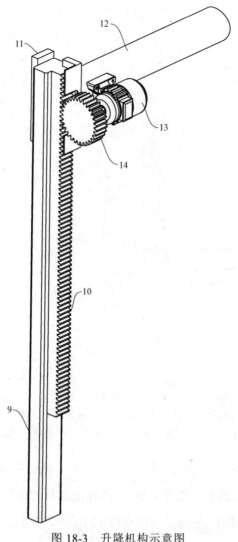

图 18-3　升降机构示意图

9—支架；10—齿条；11—滑动框；12—横杆；13—驱动电机；14—齿轮

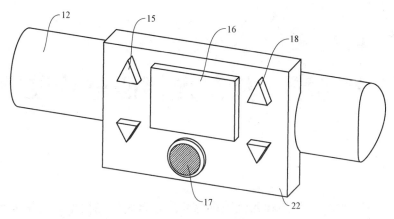

图 18-4　控制板示意图

12—横杆；15—升降按钮；16—显示屏；17—搅拌按钮；18—伸缩按钮；22—控制板

第四节　应用效果

通过巧妙的优化设计，可取得如下应用效果：

1. 需要调节搅拌电机的高度时，根据需要分别按动两个升降按钮启动驱动电机，驱动电机的输出轴带动齿轮的旋转。由于齿轮与齿条相互啮合，进而带动滑动框沿着支架的方向进行上下移动，从而完成对横杆的升降，然后将容器放置在搅拌叶的下部。按下伸缩按钮启动电动伸缩杆，电动伸缩杆带动搅拌叶完全没入溶液中，最终按下搅拌按钮启动搅拌电机，搅拌电机带动搅拌叶搅拌溶液，从而方便对搅拌溶液进行搅拌。如此，相对于传统的搅拌器而言，在需要移出大型搅拌桶时，无需再把搅拌器整体抱起，方便使用。

2. 底座带有弧形抱箍，并且开口可扩张和缩小，圆形的溶液桶可以放在弧形里，从而缩短搅拌器与大型溶液桶的直线距离，既能稳定溶液桶，上面的横杆也不用设计得太长。

3. 温度探头检测温度实时显示在显示屏上，实时掌握溶液温度，了解搅拌进程。

第十九章 热释光辐照选片装置

本章详细介绍一种热释光辐照选片装置，该装置能根据刻度值快速定位到所需热释光探测器，节省时间，保证了筛选的准确性。本章从基本概况、设计思路、构造精讲和应用效果四方面对该装置进行详细全面介绍，以方便读者更加深入地了解本装置。

第一节 基本概况

目前常用的热释光探测器筛选方式是将一定数量的热释光探测器整齐摆放在一个固定的选片装置中，然后再放置在放射源或者射线装置下照射一段时间，最后再使用热释光探测器测量系统对热释光探测器进行测读，留取符合一定分散性的热释光探测器。每次筛选的热释光探测器数量较多（成百上千），需要逐个将热释光探测器从选片装置中取出，利用热释光探测器测量系统测读，测读后再将热释光探测器放回去，直到将所需数量的热释光探测器都测读完为止，然后计算测读出的数据的平均值，最后将超过平均值一定分散范围的数据剔除即可。

但是，由于热释光探测器数量较多，相关技术中要想检测预定数量的热释光探测器，需要筛选者自己对选片装置中的热释光探测器计数。一般至少选取几百个热释光探测器进行测读，筛选者计数时需要花费较大的精力和时间，很容易出现计数错误进而导致数据不准的情况发生。且在剔除不合格的热释光探测器时，也需要筛选者根据测读的顺序找出对应的热释光探测器，这需要筛选者时刻保持专注，一不小心就会将顺序弄错弄混，进而出现将合格品剔除将不合格品保留的问题，导致筛选结果混乱。

第二节 设计思路

一种热释光辐照选片装置，能根据刻度值快速定位到所需热释光探测器，可以作如下设计：设计主体，主体的一端具有多个按照预定规律排布的凹槽，主体在靠近凹槽的位置还设置有带有刻度值的 X 轴线和 Y 轴线。每个凹槽的中心点都能够对应 X 轴线和 Y 轴线上的一个数值，使得每个凹槽在主体上的位置均能够由一个 X 轴线上的刻度值和一个 Y 轴线上的刻度值确定，且每个凹槽对应的 X 轴线和 Y 轴线上的刻度值至少有一个不同。

X 轴线和 Y 轴线垂直形成一个直角坐标系，X 轴线上的刻度值能够分别和 Y 轴线上的刻度值相交于一个坐标点上，多个凹槽的中心点分别设置在对应的坐标点处。X 轴线和 Y 轴线上均等间距设置有 36 个刻度值，以使坐标系内具有 36×36 个坐标点，多个凹槽分别设置在对应的坐标点上，使得多个凹槽呈 36×36 矩阵排列。相邻的两个凹槽之间的间距为 1 mm，靠近 X 轴线的凹槽与 X 轴线之间的间距为 1 mm，靠近 Y 轴线的凹槽与 Y 轴线之间的间距为 1 mm。

主体上还设置有盖板，盖板采用透明材质制成，盖板能够盖设在多个凹槽上，且盖板能够连接在主体上。主体的一端开设有沉槽，凹槽开设在沉槽的底壁上，主体上还设置有与沉槽连通的扣接槽，盖板能够放置在沉槽内，且盖板对应扣接槽的位置设置有边沿，边沿能够插接在扣接槽内，以使得盖板不易脱离主体。

主体的内部还设置有储水腔，主体的一端还贯穿有与储水腔连通的输水口，通过输水口能够对储水腔进行输水和放水。输水口为螺纹口，能够利用具有螺纹的封堵件螺纹连接在输水口上，以对输水口进行封堵，输水口的直径为 40 mm。主体上还设置有把持件，把持件包括横向件和竖向件，横向件与主体上设置有凹槽的一端面平行，竖向件与横向件垂直。凹槽为圆柱形结构，凹槽的直径为 5.5 mm，深度为 0.8 mm。

第三节　构造精讲

为了更清楚地说明如何实施，本节结合较佳的实施方案对本装置进行详细描述。所绘制结构、比例、大小等，均仅用以配合本章所揭示的内容，供专业技术人员阅读和参考。

如图 19-1 所示，一种热释光辐照选片装置，包括主体 1，主体 1 是整个结构的主要结构，选片装置的结构能够设置在主体 1 上。

主体 1 的一端具有多个按照预定规律排布的凹槽 11，这些凹槽 11 的形状尺寸一致，凹槽 11 能够用于放置热释光探测器，主体 1 在靠近凹槽 11 的位置还设置有带有刻度值的 X 轴线 12 和 Y 轴线 13。每个凹槽 11 的中心点都能够对应 X 轴线 12 和 Y 轴线 13 上的一个数值，也就是说每个凹槽 11 在主体 1 上的位置均能够由一个 X 轴线 12 上的刻度值和一个 Y 轴线 13 上的刻度值确定。需要说明的是，每个凹槽 11 对应的 X 轴线 12 和 Y 轴线 13 上的刻度值至少有一个不同，这样能够使得没有重合的凹槽 11，每个凹槽 11 都具有自己的设置位置。

通过设置 X 轴线 12 和 Y 轴线 13，利用两个轴线上的刻度值配合，能够确定一个凹槽 11 的具体位置，在选取一定数量的凹槽 11 内的热释光探测器时，能够根据刻度值快速的确定热释光探测器的数量。这不仅节省选片时间，还能保证选取的热释光探测器的数量的准确性。且根据刻度值能够给热释光探测器进行编号，当将凹槽 11 内的热释光探测器拿去检测又放回凹槽 11 中后，能够根据刻度值快速定位到想要找的热释光探测器，进而能够快速准确的找到对应的不合格的热释光探测器，保证筛选的准确性，避免筛选结果混乱。

X 轴线 12 和 Y 轴线 13 垂直，且一端部相交于一点，以形成一个直角坐标系，X 轴线 12 上的每个刻度值均能够和 Y 轴线 13 上的每个刻度值对应相交于一点。该点为两者形成的直角坐标系中的一个坐标点，多个凹槽 11 的中心点分别设置在对应的坐标点处。通过将 X 轴线 12 和 Y 轴线 13 配合形成一个直角坐标系，将多个凹槽 11 分别设置在坐标系内对应的由 X 轴线 12 上的刻度值和 Y 轴线 13 上的刻度值组成的坐标点上，能够确定一个凹槽 11 的位置，且能够将凹槽 11 有规律的排布在主体 1 上。

热释光探测器具有多种外形，如说圆柱形和方形，对应的凹槽 11 的结构要和热释光探测器的形状尺寸适配，不管热释光探测器形状如何，将凹槽 11 的中心点设置在对应的坐标点处，能够更加方便凹槽 11 排布均匀。

以凹槽 11 为圆柱形结构为例进行说明，此时根据热释光探测器的尺寸将凹槽 11 的直径设置为 5.5 mm，深度设置为 0.8 mm。对于凹槽 11 的尺寸，存在一定的误差也在接受范围内，但是该误差尽量是朝大于热释光探测器尺寸的方向发展。

在对热释光探测器进行筛选时，一次进行光照的数量最多可以达到上千。为了满足热释光探测器筛选数量的要求，在 X 轴线 12 和 Y 轴线 13 上均等间距设置有 36 个刻度值。X 轴线 12 上的刻度值和 Y 轴线 13 上的刻度值完全一致，都是以 X 轴线 12 和 Y 轴线 13 的交点为原点，沿着 X 轴线 12 和 Y 轴线 13 的路径背向原点排布。距离原点最近的刻度值的数值为 1，往后依次为 2、3、4 一直到 36。这样一来，使得坐标系内具有 36×36 个坐标点。多个凹槽 11 分别设置在对应的坐标点所在的位置，凹槽 11 的中心点与坐标点重合，使得主体 1 上具有 36×36 个凹槽 11，且这些凹槽 11 呈矩阵排列。

相邻的两个凹槽 11 之间的间距为 1 mm，靠近 X 轴线 12 的凹槽 11 与 X 轴线 12 之间的间距为 1 mm，靠近 Y 轴线 13 的凹槽 11 与 Y 轴线 13 之间的间距为 1 mm。

如图 19-1、图 19-2、图 19-3、图 19-4、图 19-5 所示，主体 1 上还设置有盖板 14。盖板 14 采用透明材质制成，优选采用有机玻璃制成，能够将所有的凹槽 11 盖住。当热释光探测器放置于凹槽 11 中时，通过盖板 14 的盖设，将热释光探测器固定在凹槽 11 中,防止热释光探测器发生晃动或者脱离凹槽 11。盖板 14 的端部能够可拆卸连接在主体 1 上,方便盖板 14 的装拆。

主体 1 的一端开设有沉槽 15,凹槽 11 开设在沉槽 15 的底壁上,X 轴线 12 和 Y 轴线 13 以及轴线上的刻度线均设置在沉槽 15 的底壁上。主体 1 上还设置有与沉槽 15 连通的扣接槽 16,扣接槽 16 位于靠近沉槽 15 底壁的位置,与主体 1 上开设有沉槽 15 的端面之间具有一定的间距,扣接槽 16 自沉槽 15 的侧壁背向沉槽 15 开设在主体 1 内。扣接槽 16 沿着沉槽 15 的开口路径设置,使得扣接槽 16 呈绕沉槽 15 设置的环形结构。

主体 1 能够为多种形状,如横截面为圆形或者矩形等,在此不做限定,本装置实施例中将主体 1 的横截面设置为矩形结构为例进行说明。主体 1 的尺寸优选设置为:长 300 mm,宽 300 mm,高 200 mm。主体 1 优选用 PMMA(Poly Methyl methacrylate,聚甲基丙烯酸甲酯材质制成),利用 PMMA 材质制作出六个板件,将六个板件围合形成一个具有上述尺寸的长方体结构,然后将相邻的两个板件之间通过黏胶胶合在一起。制作时,优选将板件的厚度设置为 10 mm。

PMMA 材料来源广泛,黏接制作工艺较简单,成本低廉,且根据上述参数制作出来的主体 1 比较轻,便于搬运。

沉槽 15 的位于开口和底壁之间的一端贯穿主体 1 对应的端面设置。在此需要说明的是,沉槽 15 开设在主体 1 的一个端面上。该端面具有四个与其连接且垂直的侧端面,沉槽 15 及扣接槽 16 对应其中一个侧端面的一端开设至该侧端面,使得沉槽 15 和扣接槽 16 在主体 1 的一个侧端面上也形成有一个开口。

盖板 14 的形状尺寸和沉槽 15 适配,使得盖板 14 能够插接适配在沉槽 15 内,插接时将盖板 14 的一端对准沉槽 15 在主体 1 的侧端面上的开口,然后将盖板 14 穿过该开口插接至沉槽 15 内。盖板 14 对应扣接槽 16 的位置还设置有边沿 141。盖板 14 插接进沉槽 15 的过程中,边沿 141 能够逐渐插接进扣接槽 16 内,使得盖板 14 不会从沉槽 15 的位于主体 1 顶端的开口脱离沉槽 15,

以使得盖板 14 不易脱离主体 1。

通过设置沉槽 15，将凹槽 11 设置在沉槽 15 的底壁上，将盖板 14 插接在沉槽 15 中时，能够将凹槽 11 盖住，进而能够利用盖板 14 将位于凹槽 11 中的热释光探测器抵接住，防止热释光探测器位置偏移。又通过边沿 141 和扣接槽 16 之间的配合，使得盖板 14 能够连接在主体 1 上。

相关技术中将盖板 14 与主体 1 之间利用螺钉进行固定连接，螺钉连接的位置位于沉槽 15 的槽底。这样一来比较靠近多个凹槽 11 中的某一些凹槽 11，当利用射线照射凹槽 11 中的热释光探测器时，射线也会照射到螺钉上。这些靠近凹槽 11 的螺钉对射线有散射的作用，使得一些凹槽 11 上照射到的射线强度较强，使得这些凹槽 11 内的热释光探测器吸收的光信号和其他热释光探测器吸收的不一致，导致热释光探测器受到射线照射不均匀，很容易导致检测结果的不准确性。本装置实施例中通过在盖板 14 的端部设置边沿 141，利用边沿 141 和扣接槽 16 之间的配合将盖板 14 连接在主体 1 上，无需螺钉连接，使得沉槽 15 内不存在产生散射作用的结构，能够保证热释光探测器光照均匀。

如图 19-1、图 19-2 和图 19-5 所示，主体 1 的内部还设置有储水腔 17，主体 1 的一端还贯穿有与储水腔 17 连通的输水口 18，优选将输水口 18 设置在主体 1 上开设沉槽 15 的一端，且盖板 14 上对应输水口 18 的位置也贯穿有与输水口 18 连通的孔。使用本装置实施例中的选片装置时，能够通过输水口 18 对储水腔 17 进行输水和放水。

输水口 18 为螺纹口，能够利用具有螺纹的封堵件以螺纹连接的方式连接在输水口 18 上，进而实现对输水口 18 进行封堵，防止水从输水口 18 流出。输水口 18 的直径优选为 40 mm，输水口 18 设置在主体 1 的靠近边角的位置。

主体 1 上还设置有把持件 19，把持件 19 设置在主体 1 上相对的两个侧端面上，通过手抓把持件 19 能够将主体 1 拿起。把持件 19 包括横向件 191 和竖向件 192，横向件 191 与主体 1 上设置有沉槽 15 的一端面（顶端）平行，竖向件 192 与横向件 191 垂直，横向件 191 的一端与竖向件 192 的一端固定连接，或者横向件 191 和竖向件 192 之间一体成型。

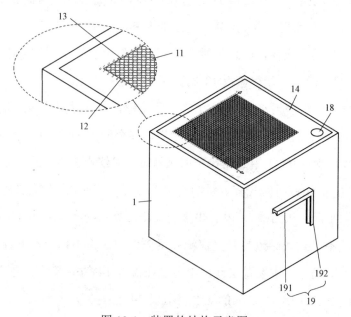

图 19-1　装置的结构示意图

1—主体；11—凹槽；12—X 轴线；13—Y 轴线；14—盖板；18—输水口；
19—把持件；191—横向件；192—竖向件

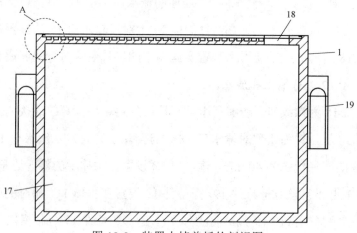

图 19-2　装置去掉盖板的剖视图

1—主体；17—储水腔；18—输水口；19—把持件

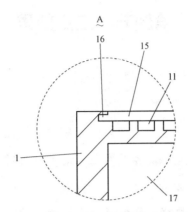

图 19-3 图 19-2 中 A 处的放大示意图

1—主体；11—凹槽；15—沉槽；16—扣接槽；17—储水腔

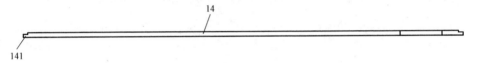

图 19-4 装置的盖板的结构示意图

14—盖板；141—边沿

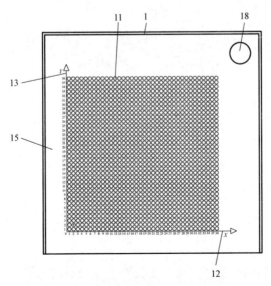

图 19-5 装置的去掉盖板后的俯视图

1—主体；12—X 轴线；13—Y 轴线；15—沉槽；18—输水口

第四节　应用效果

通过巧妙的优化设计，可取得如下应用效果：

通过设置 X 轴线和 Y 轴线，利用两个轴线上的刻度值配合，能够确定一个凹槽的具体位置。在选取一定数量的凹槽内的热释光探测器时，能够根据刻度值快速的确定热释光探测器的数量。这不仅节省选片的时间，还能保证选取的热释光探测器的数量的准确性。且根据刻度值能够给热释光探测器进行编号，当将凹槽内的热释光探测器拿去检测又放回凹槽中后，能够根据刻度值快速定位到想要找的热释光探测器，进而能够快速准确的找到对应的不合格的热释光探测器，保证筛选的准确性，避免筛选结果混乱。

第二十章　用于放射性核素检测抽滤设备的过滤装置

本章详细介绍一种用于放射性核素检测抽滤设备的过滤装置，该装置为分体结构，可以拆卸，其结构稳定、操作简单，明显提高了设备密封性和适配性。本章从基本概况、设计思路、构造精讲和应用效果四方面对该装置进行详细全面介绍，以方便读者更加深入地了解本装置。

第一节　基本概况

在放射性核素检测的过程中，常用到抽滤设备，其基本组成是：抽滤瓶、过滤装置、气泵，其中过滤装置是最主要设备。一般来讲，待测放射性核素（如 Sr-90）生成沉淀后，需要抽滤到一定面积剪成圆形的定量滤纸上，再将定量滤纸放置在测量盘上，上机检测。滤纸的直径需要小于或等于测量盘直径，才可保障测量盘平顺放进仪器、不被卡牢。

目前，现有的过滤装置存在如下缺陷：密封性不够好，抽滤后容易出现滤液从边缝中漏出，不方便拆装和维修更换，操作不便。

此外，常用的国产低本底总 α、总 β 检测设备的测量盘为 $15.896\ cm^2$，需要设计一种抽滤装置，可以将沉淀抽滤到面积不超过 $15.896\ cm^2$ 的滤纸上。

第二节　设计思路

　　一种用于放射性核素检测抽滤设备的过滤装置，可以作如下设计：设计抽滤装置托，抽滤装置托的一端设置有密封垫片，密封垫片远离抽滤装置托的一侧设置有抽滤上盖，抽滤上盖和密封垫片之间设置有过滤网，抽滤装置托、密封垫片和抽滤上盖的连接处外部套接有固定夹具。

　　抽滤装置托包括第一连接环，第一连接环远离密封垫片一侧设置有第一连接管，第一连接管远离第一连接环的一端设置有第一变径管，第一变径管远离第一连接管的一端设置有第二连接管，第一连接环的环形连接面上设置有第一凹槽。

　　第一连接环外径为 6.4 cm，内径为 4.8 cm，外径与内径之间形成第一凹槽。第二连接管外径为 2.4 cm，内径为 2.3 cm。抽滤上盖包括第二连接环，第二连接环远离密封垫片的一端设置有第二变径管，第二变径管远离第二连接环的一端设置有第三连接管，第二连接环的环形连接面上设置有第二凹槽。第二连接环外径为 6.4 cm，内径为 4.3 cm，外径与内径之间形成第二凹槽。第三连接管外径为 4.4 cm，内径为 4.3 cm。

　　密封垫片的两侧连接面上均设置有环形凸起，环形凸起与第一凹槽或第二凹槽匹配。过滤网材质耐酸碱，其直径为 5.3 cm，卡在密封垫片的环形凸起内圈。固定夹具包括第一圆弧架和第二圆弧架，第一圆弧架和第二圆弧架的一端转动设置有转轴，第一圆弧架远离转轴的一端设置有第一安装座，第二圆弧架远离转轴的一端设置有第二安装座，第一安装座和第二安装座之间螺纹连接有调节螺丝。

第三节　构造精讲

　　为了更清楚地说明如何实施，本节结合较佳的实施方案对本装置进行详细描述。所绘制结构、比例、大小等，均仅用以配合本章所揭示的内容，供专业技术人员阅读和参考。

如图 20-1、图 20-2、图 20-3、图 20-4、图 20-5、图 20-6、图 20-7、图 20-8、图 20-9、图 20-10 所示，一种用于放射性核素检测抽滤设备的过滤装置，包括抽滤装置托 1。抽滤装置托 1 的一侧设置有密封垫片 2，密封垫片 2 远离抽滤装置托 1 的一侧设置有抽滤上盖 3。抽滤上盖 3 和密封垫片 2 之间设置有过滤网 5，用于放置滤纸，继而起到过滤的作用。抽滤装置托 1、密封垫片 2 和抽滤上盖 3 的连接处外部套接有固定夹具 4，用于将各个模块连接在一起，起到固定和密封的作用。

抽滤装置托 1 包括第一连接环 101，第一连接环 101 远离密封垫片 2 一侧设置有第一连接管 102。第一连接管 102 远离第一连接环 101 的一端设置有第一变径管 103，第一变径管 103 远离第一连接管 102 的一端设置有第二连接管 104，第一连接环 101 的环形连接面上设置有第一凹槽 105。

抽滤上盖 3 包括第二连接环 301，第二连接环 301 远离密封垫片 2 的一端设置有第二变径管 302，第二变径管 302 远离第二连接环 301 的一端设置有第三连接管 303，第二连接环 301 的环形连接面上设置有第二凹槽 304。

密封垫片 2 的两侧连接面上均设置有环形凸起 201，环形凸起 201 与第一凹槽 105 或第二凹槽 304 匹配。过滤网 5 材质耐酸碱，其上的过滤孔应当足够小，以便于起到较佳的过滤作用。

第一连接环 101 外径为 6.4 cm，内径为 4.8 cm，外径与内径之间形成第一凹槽 105，第二连接管 104 外径为 2.4 cm，内径为 2.3 cm。进一步的第二连接环 301 外径为 6.4 cm，内径为 4.3 cm，外径与内径之间形成第二凹槽 304。第三连接管 303 外径为 4.4 cm，内径为 4.3 cm。过滤网 5 直径为 5.3 cm，过滤网面积大致为 22 cm²。过滤网面积需要大于滤纸的面积，滤纸的直径只需大于抽滤上盖 3 的内径，即上盖能够压住滤纸即可。如此，过滤网 5 卡在密封垫片 2 的环形凸起 201 内圈，倒进去的液体就不会顺着边缘流下，而是全部在滤纸上流下起到充分过滤的效果，能够将沉淀抽滤到面积不超过 15.896 cm^2 的滤纸上。

固定夹具 4 包括第一圆弧架 401 和第二圆弧架 403。第一圆弧架 401 和第二圆弧架 403 的一端转动设置有转轴 406，第一圆弧架 401 远离转轴 406 的一端设置有第一安装座 402，第二圆弧架 403 远离转轴 406 的一端设置有第二安装座 404，第一安装座 402 和第二安装座 404 之间螺纹连接有调节螺丝 405。

工作原理：该设备工作前，先将设备根据使用情况更换合适的替换件，再将密封垫片 2 对紧第一凹槽 105，放置到抽滤装置托 1 上。然后将过滤网 5 放置在密封垫片 2 另一边的环形凸起 201 中间，再将抽滤上盖 3 的第二凹槽 304 对准环形凸起 201，将抽滤上盖 3 放下。完成上述步骤后，将固定夹具 4 套在抽滤装置托 1、密封垫片 2 和抽滤上盖 3 连接处，拧紧调节螺丝 405，将设备固定住，即可开始使用。

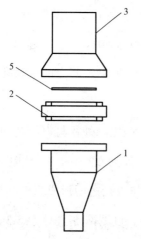

图 20-1　装置的分解状态正视图
1—抽滤装置托；2—密封垫片；3—抽滤上盖；
5—过滤网

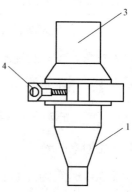

图 20-2　装置的工作状态下的正视图
1—抽滤装置托；3—抽滤上盖；4—固定夹具

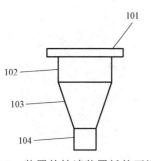

图 20-3　装置的抽滤装置托的正视图

101—第一连接环；102—第一连接管；

103—第一变径管；104—第二连接管

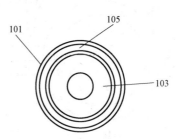

图 20-4　装置的抽滤装置托的俯视图

101—第一连接环；103—第一变径管；

105—第一凹槽

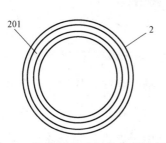

图 20-5　为装置的密封垫片的俯视图

2—密封垫片；201—环形凸起

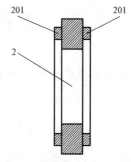

图 20-6　装置的密封垫片的剖视图

2—密封垫片；201—环形

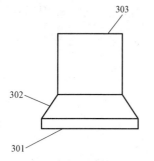

图 20-7　装置的抽滤上盖的正视图

301—第二连接环；302—第二变径管；

303—第三连接管

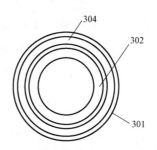

图 20-8　装置的抽滤上盖的仰视图

301—第二连接环；302—第二变径管；

304—第二凹槽

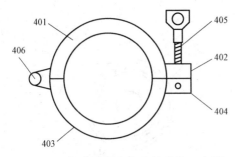

图 20-9　装置的固定夹具的结构示意图

401—第一圆弧架；402—第一安装座；403—第二圆弧架；

404—第二安装座；405—调节螺丝；406—转轴

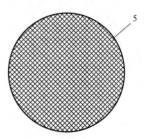

图 20-10　装置的过滤网的

结构示意图

5—过滤网

第四节　应用效果

通过巧妙的优化设计，可取得如下应用效果：

该设备由于密封垫片和第一凹槽和第二凹槽的存在，使得该设备的密封性足够好。由于过滤网的耐酸碱性和过滤网可以卡在垫片的凸起环内，使得该设备拥有良好的过滤性和较长的维护周期。由于该设备为分体结构，使用固定夹具固定各个模块，使得该设备具有可拆的特点，方便更换不同规格的密封垫片和过滤网，提高设备的适用范围。由于垫片覆盖住了抽滤网和剪成圆形的滤纸，保证抽滤后的沉淀形成的圆小于滤纸的直径，使得湿润的滤纸可以用镊子取出且不被镊子污染或沾染导致损失，保证过滤液不会从边缝中漏出。该设备结构稳定，操作简单，值得推广。

第二十一章　HDEHP-kel-F 色层柱

本章详细介绍一种 HDEHP-kel-F 色层柱，该装置可以控制液体流速、取得最佳萃取分离效果，且便携易带，易于装配和拆卸。本章从基本概况、设计思路、构造精讲和应用效果四方面对该装置进行详细全面介绍，以方便读者更加深入地了解本装置。

第一节　基本概况

HDEHP-kel-F 色层柱即用于 HDEHP 萃取色层法快速分离和测定水和生物样品灰中锶-90 的层析柱。色层柱的下部用玻璃棉填充，关紧活塞，将 HDEHP 萃淋树脂用一定浓度的硝酸移入柱内。打开活塞，让树脂自然下沉，在柱细管内保持一定的液面高度，用玻璃棉封住液面后，依次加入相应试剂和样品，经过淋洗和解析作用后，萃取分离得到钇-90。样品中锶-90 的活度是根据与其处于放射性平衡的子体核素钇-90 的活度来确定的。

依据 HJ 815—2016《水和生物样品灰中锶-90 的放射化学分析方法》，采用二-（2-乙基己基）磷酸萃取色层法分离检测放射性核素锶-90 过程中，需要用到涂有二-（2-乙基己基）磷酸树脂（HDEHP）的聚三氟氯乙烯（简称 kel-F）色层柱来吸附和解析钇。现有色层柱容量不统一，且并不是最佳容量，无法准确匹配试验需求。同时液体流速不好控制，树脂容易漂浮或悬浮，萃取分离效果不佳，因此有必要在此基础上作进一步改进设计以满足试验需求。

第二节　设计思路

一种 HDEHP-kel-F 色层柱，可以控制液体流速、取得最佳萃取分离效果，可以作如下设计：设计柱体和旋塞，柱体包括位于上部的储液槽、位于中部的细管、位于下部的尖嘴段，并且细管与尖嘴段之间设置有横向的旋塞槽。旋塞槽上部连通细管，下部连通尖嘴段。

旋塞从旋塞槽的一端插入旋塞槽中，在旋塞槽的另一端通过一螺母固定，并且旋塞上开设有一通孔。在旋塞装配状态下，该通孔连通细管与尖嘴段。储液槽长 7 cm，内径 4.4 cm，外径 4.8 cm。细管长 14 cm，内径 1 cm。尖嘴段长 3.5 cm，尖嘴段内径与旋塞上的通孔直径相同；尖嘴段底端渐缩形成尖嘴头，尖嘴头内径 0.2 cm，外径 0.4 cm。柱体长 28 cm。

储液槽下端与细管上端之间弧形渐缩，形成第一渐缩段，第一渐缩段长 2 cm。细管底端与旋塞槽连接处弧形渐缩，形成第二渐缩段，并在第二渐缩段内部形成小孔，该小孔直径与旋塞上的通孔直径相同。旋塞槽整体呈圆台状，长 3.7 cm，一端内径 1.8 cm，外径 2.1 cm，另一端内径 0.9 cm，外径 1.2 cm。

旋塞包括旋转柄、主体部和螺纹段，旋转柄位于主体部的一端，螺纹段位于主体部的另一端，主体部的形状与旋塞槽匹配，主体部上设置有通孔。主体部长 3.7 cm，整体呈圆台状，自旋转柄一端向螺纹段一端渐缩。

螺纹段上依次安装有环形挡头、垫圈和螺母，螺纹段的横截面上具有两相对的平面，环形挡头的环形内壁相应具有两相对的平面。螺纹段长 1.3 cm，螺纹段直径 0.8 cm，两相对的平面之间厚度 0.6 cm。环形挡头整体呈圆形，内径 0.8 cm，两相对的平面之间厚度 0.6 cm，外径 1.5 cm。柱体材质为聚三氟氯乙烯，旋塞材质为聚四氟乙烯。

第三节　构造精讲

为了更清楚地说明如何实施，本节结合较佳的实施方案对本装置进行详细描述。所绘制结构、比例、大小等，均仅用以配合本章所揭示的内容，供专业技术人员阅读和参考。

如图 21-1、图 21-2、图 21-3 所示，一种 HDEHP-kel-F 色层柱，包括柱体 1 和旋塞 2。柱体 1 包括位于上部的储液槽 101、位于中部的细管 102、位于下部的尖嘴段 103，并且细管 102 与尖嘴段 103 之间设置有横向的旋塞槽 104，旋塞槽 104 上部连通细管 102，下部连通尖嘴段 103。

旋塞 2 从旋塞槽 104 的一端插入旋塞槽中，在旋塞槽 104 的另一端通过一螺母 3 固定，并且旋塞 2 上开设有一通孔 203，如图 21-6、图 21-7 所示。在旋塞装配状态下，该通孔 203 连通细管 102 与尖嘴段 103，如图 21-4 所示。储液槽 101 长 7 cm，内径 4.4 cm，外径 4.8 cm。细管 102 长 14 cm，内径 1 cm。尖嘴段 103 长 3.5 cm，尖嘴段内径与旋塞 2 上的通孔 203 直径相同，尖嘴段底端渐缩形成尖嘴头 108，尖嘴头 108 内径 0.2 cm，外径 0.4 cm。

HDEHP-kel-F 色层柱，便携易带，旋塞便于装配和拆卸，储液槽、细管的尺寸设计能够获得最佳 HDEHP-kel-F 色层粉柱容量，细管部分可以放置玻璃棉避免树脂浮起，尖嘴段长度和直径易于控制液体流速、能够取得最佳萃取分离效果。

例如，柱体 1 总长度 28 cm，在以上尺寸的基础上，28 cm 的总长度也不会使得柱子太大而不便于放置和拿取。

如图 21-4 所示，储液槽 101 下端与细管 102 上端之间弧形渐缩，形成第一渐缩段 105。第一渐缩段 105 呈漏斗形，便于液体从储液槽 101 集中流向细管 102 中。

第一渐缩段 105 长 2 cm，如图 21-5 所示。细管 102 底端与旋塞槽 104 连接处弧形渐缩，形成第二渐缩段 106，并在第二渐缩段 106 内部形成小孔 107，该小孔 107 直径与旋塞 2 上的通孔 203 直径相同。如此，使得旋塞 2 在旋塞槽 104 内装配的状态下，小孔 107 与通孔 203 正对并且二者直径相同，液体能够顺利从小孔 107 流入通孔 203 并进一步向下流动，同时又不会流至旋塞槽与旋塞之间的其他部位。

如图 21-5 所示，旋塞槽 104 整体呈圆台状，长 3.7 cm，一端内径 1.8 cm，外径 2.1 cm，另一端内径 0.9 cm，外径 1.2 cm。

如图 21-6、图 21-7 所示，旋塞 2 包括旋转柄 201、主体部 202 和螺纹段 204。旋转柄 201 位于主体部 202 的一端，螺纹段 204 位于主体部 202 的另一端，主体部 202 的形状与旋塞槽 104 匹配，通孔 203 设置在主体部 202 上。旋转柄 201 用于方便操作者对旋塞 2 的旋转拧入或拔出，螺纹段 204 用于安装螺母 3 从而将旋塞 2 固定在旋塞槽 104 内。

旋塞 2 材质为聚四氟乙烯，整体长 5.8 cm，旋转柄 201 相对设置两个，每个高 1.3 cm，厚 0.7 cm，中间部分高 1.2 cm。主体部 202 整体呈圆台状，自旋转柄 201 一端向螺纹段 204 一端渐缩。与旋塞槽 104 的长度一致，主体部 202 正好能够紧密插入旋塞槽 104 中。

螺纹段 204 上依次安装有环形挡头 5、垫圈 4 和螺母 3，螺纹段 204 的横截面上具有两相对的平面 205，环形挡头横截面上的内壁相应具有两相对的平面。如此，在安装环形挡头时环形挡头只能推到底，不能转动，能够避免滑丝或上不紧的情况出现。需要说明的是，螺纹段 204 的表面设计平面 205 不是必须的，设计成圆形截面，相应的环形挡头设计成圆形也是完全可以的。

螺纹段 204 长 1.3 cm，螺纹段直径 0.8 cm，两相对的平面之间厚度 0.6 cm。环形挡头 5 整体呈圆形，内径 0.8 cm，两相对的平面之间厚度 0.6 cm，外径 1.5 cm。环形挡头 5 正好套设于螺纹段 204 上，用于定位和限制旋塞 2 的活动。螺母内径 0.8 cm，外径 1.5 cm，此种设计便于固定，柱体 1 材质为聚三氟氯乙烯。

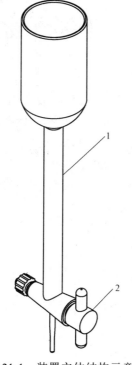

图 21-1　装置立体结构示意图

1—柱体；2—旋塞

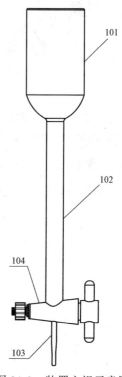

图 21-2　装置主视示意图

101—储液槽；102—细管；103—尖嘴段；
104—旋塞槽

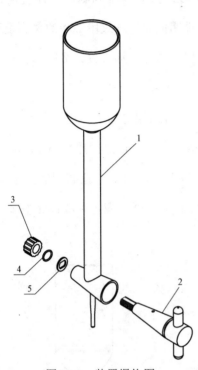

图 21-3　装置爆炸图

1—柱体；2—旋塞；3—螺母；4—垫圈；5—环形挡头

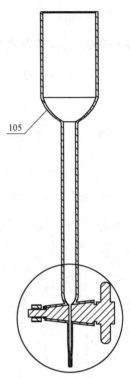

图 21-4　装置剖面图

105—第一渐缩段

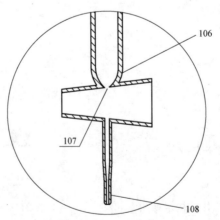

图 21-5　图 21-4 的区域放大图

106—第二渐缩段；107—小孔；108—尖嘴头

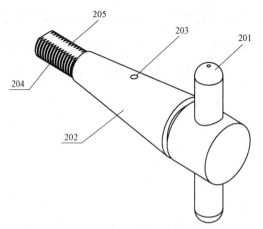

图 21-6　旋塞立体结构示意图

201—旋转柄；202—主体部；203—通孔；204—螺纹段；205—平面

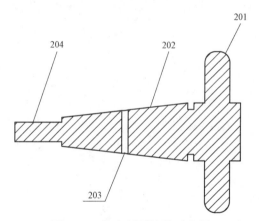

图 21-7　旋塞剖面结构示意图

201—旋转柄；202—主体部；203—通孔；204—螺纹段

第四节　应用效果

本装置通过巧妙的优化设计，可取得如下应用效果：

本装置旋塞便于装配和拆卸，储液槽、细管的尺寸设计能够获得最佳 HDEHP-kel-F 色层粉柱容量，细管部分可以放置玻璃棉避免树脂浮起，尖嘴段长度和直径易于控制液体流速、能够取得最佳萃取分离效果。总体尺寸适中，试验前、试验中和试验后都便于在配套设计的色层柱架上放置，便于拿取。储液槽中改进的小孔与旋塞上的通孔直径一致，安装状态下二者对应，方便液体流下同时又不会流至旋塞槽与旋塞之间的其他部位。

第二十二章　电泳槽

本章详细介绍电泳槽，该装置槽体设置在保温的外箱体内，降温效果好且稳定，克服了现有技术的不足，利于实验观察。本章从基本概况、设计思路、构造精讲和应用效果四方面对该装置进行详细全面介绍，以方便读者更加深入地了解本装置。

第一节　基本概况

电泳槽是凝胶电泳系统的核心部分，其系统的迅猛发展主要也是体现在电泳槽上。根据电泳的原理，凝胶都是放在两个缓冲腔之间，电场通过凝胶连接两个缓冲腔，如垂直板电泳槽和水平电泳槽等。在电泳时，由于电机的电流会导致介质发热，所以需要对其降温，现有降温通常采用冰块或水冷的方式。

例如，公告号为 CN201607426U 的中国装置专利开了一种全冷式水平电泳槽，包括槽体、罩于槽体 4 槽口的上盖，上盖为中空结构，其设置有冷却水进出口。该装置中设置冷却水电泳槽盖，公开号为 CN 201373864 的中国装置专利文献公开了一种新型电泳槽，包括有电泳槽体。电泳槽体外侧环绕有冷却水槽，电泳槽体底面开有透光孔，透光孔下方设置有照明光源，电泳槽体内设置有外接着单片机的温度传感器，电泳槽体上方设置有摄像装置。该电泳槽在槽体外环绕冷却水槽，公开号为 CN 102053113A 的中国发明专利申请文献公开了一种带有冷却腔的电泳槽，该电泳槽在胶室玻璃板间设置控温循环冷却液空腔。

也有采用液氮降温的方式，例如，公告号为 CN 203360346U 的中国装置专利公开了一种液氮冷却式电泳槽。该装置在电泳主槽内安装电极支架，在电极支架上安装一个上槽，在电泳主槽上部安装电泳槽盖，在电泳槽盖上安装正电极和负电极，在电泳槽盖上安装温度传感器。温度传感器通过导线连接一个控制器，在电泳主槽内部安装制冷管，制冷管连接一个电磁阀，电磁阀安装在电泳主槽上，电磁阀通过导线连接控制器。该电泳槽可采用液氮自动控制介质温度。但是，现有的这些降温方式降温效果不稳定。

第二节　设计思路

一种电泳槽，其降温效果好且稳定，可以作如下设计：设计槽体，槽体置于保温箱体内，槽体与保温箱体之间设有导热板，保温箱体的内壁设有保温层，保温层内嵌装有与导热板相接触的蒸发器，蒸发器外接压缩机和冷凝器。电泳槽通过将槽体设置在保温的外箱体内，然后通过制冷系统和导热板对槽体进行降温，所以降温效果好且稳定，保温箱体对箱体内部进行保温。

保温箱体的至少一个面上设有观察窗，观察窗设置在保温箱体的其中一个侧面上。设置观察窗方便实验过程中对槽体内的状态进行观察，观察窗设置过多可能会影响到保温箱体的保温效果，观察窗只设置在保温箱体的一个侧面上。观察窗在方便观察实验状态的同时也不会使箱体内的冷量流失，观察窗包括两块叠置的玻璃板及环绕在两块玻璃板外周的连接件，两块玻璃板之间形成真空腔。真空腔内设置电热丝，电热丝固定在连接件上。

真空层有助于保证降温效果和降温的稳定性，而在真空层内设置加热丝可以防止由于温差的原因而产生凝露。设有观察窗的面与与之相邻的其中一个面枢接，通过合页连接。通过此种设置，当需要取出槽体时，只需将设置观察窗面相对于相邻面枢转，以实现保温箱体一侧面打开，从而便于电泳槽各部件的更换和维护，保温箱体上且与观察窗相邻的侧面外壁安装相机固定架。

相机固定架包括固定在保温箱体上的固定座、固定相机的卡爪及连接固定座和卡爪的管体。固定座与管体之间通过万向节连接，管体为可弯折的钢管。槽体可以是水平电泳槽体或垂直电泳槽槽体，槽体为垂直板电泳槽体。

第三节　构造精讲

为了更清楚地说明如何实施，本节结合较佳的实施方案对本装置进行详细描述。所绘制结构、比例、大小等，均仅用以配合本章所揭示的内容，供专业技术人员阅读和参考。

如图 22-1、图 22-2 所示，设计的电泳槽包括保温箱体 10 和内置在保温箱体 10 内的槽体 20 和制冷系统。保温箱体 10 为立方体结构，保温箱体 10 的其中一个侧面为真空层 11，其他面均为保温层 12（保温层为泡沫层）。真空层 11 包括两块玻璃板 111 和环绕在两块玻璃板外周且将两块玻璃板之间空间封闭的连接件 112。两块玻璃板之间形成真空腔，真空腔内设置电热丝，电热丝固定在连接件 112 上。真空层 11 的玻璃板构成观察窗，真空层 11 与相邻的保温层 12 之间通过合页枢接。

槽体 20 为本领域常规电泳槽体，如垂直板电泳槽体，槽体安装于保温箱体 10 内，且与真空层 11 正对，槽体 20 外侧与保温层 12 之间设置导热板 40。

制冷系统包括蒸发器、压缩机和冷凝器，若干个蒸发器 30 嵌装在保温层内的，所有蒸发器 30 均与导热板接触，所有蒸发器外接压缩机和冷凝器。

在与真空层 11 相邻的侧面上安装一个相机固定架 50。相机固定架 50 包括固定在保温箱体 10 上的固定座 51，与固定座 51 之间通过万向节连接的管体 52，固定在管体 52 上的卡爪 53。卡爪 53 用于固定相机，管体为可弯折的钢管。

通过将槽体 20 设置在保温箱体 10 内，然后通过制冷系统和导热板 40 对槽体 20 进行降温，降温效果好，且保温箱体 10 的至少一侧面为真空层 11。所以有利于实验观察，且不会使冷量流失，有助于保证降温效果和降温的稳定性，而在真空层 11 内设置加热丝可以防止由于温差的原因而产生凝露。

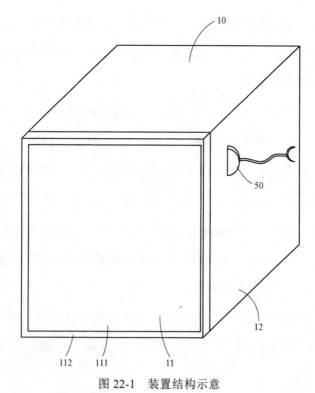

图 22-1　装置结构示意

10—保温箱体；11—真空层；12—保温层；50—相机固定架；111—玻璃板；112—连接件

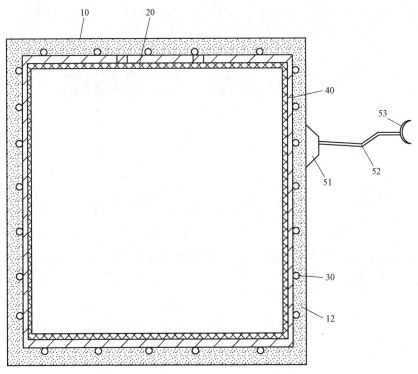

图 22-2　图 2-1 所示的电泳槽的剖视图

10—保温箱体；12—保温层；20—槽体；30—蒸发器；40—导热板；

51—固定座；52—管体；53—卡爪

第四节　应用效果

本装置通过巧妙的优化设计，可取得如下应用效果：

通过将槽体设置在保温的外箱体内，然后通过制冷系统和导热板对槽体进行降温，降温效果好，且外箱体的至少一侧面为真空层。所以有利于实验观察，且不会使冷量流失，有助于保证降温效果和降温的稳定性，而在真空层内设置加热丝可以防止由于温差的原因而产生凝露。

第二十三章　恒温摇床

本章详细介绍一种恒温摇床，该装置能够控制气流腔内的温度变化，使盒体内温度保持恒温，提高了实验数据的准确度。本章从基本概况、设计思路、构造精讲和应用效果四方面对该装置进行详细全面介绍，以方便读者更加深入地了解本装置。

第一节　基本概况

生物医学实验中经常会对实验制剂进行培养，各种试剂的培养一般都在试管进行。在试剂培养的过程中，需要进行不断摇动，所以需要使用到摇床。

目前实验室中经常使用的摇床分为两类，一类是水平混均摇床，一类为翻转式摇床。但是不管是哪类摇床，由于摇床在长时间晃动后，试剂均会由于长时间暴露在空气孔而温度下降或者温度上升，所以会影响实验数据的准确度。

公告号为 CN 204107537U 的中国装置专利公开了一种恒温摇床，它包括摇床箱体，在摇床箱体内设有摇晃平台，在摇床箱体内设有制冷机构和制热机构，在摇床箱体的侧壁上设有热风出口和冷风出口。制冷机构、制热机构和动力机构均与设置在摇床箱体内的控制机构连接。在相对的两个侧壁上或四个侧壁上均设有热风出口和冷风出口，且在同一个侧壁上至少设置一个热风出口和一个冷风出口。该恒温摇床，其通过在每个侧壁上设有一个热风出口和一个冷风出口，且相对的两个侧壁上的热风出口和冷风出口交错设置，实现了其内部空气的对流。对流效果明显，从而保证了内部各区域的温度保持一致。

公告号为 CN 203678414U 的中国装置专利公开了一种水浴恒温摇床，包括箱壳，箱壳内设有水浴锅，水浴锅内设有振动平台，振动平台上安装有托盘，托盘上固定有烧瓶夹。现有的恒温摇床中恒温效果不稳定，另外，现有摇床在使用的过程中，由于试剂的规格不同，所以需要采用不同规格的摇床进行实施，从而造成了实验室的成本增加。

第二节　设计思路

一种恒温摇床，能够控制气流腔内的温度变化，可以作如下设计：设计底座和振动床体，振动床体包括箱体和设置在箱体内的试剂盒支架，还包括设置在底座内的气流腔、用于对气流腔内空气进行冷却的制冷系统和用于对气流腔空气内进行加热的制热系统、用于将气流从气流腔导入箱体内的导流部件。此外，还有设置在箱体上的出风口和箱体内的温度传感器、以及接受温度传感器的输出信号并控制制冷系统、制热系统及导流部件启闭的控制器。

在箱体内设置有温传感器，以通过控制器根据温度传感器控制制冷系统或制热系统启动。而随制冷系统或制热系统的启动，使气流腔内的温度变化，随后，通过导流部件将气流腔内的空气导入箱体内，以控制箱体内的温度，从而使箱体内温度保持恒温，有助于实验数据的准确度。

控制器为恒温摇床用常规控制器，如 PLC、DCS 控制器等。制冷系统和制热系统可以设置在底座内部或其他任意位置处，制冷系统和制热系统为恒温摇床用常规制冷、制热设备。例如，制冷设备采用设置在气流腔内的蒸发器，蒸发器外接压缩机和冷凝器；制热设备可以是安装在气流腔内的电加热器。导流部件包括连通气流腔与箱体的气流通道及设置在气流通道入口处的导流风扇，导流风扇连接并受控于控制器。

当摇床内的温度变化时，通过温度传感器传输给控制器，控制器控制制冷或制热系统启动，冷却或加热气流腔内温度。同时启动导流风扇，将气流腔内的冷风或热风导入箱体内，对箱体内的温度变化进行校正。气流通道为连接底座和箱体的弹性中空件，出风口处设有与箱体枢接的封板，封板与箱体之间设有拉动封板朝箱体移动以遮盖出风口的弹性件。

在弹性件的作用下，箱体内温度恒定的情况下出风口是被封板封闭的。当箱体内温度变化，气流腔内的空气持续导入箱体内时，箱体内的气压将封板冲开，气流由出口风排出。弹性件为拉簧，拉簧的一端固定在封板上、另一端固定在箱体上。现有摇床在使用的过程中，由于试剂的规格不同，需要采用不同规格的摇床进行实施，造成了实验室的成本增加。本装置中通过对试剂盒支架的改进还解决了该技术问题。

试剂盒支架上设有若干用以容纳并固定试剂盒的若干卡槽，卡槽在底板上行呈阵列排布。试剂盒支架包括底板、侧板及与侧板之间可拆卸连接的顶板，卡槽设置在底板上。顶板上设有卡扣，侧板上设有与卡扣相配合的卡扣槽。试剂盒上带有与卡槽相配合的卡块，不同型号或相同型号试剂盒卡入对应卡槽中，将顶板与侧板扣紧，试剂盒的底面和顶面分别与底板和顶板抵接，防止试剂盒相对试剂盒支架晃动。底板上开设若干气流孔，顶板和侧板均由若干管体拼接而成。通过开设气流孔和顶板、侧板均由管体拼接而成，试剂盒受热更均匀。试剂盒支架的动力机构本身为本领域常规技术。

第三节　构造精讲

为了更清楚地说明如何实施，本节结合较佳的实施方案对本装置进行详细描述。所绘制结构、比例、大小等，均仅用以配合本章所揭示的内容，供专业技术人员阅读和参考。

如图 23-1 所示，一种恒温摇床，包括底座 10 和振动床体 20，振动床体 20 包括箱体 21 和固定在箱体内的试剂盒支架 22，箱体 21 及驱动箱体晃动的动力部件本身为现有技术。

底座 10 内设置中控的气流腔 11，底座 10 内还设有制冷系统和制热系统。制冷系统和制热系统本身为现有常规制冷、制热设备，制冷系统和制热系统均与气流腔 11 相连。例如，制冷设备采用设置在气流腔内的蒸发器，蒸发器外接压缩机和冷凝器，制热设备可以是安装在气流腔内的电加热器。

底座内的气流腔与箱体之间通过导流部件连通，导流部件包括连通箱体 21 和气流腔 11 的导流通道 30 和设置在导流通道 30 入口处（即气流腔内）的导流风扇 12，导流通道为连接箱体 21 和底座 10 的弹性中空件，导流通道 30 的出口处为箱体 21 的进风口 211。

箱体 21 的侧壁上设有至少一个出风口 212。出风口 212 处设有封板 23，封板 23 枢接在箱体 21 上，封板 23 与箱体 21 之间设有拉动封板 23 朝箱体 21 移动以遮盖出风口 212 的弹性件 24。在本实施例中，弹性件 24 为拉簧，拉簧 24 的一端固定在封板 23 上，另一端固定在箱体 21 上。

箱体内设置用以检测箱体内温度的温度传感器，一般设置在箱体内壁上，底座 10 上还设置一个控制器。该控制器为恒温摇床用常规控制器，温度传感器与控制器连接并输出信号给控制器，制冷系统和制热系统均连接并受控于该控制器。控制器接受温度传感器采集的箱体内的温度信息，发出信号给制冷系统或制热系统，控制制冷系统或制热系统的启闭，制冷或加热气流腔内的气体。稍后发出信号给导流风扇 12，控制导流风扇的启停，从而控制气流腔内气流是否进入箱体 21 内。

试剂盒支架 22 固定在箱体 21 内，试剂盒支架 22 包括底板 221、相对底板 221 设置的顶板 222 及自底板 221 向上延伸形成的侧板 223。底板 221 上设置有若干可安装试剂盒 40 的卡槽 224，若干卡槽 224 呈阵列排布，试剂盒 40 上设置有与该卡槽 224 配合的卡块。另外，由于此种设计，使得该恒温摇床可放置多个同样型号和/或不同型号的试剂盒 40，从而提高了该恒温摇床的使用灵活性，有助于节约实验室经费。侧板 223 的外表面上凹陷形成有卡扣槽 225，顶板 222 上设置有与卡扣槽 225 配合的卡扣 226，通过该卡扣槽 225 与卡扣 226 的配合便于将顶板 222 安装在侧板 223 上。同时，在本实施例中，试剂盒 40 的底部和顶部分别与试剂盒支架 22 的底板 221 和顶板 222 抵持，而由于卡扣 226 和卡扣槽 225 的配合，也有助于进一步固定试剂盒 40，防止试剂盒 40 相对试剂盒支架 22 晃动。

底板 221 上还设有若干气流孔 227，底板的俯视图如图 23-2 所示，顶板 222 和侧板 223 均由若干管体拼接而成，通过开设气流孔 227 及顶板 222、侧板 223 由管体拼接而成，使试剂盒 40 受热更均匀。箱体 21 内壁上设置有若干导流板 25，以使箱体 21 内的温度均匀。

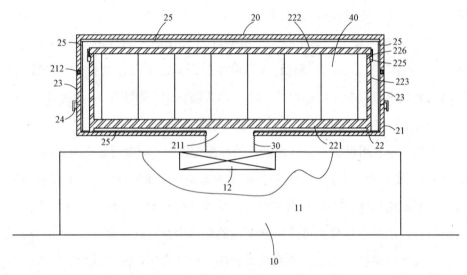

图 23-1 装置结构示意图

10—底座；11—气流腔；12—导流风扇；20—振动床体；21—箱体；23—封板；24—弹性件；
25—导流板；30—气流通道；40—试剂盒；211—进风口；212—出风口；
22—试剂盒支架；221—底板；223—侧板；225—卡扣槽；226—卡扣

使用时，首先，根据需求将试剂盒 40 安装在试剂盒支架 22 上，将顶板 222 和侧板 223 固定，然后启动恒温摇床，使震动床体 20 摇动。此时，温度传感器实时检测箱体 21 内的温度，控制器采集该温度传感器所检测到的温度。当控制器判断检测数据发生变化时，控制制冷系统或者制热系统启动，以将气流腔 11 内的温度变热或者变冷，然后启动导流风扇 12 将气流腔 11 内的空气通过气流通道 30 导入至箱体 21 内，以控制箱体 21 内的温度。而由于导流风扇 12 不停的给箱体 21 内送入空气，箱体 21 内的压强将变大。此时，当压强达到一定的范围时，箱体 21 内的空气推动封板 23 相对箱体 21 转动，以打开出风口 212。当导流风扇 12 停止运动后，箱体 21 内的压强平稳，封板 23 在压簧的作用下，相对箱体 21 转动，以封闭出风口 212。

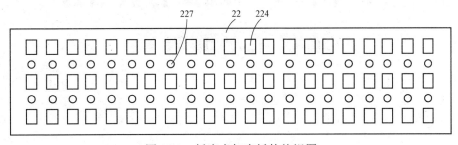

图 23-2　摇床支架底板的俯视图
22—试剂盒支架；224—卡槽；227—气流孔

第四节　应用效果

本装置通过巧妙的优化设计，可取得如下应用效果：

通过在盒体内设置温度检测器，以通过控制器根据温度检测器控制制冷系统或制热系统启动，而随制冷系统或制热系统的启动，使气流腔内的温度变化。随后，通过导流风扇将气流腔内的空气导入至盒体内，以控制盒体内的温度，从而使盒体内温度保持恒温，有助于实验数据的准确度。

第二十四章　提高有机结合氚收集率的装置

本章详细介绍一种提高有机结合氚收集率的装置，该装置既能够实现精准有效地加热和控温，又能够使氧化燃烧后生成的有机结合氚完全进入收集器中，保证了数据的准确性，提高了实验的可靠性。本章从基本概况、设计思路、构造精讲和应用效果四方面对该装置进行详细全面介绍，以方便读者更加深入地了解本装置。

第一节　基本概况

根据江苏省地方标准《生物中氚和碳-14 的测定液体闪烁计数法》-DB32/T 3583-2019 对海产品进行氧化燃烧，使生物样品中的氚和碳-14 经过高温转化为氚气和二氧化碳气体。实施时，通过耐高温硅胶管将氧化燃烧炉一端与置于冷阱中的氚收集管相连接，用以收集氧化燃烧后氚溶液。由于存在温差且生物样品中存在油脂，液化后的有机结合氚水溶液部分停留在硅胶管内，无法全部进入收集管内。这种情况对实验产生了一定影响，无法获得准确的实验数据，进而也影响实验结果的有效性。因此，急需提出一种能够提高氧化燃烧炉生成的有机结合氚收集率的装置。

第二节　设计思路

　　一种提高有机结合氚收集率的装置，能够实现精准有效地加热和控温，可以作如下设计：设计工作台，工作台上设置有加热箱、氧化燃烧炉和有机结合氚收集器，氧化燃烧炉设置于加热箱的一端，有机结合氚收集器设置于加热箱的另一端。用于收集氧化燃烧炉生成的有机结合氚的多根硅胶管穿过加热箱，一端连接至氧化燃烧炉内部，另一端连接至有机结合氚收集器内部，并且硅胶管内壁设置有耐高温疏水疏油层。

　　工作台上设置有支架，支架顶部固定连接加热箱。硅胶管连接有机结合氚收集器的一端低于连接氧化燃烧炉的一端，使得硅胶管与加热箱均倾斜布置。硅胶管与加热箱倾斜45°～60°角，硅胶管间隔上下两层布置，每层布置3～6根。加热箱包括顶板和底板，顶板顶部设置有加热器，加热器顶部开设有若干均匀分布的进气口，底板上设有若干均匀分布的透气孔。

　　加热箱的两端均设置有硅胶管缓冲夹持结构，硅胶管缓冲夹持结构包括上下两组夹持板，用于分别夹持两层硅胶管。每组夹持板均由上夹板和下夹板组成，上夹板和下夹板与加热箱连接固定，并且上夹板和下夹板之间设置有缓冲弹簧。上夹板底部开设有若干个呈一字分布的上夹槽，下夹板顶部开设有若干个呈一字分布的下夹槽，上夹槽与下夹槽对应，硅胶管通过上夹槽与下夹槽夹持并穿出加热箱。

　　顶板的一侧通过合页与加热箱顶部转动连接，顶板的另一侧通过卡扣与加热箱卡接。加热箱外部设置有温度显示屏和调温按钮，内部设置有温度传感器，且温度显示屏与温度传感器之间电连接，耐高温疏水疏油层为聚四氟乙烯涂层。

第三节　构造精讲

为了更清楚地说明如何实施，本节结合较佳的实施方案对本装置进行详细描述。所绘制结构、比例、大小等，均仅用以配合本章所揭示的内容，供专业技术人员阅读和参考。

如图 24-1、图 24-2 所示，一种能够提高氧化燃烧炉生成的有机结合氚收集率的装置，包括工作台 1。工作台 1 上设置有加热箱 2、氧化燃烧炉 3 和有机结合氚收集器 4。氧化燃烧炉 3 设置于加热箱 2 的一端，有机结合氚收集器 4 设置于加热箱 2 的另一端。用于收集氧化燃烧炉生成的有机结合氚的硅胶管 5 穿过加热箱 2，一端接通氧化燃烧炉 3，另一端连接有机结合氚收集器 4。

在氧化燃烧炉 3 中氧化燃烧后生成的有机结合氚进入耐高温硅胶管 5，通过设置加热箱 2 对耐高温硅胶管 5 进行加热，可以避免硅胶管 5 内部的有机结合氚快速冷却，从而将有机结合氚全部输出到有机结合氚收集器 4 中，避免残留在硅胶管 5 中。通过在硅胶管内壁设置耐高温疏水疏油层 501，也可以使氧化燃烧后生成的有机结合氚完全进入有机结合氚收集器中。本装置可以保证实验数据的准确性，进而提升实验结果的可靠性。同时，在进行仪器的回收率测定时，可使葡萄糖完全燃烧后生成的产物全部进入收集器，准确测量氧化燃烧炉的回收率。

如图 24-1、图 24-2 所示，在一些实施例中，工作台 1 上安装一支架 101，加热箱 2 安装在支架 101 顶部，支架 101 可以对加热箱起到固定和支撑的作用，增加稳定性。需要说明的是，对于支架 101 的类型及安装方式，本装置不作任何限制。

如图 24-1、图 24-2 所示，在一些实施例中，硅胶管 5 连接有机结合氚收集器 4 的一端低于连接氧化燃烧炉 3 的一端，使得硅胶管 5 与加热箱 2 均倾斜布置。通过设置氧化燃烧炉 3 高位送出，有机结合氚收集器 4 低位接收，便于管内液体流出和接收。

硅胶管 5 与加热箱 2 倾斜 45°～60° 角布置，硅胶管 5 间隔上下两层布置，每层布置 3～6 根，以满足 Pyrolyser6 Trio® 管式氧化燃烧炉的使用要求。Pyrolyser6 Trio® 管式氧化燃烧炉通常具有六根工作管，第一层三根，第二层三根。

如图 24-2、图 24-3 所示，加热箱 2 包括顶板 202 和底板 201，顶板 202 顶部设置有加热器 203，加热器 203 顶部开设有若干均匀分布的进气口 204。利用加热器 203 对耐高温硅胶管 5 进行加热，可以避免硅胶管 5 内部的有机结合氚快速冷却，从而提高有机结合氚输出质量，避免残留在硅胶管 5 内。

如图 24-3 所示，在一些实施例中，底板 201 上设有若干均匀分布的透气孔 209。透气孔可以为紧密排列的圆孔或者其他形状的孔洞，主要目的是为了透气散热，避免温度过高烧毁部件。

如图 24-4、图 24-5 所示，在一些实施例中，加热箱 2 的两端均设置有硅胶管缓冲夹持结构 6，硅胶管缓冲夹持结构 6 包括上下两组夹持板，用于分别夹持两层硅胶管 5。每组夹持板均由上夹板 601 和下夹板 602 组成，上夹板 601 和下夹板 602 与加热箱 2 连接固定，并且上夹板 601 和下夹板 602 之间设置有缓冲弹簧 603。上夹板 601 底部开设有若干个呈一字分布的上夹槽 604，下夹板 602 顶部开设有若干个呈一字分布的下夹槽 605，上夹槽 604 与下夹槽 605 对应，硅胶管 5 通过上夹槽 604 与下夹槽 605 夹持并穿出加热箱 2。这样设计，上夹槽 604 配合下夹槽 605 可以对硅胶管 5 进行排布和限位，防止多根硅胶管 5 散乱甚至缠绕打结；缓冲弹簧 603 可以避免夹持力度过大，造成硅胶管 5 损坏，延长硅胶管 5 的使用寿命。

缓冲弹簧 603 可以设置在上夹板 601 和下夹板 602 之间，如缓冲弹簧 603 采用卷簧，一端连接上夹板 601 的底部，一端连接下夹板 602 的顶部。

缓冲弹簧 603 也可以设置在上夹板 601 和/或下夹板 602 的内部，如上夹板 601 和/或下夹板 602 采用双层板结构，如图 24-4、24-5 所示，在双层板之间设置缓冲弹簧 603。

如图 24-2，图 24-3 所示，顶板 202 通过合页与加热箱 2 顶部转动连接，且顶板 202 通过卡扣 205 与加热箱 2 之间卡接。目的是实验人员可以方便地解开卡扣打开顶板依次放入硅胶管，操作十分简单。

如图 24-3 所示，加热箱 2 外部设置有温度显示屏 207，温度显示屏 207 旁设置有调温按钮 208，加热箱 2 内部设置有温度传感器 206。使用时，通过调温按钮 208 启动加热器 203 对硅胶管 5 进行加热和精准控温，同时温度显示屏 207 可以准确显示加热箱 2 内部温度，便于实验人员读取和调整。

如图 24-1、图 24-2 所示，工作台 1 上设置有氧化燃烧炉 3，氧化燃烧炉 3 外侧固定连接有若干个呈一字等距分布的连接头 301，硅胶管 5 的一端穿过加热箱 2 与连接头 301 固定连接。氧化燃烧炉 3 内部的生物样品氧化燃烧后生成的有机结合氚可以通过连接头 301 输出进入硅胶管 5 内部进行传输。连接头 301 可以保证氧化燃烧炉 3 与硅胶管 5 进行气密性连接，进而保证实验结果的可靠性。

如图 24-6 所示，硅胶管 5 内壁设置有耐高温疏水疏油层 501，材质为聚四氟乙烯涂层。聚四氟乙烯具有耐高温的特点，同时具有抗酸抗碱、抗各种有机溶剂的特点，可以使有机结合氚完全进入有机结合氚收集器 4 中，避免残留在硅胶管 5 中，减少样品流失，保证实验结果的可靠性。

使用时，首先将多根硅胶管 5 的一端与有机结合氚收集器 4 进行连接，其次解开卡扣 205 将顶板 202 打开，使多根硅胶管 5 能够依次放置在下夹板 602 上开设的下夹槽 605 中，硅胶管 5 的另一端与氧化燃烧炉 3 外侧设置的连接头 301 连接。

然后，将顶板 202 关闭，使上夹板 601 上开设的上夹槽 604 配合下夹槽

605 对硅胶管 5 进行夹持限位,使得硅胶管 5 在加热箱 2 两端顺利穿设以防止折坏。通过设置的缓冲弹簧 603 可以避免夹持力度过大,造成硅胶管 5 损坏,延长硅胶管使用寿命。

观察温度显示屏 207,通过调温按钮 208 启动加热器 203,对硅胶管 5 进行加热。这样可以避免硅胶管 5 内部的有机结合氚快速冷却,提高有机结合氚输出质量,避免残留在硅胶管 5 内。通过设置温度传感器 206 也可以对加热箱 2 内部的温度进行监测并实时地在温度显示屏 207 显示出来,便于实验人员精准地控制温度,给实验人员提供便利。最后可以使氧化燃烧后生成的有机结合氚完全进入有机结合氚收集器中,实验结果准确可靠。

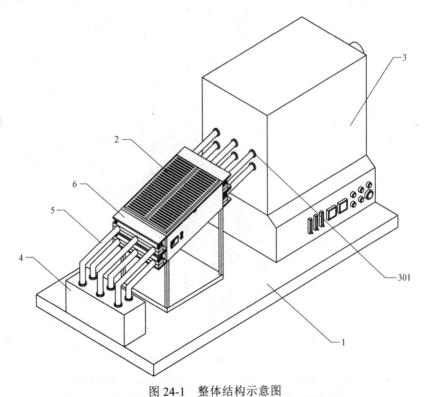

图 24-1 整体结构示意图

1—工作台;2—加热箱;3—氧化燃烧炉;301—连接头;4—有机结合氚收集器;
5—硅胶管;6—硅胶管缓冲夹持结构

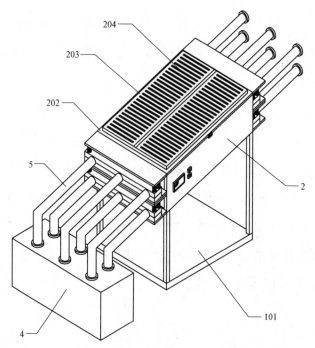

图 24-2　加热箱—有机结合氚收集器整体结构示意图

101—支架；2—加热箱；4—有机结合氚收集器；5—硅胶管；

202—顶板；203—加热器；204—进气口

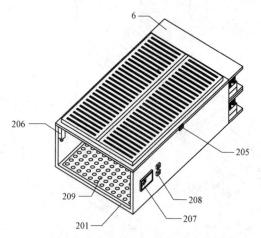

图 24-3　加热箱内部结构示意图

6—硅胶管缓冲夹持结构；201—底板；205—卡扣；206—温度传感器；

207—温度显示屏；208—调温按钮；209—透气孔

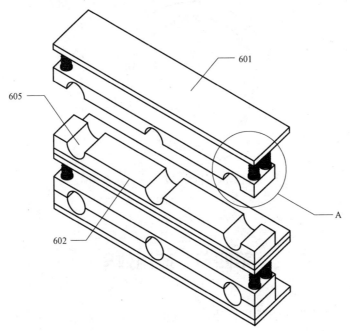

图 24-4 上夹板与下夹板结构示意图

601—上夹板；602—下夹板；605—下夹槽

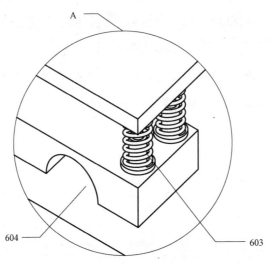

图 24-5 图 4 中的 A 处放大图

603—缓冲弹簧；604—上夹槽

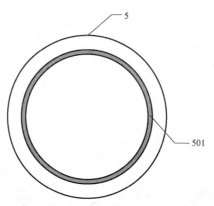

图 24-6　硅胶管切面结构示意图

5—硅胶管；501—耐高温疏水疏油层

第四节　应用效果

本装置通过巧妙的优化设计，可取得如下应用效果：

在生物样品氧化燃烧后生成的有机结合氚通过硅胶管进入到有机结合氚收集器的过程中，本装置通过设置加热箱、加热器、温度显示屏、调温按钮、温度传感器等温控设备实现精准有效加热和控温，通过在硅胶管内壁设置耐高温疏水疏油层，可以使氧化燃烧后生成的有机结合氚完全进入有机结合氚收集器中。本装置可以保证实验数据的准确性，进而提升实验结果的可靠性。同时，在进行仪器的回收率测定时，可使生物样品完全燃烧后生成的产物全部进入收集器，准确测量氧化燃烧炉的回收率。

第二十五章　样品消解装置

本章详细介绍一种样品消解装置，该装置既能够控制温度在 245～250 ℃，还能使两个消解杯同时进行实验，保证了实验的精确性，节省时间，明显提高了工作效率。本章从基本概况、设计思路、构造精讲和应用效果四方面对该装置进行详细全面介绍，以方便读者更加深入地了解本装置。

第一节　基本概况

目前，检测粉尘中游离二氧化硅含量时样品需要经过消解装置消解，消解的成功与否直接影响检测的准确性。消解过程中需不停搅拌，要求消解装置上的消解容器具备较大的口径且温度必须控制在 245～250 ℃。

现有的大部分消解装置通常是使用普通电热板加热，50 mL 烧杯作为消解容器，用温度计测量并控制温度，同时用玻璃棒手动不停的搅拌。这种方法非常费力，同时不容易控制温度，稍有不慎就会导致检测结果发生偏差。

因此，有必要研发一种简单、安全、精准且易于推广使用的新型样品消解装置。

第二节　设计思路

一种样品消解装置，能够控制温度在 245～250 ℃，并使两个消解杯同时进行实验，可以作如下设计：设计加热装置、金属浴、消解杯、温度测量仪和搅拌装置，其中，加热装置上设置有加热板，加热板上放置有金属浴；加热装置上一侧安装有两个高度杆，高度杆顶端分别向金属浴的上方伸出一横向支架。

金属浴设置在加热板上，金属浴上设有两个加热孔，加热孔内放置有消解杯。搅拌装置一端安装在横向支架上，另一端能够伸入金属浴内的消解杯内。温度测量仪安装在横向支架下方，并能够伸入金属浴内的消解杯内。

金属浴内设置有温控传感器，温控传感器与两个消解杯相对应。高度杆顶端分别设置一组限位机构，限位机构包括滑套、U 型固定块、限位杆、限位块、弹簧、拉块和多个限位孔。滑套穿过高度杆并和高度杆滑动连接，其一侧端固定连接支架，另一侧端固定连接 U 型固定块。限位杆活动贯穿于 U 型固定块内，其靠近滑套的一端固定连接限位块，另一端穿过 U 型固定块一侧端与拉块固定连接。弹簧套设于限位杆的外表面，且弹簧位于限位块和 U 型固定块之间。多个限位孔设置在高度杆上，限位块插接于一个限位孔内。

金属浴的下部设有凹槽，加热板的上部嵌在凹槽内。金属浴外圈表面一侧设置有螺纹孔，通过固定螺丝穿过螺纹孔活动插接在加热板对应位置设置的固定孔内。搅拌装置包括搅拌电机和搅拌轴，搅拌电机安装在横向支架上，搅拌轴一端穿过横向支架与搅拌电机固定连接，另一端能够伸入金属浴内的消解杯内，温度测量仪为温度计。

两个横向支架的底面远离高度杆一侧均设置一组橡胶安装套，每组橡胶安装套设置为多个，每组多个橡胶安装套均围绕一个搅拌轴均匀分布，每组多个橡胶安装套内径不同，每组橡胶安装套用于可拆卸连接温度计。横向支架的顶面预设有一容纳槽，消解杯为玻璃材质。

第三节　构造精讲

为了更清楚地说明如何实施技术方案，本节结合较佳的实施方案对本装置进行详细描述。所绘制结构、比例、大小等，均仅用以配合本章所揭示的内容，供专业技术人员阅读和参考。

如图 25-1、图 25-2、图 25-3、图 25-4、图 25-5、图 25-6、图 25-7 所示，一种样品消解装置，包括加热装置 1、金属浴 3、消解杯 15、温度测量仪和搅拌装置。加热装置 1 上设置有加热板 2，加热板 2 上放置有金属浴 3。加热装置 1 上一侧固定安装有两个高度杆 4，高度杆 4 顶端分别向金属浴 3 的上方伸出一横向支架 6。金属浴 3 设置在加热板 2 上，金属浴 3 上设有两个加热孔 14，加热孔 14 内放置有消解杯 15，一次加热可进行两次消解实验，使实验结果更加准确，减少误差的产生。温度测量仪一端安装在横向支架 6 上，另一端能够伸入金属浴 3 内的消解杯 15 内，搅拌装置一端安装在横向支架 6 上，另一端能够伸入金属浴 3 内的消解杯 15 内，实验时使搅拌和测温同时进行，提高了工作效率。

金属浴 3 内设置有温控传感器 19，温控传感器 19 与两个消解杯 15 相对应。温控传感器 19 与加热装置 1 之间电性连接，用于检测两个消解杯 15 内样品的温度，同时将检测到的温度信息反馈给加热装置 1，方便工作人员对温度进行调整。

两个高度杆 4 顶端分别设置一组限位机构，限位机构与横向支架 6 固定连接，限位机构保证横向支架 6 能够沿着高度杆 4 竖向滑动，使横向支架 6 成为可升降支架。限位机构包括滑套 5、U 型固定块 9、限位杆 10、限位块 11、弹簧 12、拉块 13 和多个限位孔 20。滑套 5 穿过高度杆 4 并和高度杆 4 滑动连接，其一侧端固定连接横向支架 6，另一侧端固定连接 U 型固定块 9。限位杆 10 活动贯穿于 U 型固定块 9 内，其靠近滑套 5 的一端固定连接限位块 11，另一端穿过 U 型固定块 9 一侧端与拉块 13 固定连接。弹簧套设于限位杆 10 的外表面，且弹簧 12 位于限位块 11 和 U 型固定块 9 之间。多个限位孔 20 设置在高度杆 4 上，限位块 11 插接于一个限位孔 20 内。

金属浴 3 的下部设有凹槽 16，加热板 2 的上部嵌在凹槽 16 内，金属浴 3 外圈表面一侧设置有螺纹孔，通过固定螺丝 17 穿过螺纹孔活动插接在加热板 2 对应位置设置的固定孔 18 内。金属浴 3 通过凹槽 16 设置在加热板 2 上，通过转动固定螺丝 17 使其插入至固定孔 18，固定螺丝 17 和固定孔 18 插接对金属浴 3 进行限制固定，使金属浴 3 放置后保持稳定。

搅拌装置包括搅拌电机 7 和搅拌轴 23，搅拌电机 7 安装在远离高度杆 4 一侧的横向支架 6 上，搅拌轴 23 一端穿过横向支架 6 与搅拌电机 7 固定连接，另一端能够伸入金属浴 3 内的消解杯 15 内。

温度测量仪为温度计 8，两个横向支架 6 的底面远离高度杆 4 一侧均设置一组橡胶安装套 22。每组橡胶安装套 22 设置为多个，每组多个橡胶安装套 22 均围绕一个搅拌轴 23 均匀分布。每组多个橡胶安装套 22 内径不同，用于拆卸安装不同粗细的温度计 8，或者调整温度计 8 在消解杯 15 内的安装位置，在能保证测量的温度范围更广的同时，又能保证测量温度的精确度。

两个横向支架 6 的顶面分别预设有一容纳槽 21，用于放置温度计 8，保证了不进行实验时，温度计 8 能够存放。进行实验时，直接将温度计 8 取出安装，既节省了寻找温度计 8 的时间，又确保了温度计 8 存放的安全性。

在对样品进行消解时，将金属浴 3 放置在加热板 2 上，以及两个温度计 8 分别安装在两组橡胶安装套 22 内。将两个消解杯 15 分别放置在两个加热孔 14 内，再将样品加入两个消解杯 15 中，向两个消解杯 15 内投放消解液，然后打开两组限位机构使两个滑套 5 分别在两个高度杆 4 上向下滑动。两个滑套 5 使两个横向支架 6 向下移动，两个横向支架 6 使两个搅拌轴 23 的底端进入至两个消解杯 15 内浸入样品中。关闭两组限位机构对两个滑套 5 进行定位，使两个支架 6 保持稳定，然后通过外部电源或电池装置启动两个搅拌电机 7 使两个搅拌轴 23 对样品进行搅拌。加热装置 1 通过外部电源启动，并通过加热板 2 和温控传感器 19 将两个消解杯 15 内样品的温度精准控制在 245～250 ℃。同时两个温度计 8 跟随两个支架 6 的移动浸入样品液面，对两个消解杯 15 内样品的温度进行精准检测。

在需要调节搅拌轴 23 的位置时，通过拉动拉块 13 使限位杆 10 在 U 型固定块 9 上滑动，限位杆 10 带动限位块 11 移动，限位块 11 对弹簧 12 进行挤压，使限位块 11 从限位孔 20 内移出。滑套 5 不受限制，可以在高度杆 4 上滑动，实现横向支架 6 带动搅拌轴 23 进行位置的调节。当搅拌轴 23 完成调节后，通过松开拉块 13，弹簧 12 的弹力推动限位块 11 复位，限位块 11 再次插入至一个限位孔 20 内，对滑套 5 进行限制。从而使横向支架 6 保持稳定，使搅拌电机 7 带动搅拌轴 23 在横向支架 6 上稳定地使用。

加热装置 1 为斜切面的一侧是控制平台，加热装置 1 的长和宽分别为 400 mm 和 300 mm，加热装置 1 的高度为 100 mm。

加热板 2 的直径设置为 190 mm，方便金属浴 3 的放置，同时便于一个以上的消解杯 15 同时进行实验。

金属浴 3 采用铝合金材质，具有良好的使用寿命，金属浴 3 的直径和高度分别设置为 210 mm 和 70 mm，方便在加热板 2 上进行放置。同时方便两个加热孔 14 的开设，两个加热孔 14 保持一定的深度方便两个消解杯 15 的放置。

凹槽 16 的内径和深度分别设置为 191 mm 和 10 mm，凹槽 16 的内径大于加热板 2 的直径，使加热板 2 的上部直接嵌在凹槽 16 内。

两个加热孔 14 的内径和深度分别设置为 45 mm 和 50 mm，使两个消解杯 15 能够稳定的放入加热孔 14 中。

消解杯 15 采用玻璃材质，两个消解杯 15 的内径、壁厚和高度分别为 40 mm、2 mm 和 70 mm，方便对样品的消解状态进行观察。两个消解杯 15 的内径和壁厚小于两个加热孔 14 的内径 3 mm，方便放入两个加热孔 14 内。两个消解杯 15 的高度设置在 70 mm，能够贯穿至两个加热孔 14 的上侧，方便进行取出。

通过加热装置 1 和加热板 2 对两个消解杯 15 内的样品进行加热，并通过温控传感器 19 使样品消解时的温度保持稳定，方便温度的控制。两组限位机构使两个横向支架 6 能够进行位置的调节，两个横向支架 6 调节后保持稳定，从而使两个搅拌轴 23 分别进入两个消解杯 15 内。两个搅拌电机 7 使两个搅拌轴 23 稳定的对样品进行自动搅拌，减少不必要的劳动损耗，提高了工作效率，同时提升粉尘中游离二氧化硅含量检测的准确性。

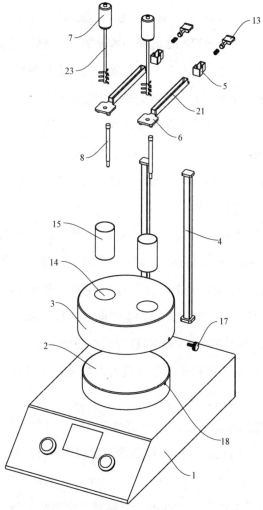

图 25-1　整体结构示意图

1—加热装置；2—加热板；3—金属浴；4—高度杆；5—滑套；6—横向支架；7—搅拌电机；

8—温度计；13—拉块；14—加热孔；15—消解杯；17—固定螺丝；18—固定孔；

21—容纳槽；23—搅拌轴

　　工作原理：在对样品进行消解时，将金属浴 3 放置在加热板 2 上，并通过固定螺丝 17 穿过金属浴 3 外圈表面一侧设置的螺纹孔活动插接在加热板 2 上对金属浴 3 进行限制固定。将两个消解杯 15 分别放置在金属浴 3 上设置的两个加热孔 14 内，再将样品加入两个消解杯 15 中，向两个消解杯 15 内投放消解液，然后分别拉动每组限位机构中的拉块 13 使限位杆 10 在 U 型固定块

9 上滑动，限位杆 10 带动限位块 11 移动，限位块 11 对弹簧 12 进行挤压，使限位块 11 从限位孔 20 内移出。两个滑套 5 不受限制，可以在两个高度杆 4 上滑动。两个滑套 5 使两个横向支架 6 向下移动，两个横向支架 6 使两个搅拌轴 23 的底端进入至两个消解杯 15 内浸入样品中。然后分别松开每组限位机构中的拉块 13，弹簧 12 的弹力推动限位块 11 复位。限位块 11 再次插入至一个限位孔 20 内，对滑套 5 进行限制，从而使横向支架 6 保持稳定。然后通过外部电源或电池装置启动两个搅拌电机 7 使两个搅拌轴 23 对样品进行搅拌。加热装置 1 通过外部电源并通过加热板 2 和温控传感器 19 将两个消解杯 15 内样品的温度控制在 245～250 ℃，同时两个温度计 8 跟随两个支架 6 的移动浸入样品液面，对两个消解杯 15 内样品的温度进行精准检测。

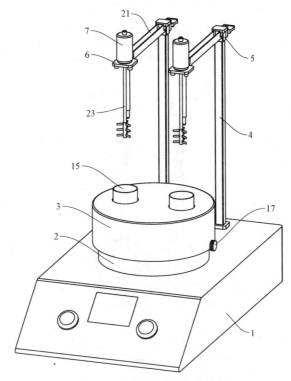

图 25-2 装置正面结构示意图

1—加热装置；2—加热板；3—金属浴；4—高度杆；5—滑套；6—横向支架；
7—搅拌电机；15—消解杯；17—固定螺丝；21—容纳槽；23—搅拌轴

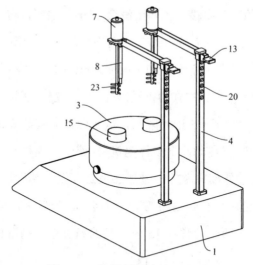

图 25-3　装置侧面结构示意图

1—加热装置；3—金属浴；4—高度杆；7—搅拌电机；8—温度计；13—拉块；

15—消解杯；20—限位孔；23—搅拌轴

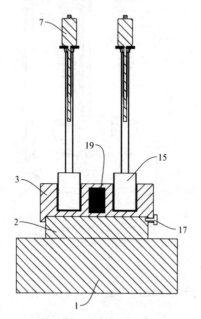

图 25-4　装置剖视图

1—加热装置；2—加热板；3—金属浴；7—搅拌电机；15—消解杯；

17—固定螺丝；19—温控传感器

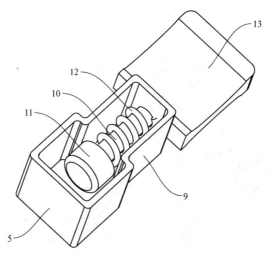

图 25-5　装置限位机构示意图

5—滑套；9—U 型固定块；10—限位杆；11—限位块；12—弹簧；13—拉块

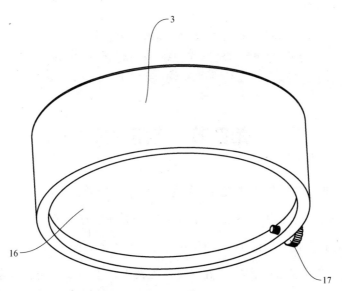

图 25-6　装置金属浴结构示意图

3—金属浴；16—凹槽；17—固定螺丝

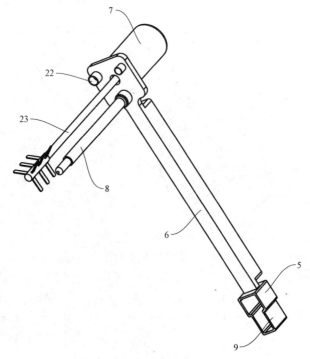

图 25-7　装置局部结构示意图

5—滑套；6—横向支架；7—搅拌电机；8—温度计；9—U 型固定块；

22—橡胶安装套；23—搅拌轴

第四节　应用效果

本装置通过巧妙的优化设计，可取得如下应用效果：

1. 金属浴上设置两个加热孔用来放置消解杯进行实验，一次加热能进行两次样品消解实验，保证了实验的精确性，节省了时间。

2. 将温度测量仪和搅拌装置安装在支架上，不需要手动测量温度及手动搅拌，能边搅拌边测量温度。解放了双手，实验更加安全，减少了不必要的劳动损耗，提高了工作效率。

3. 加热装置通过加热板和温控传感器将两个消解杯内样品的温度精准控

制在 245～250 ℃，使检测结果更加准确。

4. 限位机构的设置使横向支架成为可升降支架，能够沿着高度杆竖向滑动，保证了实验样品加热时，通过支架的滑动使温度测量仪和搅拌装置的一端浸入样品液面进行测量和搅拌。

5. 支架顶面设置的容纳槽能放置温度计，确保了不进行实验时，温度计的安全存放。进行实验时，直接将温度计取出安装，节省了实验时间。

第二十六章 固体粉末源匀质分散器

本章详细介绍一种固体粉末源匀质分散器,该装置能够控制粉末在测量盘中的均匀和厚度,克服了现有技术的不足,操作方便。本章从基本概况、设计思路、构造精讲和应用效果四方面对该装置进行详细全面介绍,以方便读者更加深入地了解本装置。

第一节 基本概况

目前,在开展水中总 α、总 β 放射性核素检测时,需要将水样残渣研磨至粉状物后,称取一定质量放在圆形的放射性测量盘上,然后再铺成中间略厚越向边缘越薄的一层固体粉末源。常见的粉末检测方法是用缓慢抖动旋转样品盘,使其自动铺满,但是较难控制均匀和薄厚程度,继而影响检测结果。

为此,本装置提出一种固体粉末源匀质分散器。

第二节 设计思路

一种固体粉末源匀质分散器,能够控制粉末均匀和厚度的,可以作如下设计:设计柱体,其作为铺设固体粉末时转动该匀质分散器的把手。分散底座设置在柱体的底端，分散底座为圆形底座，其底面带有向下突出的螺旋纹。敲击块正对分散底座的外侧壁并与外侧壁相接触，并且敲击块与柱体之间设置有转动机构，转动机构用于控制敲击块的抬起和落位，以实现对分散底座的外侧壁的敲击。

柱体上开设有转口，转动机构包括转动销和转臂，转动销转动连接于转口内，转臂穿过转口并通过转动销转动连接于柱体上，敲击块固定连接于转臂的底端。转臂的底端连接有一固定框，敲击块可拆卸安装于该固定框内。转臂和敲击块设置两套，并关于分散底座对称分布。

柱体的顶端连接有转把，转把外表面刻有防滑纹。分散底座尺寸与放射性测量盘匹配，分散底座的底面积略小于 15.896 cm²。螺旋纹在分散底座的底面以等间距分布，分散底座的底面由边缘向中心逐渐上凹，柱体与分散底座整体呈印章型。

第三节　构造精讲

为了更清楚地说明如何实施，本节结合较佳的实施方案对本装置进行详细描述。所绘制结构、比例、大小等，均仅用以配合本章所揭示的内容，供专业技术人员阅读和参考。

如图 26-1、图 26-2、图 26-3、图 26-4、图 26-5 所示，一种固体粉末源匀质分散器，包括分散底座 1，分散底座 1 的底端带有螺旋纹 9。分散底座 1 的顶端连接有柱体 2，分散底座 1 的外侧设置有两个敲击块 3，且两个敲击块 3 与分散底座 1 相接触。两个敲击块 3 与柱体 2 之间设置有转动机构，转动机构用于控制两个敲击块 3 转动。

分散底座 1 约占分散器总重的 90%，在将要对固体粉末检测时，首先通过将粉末称量放在放射性测量盘中间，然后将分散底座 1 放入放射性测量盘内压在粉末上方，通过柱体 2 缓慢旋转分散底座 1。分散底座 1 底面旋转通过螺旋纹 9 会带动粉末转动，使粉末直至铺满测量盘。然后拿起分散底座 1，通过转动机构使两个敲击块 3 轻敲分散底座 1 的侧壁，使得沾染在分散底座 1 底部的粉末沉降至测量盘内，确保检测精度。

柱体 2 上开设有转口 4，转动机构包括转动销 5、两个转臂 6，转动销 5 转动连接于转口 4 内，两个转臂 6 均贯穿转口 4 转动连接于转动销 5 上。两个敲击块 3 分别设置于两个转臂 6 的底端，正对接触分散底座 1 的侧壁。

在清理分散底座 1 底部的粉末时，通过按压两个转臂 6 的顶端，两个转臂 6 通过转动销 5 在转口 4 内向相反的方向旋转，从而使两个敲击块 3 抬起。然后松开两个转臂 6，两个敲击块 3 在重力的作用下落位，向下转动后敲击分散底座 1 的外侧壁，使分散底座 1 底部沾染的粉末脱落。

螺旋纹 9 在分散底座 1 的底面以等间距分布，所谓的等间距分布即相邻螺旋纹之间的距离相同，也就是间隙相同。通过相同的螺纹间隙，能够将固体粉末铺设的更均匀，分散底座 1 的底面由边缘向中心逐渐上凹。如图 26-6 所示，从侧切角度看，分散底座 1 具有向上凸的曲线（微微上凹，两边对称），如此能够保证铺出来的样品，中间略厚，越向边缘越薄。

两个转臂 6 的顶端均带有按压片 7，两个按压片 7 上均开凿有按压口 8。两个按压片 7 为两个转臂 6 顶端的延伸，两个按压片 7 通过两个按压口 8 方便对两个转臂 6 按压。柱体 2 的顶端设置有转把 10，转把 10 的外表面刻有防滑纹。转把 10 可以是与柱体 2 一体成型，也可以是可拆卸连接至柱体 2 顶端的独立结构，例如螺纹连接。

通过转把 10 方便带动柱体 2 从而带动分散底座 1 转动，同时转把 10 方便将分散底座 1 从测量盘中提起，进行两个敲击块 3 对分散底座 1 的敲打。

两个转臂 6 底端连接有固定框 11，如一体成型或可拆卸连接一独立的固定框 11，两个敲击块 3 分别设置于两个固定框 11 内。敲击块 3 安装于固定框 11 内，敲击块 3 为由两部分构成的分体式结构，两部分分别从固定框 11 的两侧相互连接从而固定于固定框 11 内。

分散底座 1 的底部尺寸与放射性测量盘尺寸一致，使得分散底座 1 恰好能卡进放射性测量盘中。常见的测量盘为面积 15.896 cm², 分散底座 1 的底部

面积小于 15.896 cm^2，以方便放入测量盘中进行使用。柱体 2 与分散底座 1 整体呈印章型，以便于试验中人员拿握和转动操作。

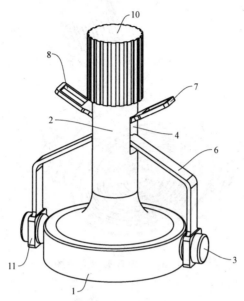

图 26-1　装置第一立体图

1—分散底座；2—柱体；3—敲击块；4—转口；6—转臂；7—按压片；
8—按压口；10—转把；11—固定框

工作原理：在将要对固体粉末检测时，首先将粉末称量放在放射性测量盘中间，然后将分散底座 1 放入放射性测量盘内压在粉末上方。通过柱体 2 缓慢旋转分散底座 1，分散底座 1 底面旋转。旋转的同时通过螺旋纹 9 带动粉末转动，使粉末直至铺满测量盘。然后拿起分散底座 1，通过按压两个转臂 6 的顶端，两个转臂 6 通过转动销 5 在转口 4 内向相反的方向旋转，从而使两个敲击块 3 在重力的作用下落位，向下转动后敲击分散底座 1 的侧壁抬起。然后松开两个转臂 6，两个敲击块 3 在重力的作用下落位，向下转动后敲击分散底座 1 的侧壁，使分散底座 1 底部沾染的粉末脱落沉降至测量盘内。

此外，实验室有常见的防静电装置，本装置还可与防静电装置配合使用，以防止产生静电吸附，效果更佳。

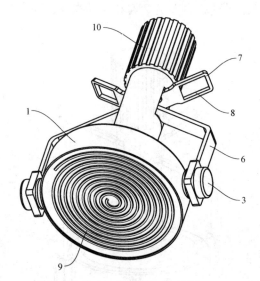

图 26-2　装置第二立体图

1—分散底座；3—敲击块；6—转臂；7—按压片；8—按压口；

9—螺旋纹；10—转把

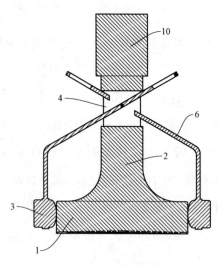

图 26-3　装置剖视图

1—分散底座；2—柱体；3—敲击块；4—转口；6—转臂；10—转把

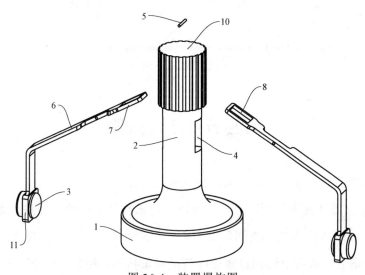

图 26-4 装置爆炸图

1—分散底座；2—柱体；3—敲击块；4—转口；5—转动销；6—转臂；7—按压片；

8—按压口；10—转把；11—固定框

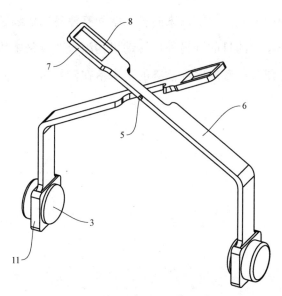

图 26-5 装置部分结构的立体图

3—敲击块；5—转动销；6—转臂；7—按压片；8—按压口；11—固定框

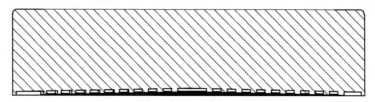

图 26-6 装置分散底座侧切示意图

第四节 应用效果

通过巧妙的优化设计，可取得如下应用效果：

1. 在对固体粉末检测时，首先通过将粉末称量放在放射性测量盘中间，然后将分散底座放入放射性测量盘内压在粉末上方。通过柱体缓慢旋转分散底座，分散底座底面旋转通过螺旋纹带动粉末转动，使粉末直至铺满测量盘。然后通过柱体拿起分散底座，转动机构使敲击块轻敲分散底座的表面，使得沾染在分散底座底部的粉末沉降至测量盘内。

2. 通过分散底座凹陷的底部配合螺旋纹，使分散底座在转动时能够将测量盘内的粉末均匀分散，使铺出来的粉末中间略厚越向边缘越薄，从而达到控制粉末均匀和厚度的目的。另外，转动机构配合两个敲击块能够对分散底座进行敲打，方便分散底座底部沾染的粉末落在测量盘中，防止粉末粘在分散器上。

第二十七章　微量进样器

本章详细介绍一种微量进样器，该装置能够在进样过程中直接观察读取进样量，也能够在进样过程中辅助支撑保持管体稳定，结构简单，稳定性好。本章从基本概况、设计思路、构造精讲和应用效果四方面对该装置进行详细全面介绍，以方便读者更加深入地了解本装置。

第一节　基本概况

环境保护日益被重视起来，在进行水质环境检测时，需要使用到微量进样装置，传统的微量进样装置不便观察进样量。因此为解决这一问题，公开号为 CN212576320U 的一种微量进样装置在其主体外侧设置放大镜组件对容积刻度进行放大，以便提高微量进样的精准度。但是其放大镜组件放大区域有限，不能与活塞的位置保持同步，需要手动，结构复杂，例如夹持装置影响进样时整体的稳定性及视野。

第二节　设计思路

一种微量进样器，能够在进样过程中直接观察读取进样量，可以作如下设计：设计管体，管体腔内活动安插有活塞杆组件，活塞杆组件的一端为活塞杆柄，管体的底端设有进样针头，管体的侧面由下至上设有容积刻度。活塞杆柄的外侧底端设有与容积刻度对应的刻度放大机构，管体的底端周向均等间隔设有三组稳定组件。

放大机构包括连杆、放大镜和包括连杆、放大镜和放大镜两侧的弧形导向块的弧形导向块，连杆的一端固定连接于活塞杆柄侧面底端，另一端固定连接于放大镜。弧形导向块位于放大镜靠近管体一侧并与管体接触，且弧形导向块的弧度与管体弧度相同。放大镜的中心与活塞杆组件中的活塞齐平。稳定组件包括位于管体底端的螺纹杆和与螺纹杆螺接的螺纹套筒，螺纹套筒外部周向设有防滑纹，管体为透明管体。

第三节　构造精讲

为了更清楚地说明如何实施，本节结合较佳的实施方案对本装置进行详细描述。所绘制结构、比例、大小等，均仅用以配合本章所揭示的内容，供专业技术人员阅读和参考。

如图 27-1、图 27-2、图 27-3、图 27-4 所示，一种微量进样器，包括管体 1，管体 1 腔内活动安插有活塞杆组件 2，包括活塞杆和活塞。活塞杆组件 2 的一端为活塞杆柄 201，管体 1 的底端设有进样针头 6，管体 1 的侧面由下至上设有容积刻度 3，便于进样量的读取。活塞杆柄 201 的外侧底端设有与容积刻度 3 对应的刻度放大机构 4，便于将容积刻度放大以便精准读数。管体 1 的底端周向均等间隔设有三组稳定组件 5，用于辅助管体 1 的稳定。

放大机构 4 包括连杆 401、放大镜 402 和放大镜 402 两侧的弧形导向块的弧形导向块 403，连杆 401 的一端固定连接于活塞杆柄 201 侧面底端，另一端固定连接于放大镜 402，通过放大镜 402 将刻度放大以便读数。

弧形导向块 403 位于放大镜 402 靠近管体 1 一侧并与管体 1 接触，且弧形导向块 403 的弧度与管体 1 弧度相同，以便与管体 1 相贴辅助放大镜 402 跟随连杆 401 移动，从而实现为放大镜 402 移动起导向作用。

放大镜 402 的中心与活塞杆组件 2 中的活塞齐平，便于使放大镜 402 与活塞保持同步，从而方便放大读取活塞对应的刻度值。稳定组件 5 包括位于管体 1 底端的螺纹杆 502 和与螺纹杆 502 螺接的螺纹套筒 501，可通过旋转螺纹套筒 501 调节稳定组件 5 的长度，从而适应使用环境需求。

螺纹套筒 501 外部周向设有防滑纹，便于螺纹套筒 501 的旋拧。管体 1 为透明管体，便于读数。

工作时，手持管体 1 推动活塞杆柄 201 通过活塞杆组件 2 进行推注。同时在连杆的支持下，使放大镜 402 与活塞杆组件 2 同步移动，从而保持放大镜 402 中心与活塞相齐平，以便直接将活塞底部的样本液面对应的读数进行放大读取，从而提高读数的精准度，方便了微量进样。进样推注的同时可通过旋拧螺纹套筒 501 调节稳定组件的整体长度以适应进样环境的需求，从而通过螺纹套筒 501 支撑在进样目标上实现对管体 1 稳定的效果。

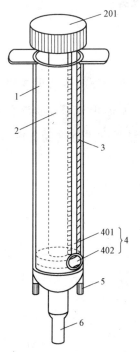

图 27-1　装置结构示意图

1—管体；2—活塞杆组件；3—容积刻度；

4—放大机构；5—稳定组件；201—活塞杆柄；

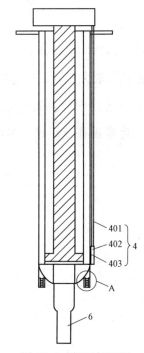

图 27-2　装置剖视图

4—放大机构；6—进样针头；401—连杆；

402—放大镜；403—弧形导向块

401—连杆；402—放大镜；6—进样针头

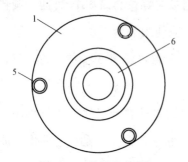

图 27-3　装置仰视图

1—管体；5 稳定组件；6—进样针头

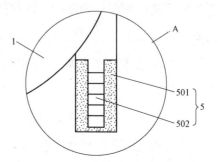

图 27-4　图 27-2 中 A 的放大图

1—管体；5 稳定组件；501—螺纹套筒；
502—螺纹杆

第四节　应用效果

通过巧妙的优化设计，可取得如下应用效果：

通过设置放大机构，且通过连杆将放大镜的中心与活塞同步保持相齐平，便于在进样过程中能够直接观察读取进样量，无需单独移动放大镜；通过在管体的底端设置三组稳定组件，便于在进样过程中进行辅助支撑保持管体稳定。

第二十八章 改进的氧弹燃烧装置

本章详细介绍一种改进的氧弹燃烧装置，该装置的燃烧丝在点燃试样可以上升，减少试样燃烧后对燃烧丝的灼烧，保证燃烧丝的使用寿命。本章从基本概况、设计思路、构造精讲和应用效果四方面对该装置进行详细全面介绍，以方便读者更加深入地了解本装置。

第一节 基本概况

氧弹是由耐热、耐腐蚀的镍铬合金钢制成的装氧气容器，能承受充氧压力和燃烧过程中产生的瞬时高压。而氧弹燃烧装置是利用物质燃烧放出一定量的热量原理，通过点燃一定质量的待测物，在完全燃烧的条件下，所放出的热量用一定量已知热容的介质去吸收，从介质温度的升高，算出该物质燃烧热的装置。目前的氧弹燃烧装置采用燃烧丝通电后点燃设置在氧弹内燃烧杯内的试样，但试样燃烧时，一些燃烧丝仍处于燃烧杯内被试样所灼烧，燃烧丝长时间灼烧会影响其使用寿命。

第二节 设计思路

一种改进的氧弹燃烧装置，能够减少试样燃烧后对燃烧丝的灼烧，可以作如下设计：设计氧弹和电源控制器。电源控制器位于氧弹的外侧，氧弹包括弹筒，弹筒的上端插套固定有筒盖，弹筒内插设有燃烧杯，燃烧杯插接并搁置在搁杯架上，搁杯架的上端插接固定在筒盖上，筒盖上固定连接有压力表，压力表两侧的筒盖上插接固定有进出气管，进出气管上固定连接有针阀。弹筒内插接有点火组件，点火组件包括插设在燃烧杯内的燃烧丝，燃烧丝和电源控制器电性连接。

燃烧丝的两端固定连接在竖向的电极柱上，电极柱的上端插接固定吸收液平的连接件，连接件上插接固定有竖向的拉杆，拉杆的上端穿过筒盖固定连接有升降执行组件。搁杯架包括圆弧形的套环，套环的两端弯折成形有竖向的导向杆，导向杆的上端插接固定在筒盖上。

点火组件包括两个导向套管，导向套管插套在导向杆上。导向套管的上端固定有连接板，拉杆的下部插接固定在连接板，拉杆内嵌置有导线，连接件由陶瓷外壳和金属线组成。导线和连接件内的金属线电性连接，连接件内的金属线和电极柱电性连接，导线的上端伸出拉杆和电源控制器电性连接。电极柱包括导电柱，导电柱上插套固定有陶瓷隔套，陶瓷隔套上插套固定有支撑杆，支撑杆固定在导向套管上。氧弹上筒盖一侧的针阀上连接有尾气进气管，筒盖上另一侧的针阀上固定连接有尾气吸收器。

尾气吸收器由锥形瓶、磁力搅拌器、橡胶瓶塞、进管、出管、鼓泡器、橡胶导管和接气管组成。锥形瓶安置在磁力搅拌器上，磁力搅拌器的瓶口插接固定有橡胶瓶塞上。锥形瓶的瓶口插接固定有橡胶瓶塞，橡胶瓶塞上插接有进管和出管，进管的下端固定有鼓泡器，进管的上端通过橡胶导管和接气管相连接。锥形瓶内盛装有吸收液，鼓泡器插设在吸收液中，出管的上端位于吸收液面的上侧。

第三节　构造精讲

为了更清楚地说明如何实施，本节结合较佳的实施方案对本装置进行详细描述。所绘制结构、比例、大小等，均仅用以配合本章所揭示的内容，供专业技术人员阅读和参考。

如图 28-1、图 28-2、图 28-3、图 28-4、图 28-5 所示，一种改进的氧弹燃烧装置，包括氧弹 10 和电源控制器 20。电源控制器 20 位于氧弹 10 的外侧，氧弹 10 包括弹筒 11。弹筒 11 的上端插套固定有筒盖 2，弹筒 11 内插设有燃烧杯 17。燃烧杯 17 插接并搁置在搁杯架 16 上，搁杯架 16 的上端插接固定在筒盖 2 上，筒盖 2 上固定连接有压力表 15，压力表 15 两侧的筒盖 2 上插接固定有进出气管 13，进出气管 13 上固定连接有针阀 14。弹筒 11 内插接有点火组件 18，点火组件 18 包括插设在燃烧杯 17 内的燃烧丝 181，燃烧丝 181 和电源控制器 20 电性连接。

　　燃烧丝 181 的两端固定连接在竖向的电极柱 182 上，电极柱 182 的上端插接固定吸收液平的连接件 183，连接件 183 上插接固定有竖向的拉杆 184，拉杆 184 的上端穿过筒盖 2 固定连接有升降执行组件 19。

　　如图 28-3 所示，搁杯架 16 包括圆弧形的套环 161，套环 161 的两端弯折成形有竖向的导向杆 162。导向杆 162 的上端插接固定在筒盖 2 上，下端插接固定有限位板 163。

　　如图 28-3 所示，点火组件 18 包括两个导向套管 187，导向套管 187 插套在导向杆 162 上，导向套管 187 的上端固定有连接板 186。拉杆 184 的下部插接固定在连接板 186，拉杆 184 内嵌置有导线 185。连接件 183 由陶瓷外壳和金属线组成，导线 185 和连接件 183 内的金属线电性连接，连接件 183 内的金属线和电极柱 182 电性连接，导线 185 的上端伸出拉杆 184 和电源控制器 20 电性连接。

　　如图 28-3 所示，电极柱 182 包括导电柱 1821，导电柱 1821 上插套固定有陶瓷隔套 1822，陶瓷隔套 1822 上插套固定有支撑杆 1823，支撑杆 1823 固定在导向套管 187 上。

　　如图 28-5 所示，氧弹 10 上筒盖 2 一侧的针阀 14 上连接有尾气进气管，筒盖 2 上另一侧的针阀 14 上固定连接有尾气吸收器 30。

　　如图 28-5 所示，尾气吸收器 30 由锥形瓶 31、磁力搅拌器 32、橡胶瓶塞

33、进管 34、出管 35、鼓泡器 36、橡胶导管 37 和接气管 38 组成。锥形瓶 31 安置在磁力搅拌器 32 上，磁力搅拌器 32 的瓶口插接固定有橡胶瓶塞 33 上，锥形瓶 31 的瓶口插接固定有橡胶瓶塞 33。橡胶瓶塞 33 上插接有进管 34 和出管 35，进管 34 的下端固定有鼓泡器 36，进管 34 的上端通过橡胶导管 37 和接气管 38 相连接。

锥形瓶 31 内盛装有吸收液，鼓泡器 36 插设在吸收液中，出管 35 的上端位于吸收液面的上侧。

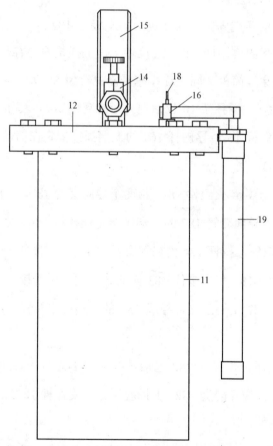

图 28-1　装置侧视的结构示意图

11—弹筒；12—筒盖；14—针阀；15—压力表；16—搁杯架；

18—点火组件；19—升降执行组件

升降执行组件 19 包括竖向的气缸 191，气缸 191 缸体的上端插套固定有气缸安装支架 192，安装支架 192 固定在筒盖 2 的外壁上，气缸 191 上活塞杆的上端固定有联动板 193，拉杆 184 的上端插接固定在联动板 193 上。

工作原理：本装置为改进的氧弹燃烧装置，其氧弹燃烧装置的主要技术特征体现在氧弹 10 内部的点火组件 18 上。点火组件 18 包括燃烧丝 181，燃烧丝 181 通过电源控制器 20 开启通电后可以点燃设置于燃烧杯 17 内的试样。为了避免燃烧丝 181 长时间被试样所灼烧，通过升降执行组件 19（可以采用气缸结构）可以提升拉杆 184 上移，拉杆 184 可以对燃烧丝 181 进行上提，与燃烧杯 17 脱离。

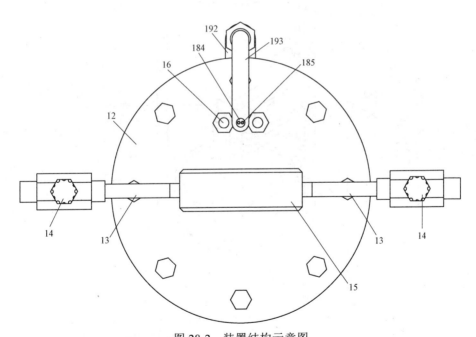

图 28-2 装置结构示意图

12—筒盖；13—进出气管；14—针阀；15—压力表；16—搁杯架；184—拉杆；
185—导线；192—气缸安装支架；193—联动板

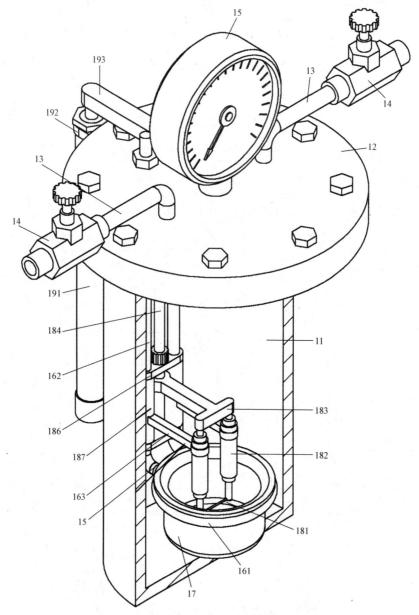

图 28-3 装置局部剖视的立体结构示意图

11—弹筒；12—筒盖；13—进出气管；14—针阀；15—压力表；

161—套环；162—导向杆；163—限位板；17—燃烧杯；181—燃烧丝；

182—电极柱；183—连接件；184—拉杆；186—连接板；187—导向套管；

192—气缸安装支架；193—联动板

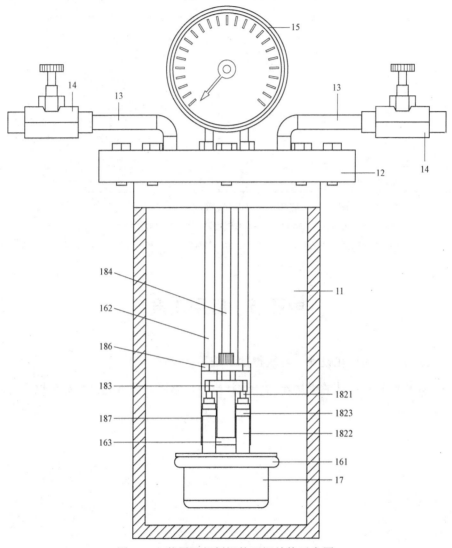

图 28-4 装置局部剖视的正视结构示意图

11—弹筒；12—筒盖；13—进出气管；14—针阀；15—压力表；161—套环；

162—导向杆；17—燃烧杯；182—电极柱；1821—导电柱；

1822—陶瓷隔套；1823—支撑杆；183—连接件；

186—连接板；187—导向套管

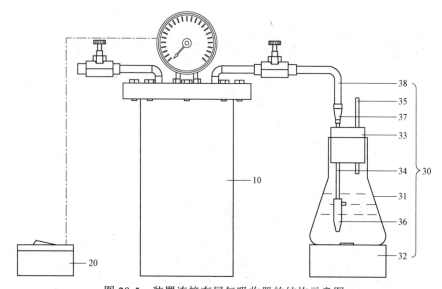

图 28-5　装置连接有尾气吸收器的结构示意图

10—氧弹；20—电源控制器；30—尾气吸收器；31—锥形瓶；32—磁力搅拌器；

33—橡胶瓶塞；34—进管；35—出管；36—鼓泡器；37—橡胶导管；38—接气管

第四节　应用效果

通过巧妙的优化设计，可取得如下应用效果：

本装置对其内部的燃烧丝结构进行整改，燃烧丝在点燃试样后可以上升，减少试样燃烧后对燃烧丝的灼烧，保证燃烧丝的使用寿命。

第二十九章　水样蒸发浓缩液面高度激光报警仪

本章详细介绍一种水样蒸发浓缩液面高度激光报警仪，该装置既能够判断容器内液体是否蒸发到预定刻度，并且能够发送报警信息，提高了测量效率和精确度。本章从基本概况、设计思路、构造精讲和应用效果四方面对该装置进行详细全面介绍，以方便读者更加深入地了解本装置。

第一节　基本概况

目前，随着社会工业化的进程，工业废弃物对环境也造成了破坏，其中，水体污染是很严重的一个问题，所以需要对水体进行检测判断水域内的水体是否符合国家标准。在生活饮用水总 α、总 β 放射性指标检测过程中，需要将 2 L 水甚至更大体积的水加热蒸发浓缩至 100 mL。人为精准控制至 100 mL 难度极大，往往需要经验判断，并且离开电热板后余热会使水样蒸发掉一小部分，最终导致测量结果不准。

因此亟须一种装配高端、自动化数字化水平高、测量效率和精准度高的水样蒸发浓缩液面高度激光报警仪。

第二节　设计思路

一种水样蒸发浓缩液面高度激光报警仪，能够判断容器内液体是否蒸发到预定刻度并发送报警信息，可以作如下设计：设计激光发射组件，激光发射组件包括第一支架和激光发射器，激光发射器活动设置于第一支架上。激光接收组件包括第二支架和激光接收器，激光接收器活动设置于第二支架上。激光发射器的发射端水平朝向激光接收器的接收面，加热板设置于第一支架和第二支架之间，用于加热容器中液体。控制器，激光发射器、激光接收器和加热板的控制端均与控制器电连接，控制器用于控制激光发射器发射激光穿过容器至激光接收器，并根据激光接收器接收到的激光强度判断容器内液体是否蒸发到预定刻度并发送报警信息。

第一支架与第二支架上分别设置有一个电动紧固件，电动紧固件与控制器电连接，电动紧固件用于夹持激光发射器在第一支架上升降，夹持激光接收器在第二支架上升降。激光接收器中心位置设置有校准器，校准器与控制器电连接，控制器还用于根据校准器接收的激光信息校准激光发射器与激光接收器的高度。

第一支架和第二支架上设置有刻度表，水样蒸发浓缩液面高度激光报警仪还包括警报器。警报器的控制端与控制器电连接，控制器还用于在容器内液体蒸发到预设刻度时控制警报器发出警报。控制器的数据输出端设置有通信组件，通信组件用于将控制器内数据传输至云端。第一支架和第二支架上制备碳化铬涂层，激光发射器和激光接收器采用甲基苯基硅橡胶制成。

装置使用时，提供一水样蒸发浓缩液面高度激光报警仪。水样蒸发浓缩液面高度激光报警仪包括激光发射组件、激光接收组件、加热板和控制器，将待蒸发液体添加至容器后放置在加热板上，将激光发射组件和激光接收组件的作用区域移动至容器上的预设刻度对应的水平位置。加热板以预设温度加热容器，激光发射组件发射探测激光穿过容器至激光接收组件。激光接收组件实时检测探测激光的信息强度值，控制器判断信息强度值是否与预设强度值是否一致。预设强度值为当容器未盛放液体时，激光发射组件发射探测激光穿过容器至激光接收组件的信息强度值。

若信息强度值与预设强度值一致，则判定容器内液体蒸发到预定刻度并发送报警信息。若信息强度值与预设强度值不一致，则判定容器内液体未蒸发到预定刻度并禁止发送报警信息。

将激光发射组件和激光接收组件的作用区域移动至容器上的预设刻度对应的水平位置的步骤之前，进行如下操作：（1）将容器盛放液体后以预设温度加热至第一刻度时冷却；（2）当冷却至室温时，记录容器中液体的第二刻度；（3）控制器根据预设温度、第一刻度和第二刻度计算降温曲线；（4）控制器根据降温曲线和目标刻度，计算预设刻度。

第三节　构造精讲

为了更清楚地说明如何实施，本节结合较佳的实施方案对本装置进行详细描述。所绘制结构、比例、大小等，均仅用以配合本章所揭示的内容，供专业技术人员阅读和参考。

如图 29-1 所示，一种水样蒸发浓缩液面高度激光报警仪，主要包括激光发射组件 110，激光发射组件 110 包括第一支架 111 和激光发射器 112，激光发射器 112 活动设置于第一支架 111 上。

激光接收组件 120，激光接收组件 120 包括第二支架 121 和激光接收器 122，激光接收器 122 活动设置于第二支架 121 上，激光发射器 112 的发射端水平朝向激光接收器 122 的接收面。

加热板 130，加热板 130 设置于第一支架 111 和第二支架 121 之间，加热板 130 用于加热容器中的液体 140。

控制器，激光发射器 112、激光接收器 122 和加热板 130 的控制端均与控制器电连接.控制器用于控制激光发射器 112 发射激光穿过容器至激光接收器 122，并根据激光接收器 122 接收到的激光强度判断容器内液体是否蒸发到预定刻度并发送报警信息。

装配时，可以分别将第一支架 111 和第二支架 121 放置于加热板 130 两侧，并调节第一支架 111 上的激光发射器 112 和第二支架 121 上的激光接收器 122 至同一水平位置，然后将激光发射器 112、激光接收器 122 和加热板 130 的控制端均与控制器电连接。

使用时，将盛有待蒸发液体的容器放置到加热板 130 上，控制器控制激光发射器 112 发射激光穿过容器至激光接收器 122，并根据激光接收器 122 接收到的激光强度判断容器内液体是否蒸发到预定刻度并发送报警信息。需要说明的是，考虑到加热后的冷却过程中，还会存在一定量的蒸发，预设刻度可以通过计算降温曲线，并通过降温曲线的方式得到。

通过调节支架上的激光发射器和激光接收器至对应高度，在加热板加热容器内液体时，激光发射器发射激光穿过容器至激光接收器。控制器根据激光接收器接收到的激光强度判断容器内液体是否蒸发到预定刻度并发送报警信息，提高了测量效率和精准度。

在上述基础上，第一支架 111 与第二支架 121 上分别设置有一个电动紧固件，与控制器电连接。电动紧固件用于夹持激光发射器 112 在第一支架上 111 升降，夹持激光接收器 122 在第二支架 121 上升降。

激光接收器 122 中心位置设置有校准器，校准器与控制器电连接。控制器还用于根据校准器接收的激光信息校准激光发射器 112 与激光接收器 122 的高度。

第一支架 111 和第二支架 121 上设置有刻度表。可以通过在第一支架 111 与第二支架 121 上分别设置有一个电动紧固件，电动紧固件与控制器电连接。在控制器的控制下，电动紧固件可以包括夹爪、电机和滑轨等。夹爪可以夹持激光发射器 112，夹爪活动设置于滑轨内。电机驱动夹爪在滑轨内滑动，以使得激光发射器 112 在第一支架上 111 升降；夹持激光接收器 122 在第二支架 121 上升降，以使得激光发射器 112 和激光接收器 122 实现同步升降。当然，也可以采用其他方式实现激光发射器 112 和激光接收器 122 的高度同步调节，在此不再赘述。

激光接收器 122 中心位置也可以设置有校准器，校准器与控制器电连接，控制器还用于根据校准器接收的激光信息校准激光发射器 112 与激光接收器 122 的高度。同时，第一支架 111 和第二支架 121 上设置有刻度表，对每次调节的高度进行进一步的核准。当然，激光发射器 112 和激光接收器 122 还可以安装有电动万向铰链，以实现不同角度微调。当电动校准无法满足时，手动校准。手调时，激光接收器 122 先固定好不动，手动调节激光发射器 112 的发射头，以使得激光点正对十字靶心，电动紧固件其他部件的连接关系如图 29-2 所示。

水样蒸发浓缩液面高度激光报警仪 100 还包括警报器，警报器的控制端与控制器电连接。控制器用于在容器内液体蒸发到预设刻度时控制警报器发出警报。

可以设置有警报器，将警报器的控制端与控制器电连接。控制器用于在容器内液体蒸发到预设刻度时控制警报器发出警报，以提示工作人员及时处理。控制器的数据输出端设置有通信组件，通信组件用于将控制器内数据传输至云端。

考虑到需要对测量数据进行实时传输，或者对测量数据进行保存，可以在控制器的数据输出端设置有通信组件，通信组件用于将控制器内数据传输至云端。

第一支架 111 和第二支架 121 上制备碳化铬涂层，激光发射器 112 和激光接收器 122 采用甲基苯基硅橡胶制成。

考虑到使用条件是高温，且还需要对液体加热，可以在第一支架 111 和第二支架 121 上制备碳化铬涂层。激光发射器 112 和激光接收器 122 采用甲基苯基硅橡胶制成，提高了第一支架 111、第二支架 121、激光发射器 112 和激光接收器 122 的耐高温和耐腐蚀性。

如图 29-3 所示，本装置还提供了一种水样蒸发浓缩液面高度激光报警仪的使用方法，包括：

S301，提供一水样蒸发浓缩液面高度激光报警仪，水样蒸发浓缩液面高度激光报警仪包括激光发射组件、激光接收组件、加热板和控制器。

S302，将待蒸发液体添加至容器后放置在加热板上。实施时，在将待蒸发液体添加至容器后，将容器放置在加热板上。

S303，将激光发射组件和激光接收组件的作用区域移动至容器上的预设刻度对应的水平位置。实施时，可以根据需要蒸发的量设定预设刻度，然后将激光发射组件和激光接收组件的作用区域移动至容器上的预设刻度对应的水平位置。

S304，加热板以预设温度加热容器。在将容器放置在加热板上后，控制加热板以预设温度加热容器，以防止温度变化影响蒸发效率。

S305，激光发射组件发射探测激光穿过容器至激光接收组件。可以控制激光发射组件的激光发射器发射探测激光，探测激光穿过容器以及容器内的液体至激光接收组件的激光接收器。

S306，激光接收组件实时检测探测激光的信息强度值。当激光发射器在发射探测激光时，激光接收组件的激光接收器实时监测探测激光的信息强度值。

S307，控制器判断信息强度值与预设强度值是否一致。在获取到探测激光的信息强度值时，可以将信息强度值与预设强度值进行比对，由控制器判断信息强度值与预设强度值是否一致，从而确定下一步操作流程。

若信息强度值与预设强度值一致，则执行步骤 S308，判定容器内液体蒸发到预定刻度并发送报警信息。若信息强度值与预设强度值不一致，则执行步骤 S309，判定容器内液体未蒸发到预定刻度并禁止发送报警信息。

根据本公开实施例的一种具体实现方式，步骤 S307，控制器判断信息强度值与预设强度值是否一致之前，方法还包括：

当容器未盛放液体时，将激光发射组件发射探测激光穿过容器至激光接收组件的信息强度值作为预设强度值。

可以先将激光发射组件发射探测激光穿过空杯时，激光接收组件接收到的信息强度值作为预设强度值。

例如，打开激光发射器，保持激光穿透空烧杯，激光接收器记录此时的激光强度 E；装好水后且液面平稳后，置于电热板上，此时保持激光穿透装有水样的烧杯，激光接收器记录此时的激光强度 E1 并自动计算信号差 ΔE。

根据本装置实例的一种实现方式，步骤 S304，将激光发射组件和激光接收组件的作用区域移动至容器上的预设刻度对应的水平位置之前，方法还包括：

（1）将容器盛放液体后以预设温度加热至第一刻度时冷却。

（2）当冷却至室温时，记录容器中液体的第二刻度。

（3）控制器根据预设温度、第一刻度和第二刻度计算降温曲线。

（4）控制器根据降温曲线和目标刻度，计算预设刻度。

例如，将盛有水的烧杯在电热板上以 200 ℃的温度恒温加热，蒸发至某一体积刻度时 V1，从电热板上移走，置于实验台上自然冷却。待至冷却至室温时，记录用时 T 和此时的烧杯刻度 V2，输入至控制器中，控制器自动计算降温曲线。在控制器中再次输入本次样品检测拟到达刻度，如 100 mL 处，控制器自动计算给出报警刻度，如 110 mL，则调节 AB 至烧杯置于电热板之后的 110 mL 刻度处固定好。

通过恒温加热容器内液体，激光接收组件并实时检测探测激光穿过容器后的信息强度,并将信息强度值与预设强度值进行比对,从而确定是否蒸发完成并进行报警,提高了测量效率和精准度。

通过设置激光发射组件、激光接收组件、加热板和控制器,能根据不同的蒸发需求量进行加热,并实时检测激光的信息强度。从而判断容器内液体是否蒸发到预定刻度并发送报警信息,提高了测量效率和精准度。

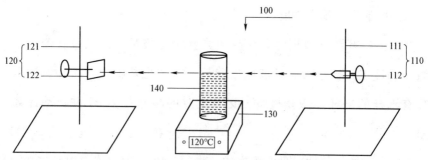

图 29-1 装置结构示意图

100—水样蒸发浓缩液面高度激光报警仪;110—激光发射组件;111—第一支架;
112—激光发射器;120—激光接收组件;121—第二支架;122—激光接收器;
130—加热板;140—液体

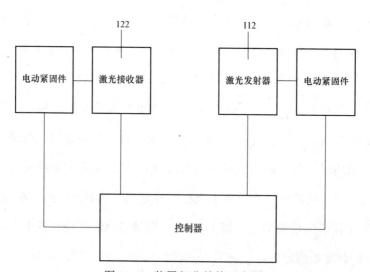

图 29-2 装置部分结构示意图

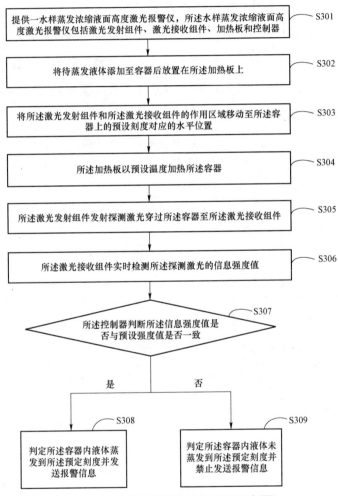

图 29-3 装置使用方法的流程示意图

第四节　应用效果

通过巧妙的优化设计，可取得如下应用效果：

通过调节支架上的激光发射器和激光接收器至对应高度，在加热板加热容器内液体时，激光发射器发射激光穿过容器至激光接收器，控制器根据激光接收器接收到的激光强度判断容器内液体是否蒸发到预定刻度并发送报警信息，提高了测量效率和精准度。